U0315810

光子晶体材料在集成光学和光伏中的应用

陆晓东　著

北　京
冶 金 工 业 出 版 社
2022

内容提要

本书主要内容包括光子晶体色散曲线的计算、光子晶体高阶带隙的性质、集成用光子晶体窄带滤波器研究、超薄晶硅太阳电池陷光结构设计等。书中各章的光子晶体色散曲线、瞬态光场分布、透射谱和反射谱数据，均为作者原创性成果。此外，为能比较全面地反映光子晶体研究的进展情况，本书还对光子晶体材料的发展趋势、设计方法、加工技术等进行了详细阐述。

本书可供高校研究生及高年级本科生、科研院所等相关专业的研究人员参考阅读。

图书在版编目(CIP)数据

光子晶体材料在集成光学和光伏中的应用/陆晓东著.—北京：冶金工业出版社，2014.10（2022.2 重印）

ISBN 978-7-5024-6745-6

Ⅰ.①光…　Ⅱ.①陆…　Ⅲ.①光学晶体—应用—集成光学—研究 ②光学晶体—应用—太阳能发电—研究　Ⅳ.①TN25　②TM615

中国版本图书馆 CIP 数据核字(2014)第 220955 号

光子晶体材料在集成光学和光伏中的应用

出版发行　冶金工业出版社　　电　话　(010)64027926

地　址　北京市东城区嵩祝院北巷 39 号　　邮　编　100009

网　址　www.mip1953.com　　电子信箱　service@mip1953.com

责任编辑　杨盈园　美术编辑　彭子赫　版式设计　孙跃红

责任校对　李　娜　责任印制　李玉山

北京虎彩文化传播有限公司印刷

2014 年 10 月第 1 版，2022 年 2 月第 2 次印刷

710mm×1000mm　1/16；11.5 印张；222 千字；172 页

定价 66.00 元

投稿电话　(010)64027932　投稿信箱　tougao@cnmip.com.cn

营销中心电话　(010)64044283

冶金工业出版社天猫旗舰店　yjgycbs.tmall.com

（本书如有印装质量问题，本社营销中心负责退换）

前　言

自从1987年Yablonovitch和John提出光子晶体概念以来，光子晶体材料已成为光学和光电子学领域的研究热点之一。光子晶体是一种内部介质呈周期性排列的新型人工材料。光子晶体材料的这种结构特点，使其光学性质与普通介质的光学性质产生很大的不同，如光子晶体材料存在光子禁带、负折射率和异常色散性质等等。借助于光子晶体材料的这些特有光学性质，人们可开发出新型光波导、光学滤波器、激光器、微透镜、光学二极管等各类集成光学器件，为利用现代加工技术制作高集成度、光流可控和具有多种光学信息处理功能的光集成器件或回路奠定了材料基础。目前，人们已开发出多种基于光子晶体材料的集成光学器件，且这些器件弥补了传统集成光学器件集成工艺复杂和系统稳定性差等的不足，展示出了巨大的集成潜力。目前，设计光学性质更为复杂的光子晶体结构、研发可大规模生产光子晶体的高精度加工技术和拓展光子晶体的应用领域等，都处于快速发展中。

色散曲线是光子晶体性质的最直接的描述，也是各类光子晶体器件设计的主要参考标准之一。谱信息（即反射谱和透射谱）是另一种描述光子晶体性质的常用方法，且在许多光子晶体器件设计过程中，谱信息已成为光子晶体材料设计的主要技术手段。目前，计算光子晶体的色散曲线、反射谱和透射谱主要采用三种数值计算方法，即平面波展开法、传递矩阵法和有限差分时域法。一般光子晶体色散曲线的优化计算主要以平面波展开法为主，而光子晶体的反射谱和透射谱信息的获得主要通过传递矩阵法和有限差分时域法实现。本书对这三种方法都进行了详细叙述，并且基于平面波展开法、传递矩阵法和时域有限差分法分析了光子晶体色散曲线的性质及光子晶体独特光学性质产生的原因，设计了多种类型的光子晶体结构及集成光学用器件，深入探讨了波矢偏离周期方向对一维和二维光子晶体性质产生的影响。

理论上设计出具有各种光学特性的光子晶体结构固然重要，但更重要的是如何利用实验手段实现所设计的光子晶体结构，所以本书基于文献调研，综述了从光子晶体概念产生后直到现阶段出现的各类光子晶体结构加工技术。目前，光子晶体结构的加工技术主要分为两类，即“自上而下”的微纳加工技术和“自下而上”的自组装技术，本书对两类光子晶体加工技术都进行了详细叙述。由于光子晶体最重要的应用领域是集成光学领域，而“自上而下”微纳加工技术的水平将成为决定集成光学用光子晶体器件实用化的关键因素，且由于本书实验部分主要采用的是“自上而下”的加工技术，所以本书还重点介绍了作者利用“自上而下”微纳加工技术制作光子晶体器件的实验成果。

近年来，除了基于光子晶体材料的集成光学用器件获得快速发展外，光子晶体材料还在光伏发电领域受到普遍的重视。由于太阳电池是光伏发电系统的核心器件，而光学损失是制约提高太阳电池效率的两大关键因素之一，所以目前利用光子晶体结构制作太阳电池的陷光结构已成为各类太阳电池研究的热点。本书结合晶硅太阳电池的发展趋势，设计了基于一维光子晶体结构的超薄晶硅电池陷光结构，并对电池的光学性能进行了评估。

本书共分七章，其中第一章是光子晶体材料基本介绍，主要讲述光子晶体的基本概念、光子晶体材料的基本性质、能带工程和光子晶体的发展现状和面临的主要问题；第二章主要给出了较系统的光子晶体材料的设计理论，特别是详细介绍了平面波展开法、传递矩阵法和时域有限差分法的基本理论，并借助色散曲线对光子晶体的能带结构进行了深入分析；第三章主要是基于传递矩阵法对一维光子晶体结构和性质进行综合的设计，给出了多种有用的一维光子晶体结构形式；第四章主要剖析了光波传输方向与二维光子晶体能带间的关系，并针对二维正方晶格不易出现完全光子禁带的特点，深入研究了格点形状和取向对正方晶格能带结构的影响，给出了多种具有完全TE模和TM模光子禁带的正方晶格结构形式；第五章主要概述了从光子晶体概念提出后出现的一些制备光子晶体方法，包括机械加工法、光刻法、自组装法等；第六章给出了作者利用光刻技术和ICP（诱导耦合等离子体刻蚀技术）刻蚀技术制作一维光子晶体高阶禁带滤波器的实验结果；第七章给出了作者利用一维光子晶体结构制作晶硅太阳电池陷光结构的一些最新研究成果。

本书主要内容均源自本人博士学习期间的研究成果和近年来利用光子晶体制作晶硅电池陷光结构的研究成果。此外，为使内容充实，还增加了该领域的一些典型成果的总结。本书的出版得到辽宁省微电子工艺控制重点实验室、渤海大学理论物理（光伏方向）重点学科的大力支持。

作　者

2014年8月

目　　录

第一章　光子晶体材料基础

第一节　光子晶体材料介绍

自然界中存在许多天然的晶体，如冰晶体（雪花）、石英晶体（水晶）、碳晶体（钻石）、氧化铝晶体（宝石）等。这些晶体可分为单晶和多晶两类。单晶是指原子（原子、离子、原子团或离子团）在三维空间无限周期排列而成的固体结构。晶体结构中原子排列的这种长程有序的特点，使其外形往往呈现出特定的几何形状。晶体结构中的这种原子排列特点也是其区别于气体、液体以及非晶态固体的物理本质。多晶是取向各异的单晶晶粒的集合体，所以多晶只是在一定尺度范围内（每个晶粒内），原子排列呈现出长程有序的特点，所以宏观上多晶往往不呈现特定的几何形状。

正是由于晶体内部原子的周期排列结构，形成了周期性势场，才使得晶体内运动的电子受到周期势场的散射，并形成能带结构，在能带与能带之间产生了不存在电子态的能量禁带，而电子波的能量如果落在禁带中将无法在晶体内传输。光子晶体的概念正是受到电子波在晶体中的这种传输特性启发而提出。1987 年，Yablonovitch 和 John 分别提出了光子晶体概念，即假设光子也可以具有类似于电子在普通晶体中的传输规律，当光波受到周期性介质势场（周期性介质结构）调制时，也会出现类似的光子允带和光子禁带，光波的能量如果落在光子禁带内，同样也会无法在晶体内传输。基于这一设想，有关光子晶体材料的研究迅速兴起。目前，光子晶体的理论设计和实验研究均获得了长足的进展，且仍处于快速发展过程中。

目前，研究人员已利用光子晶体材料成功制作出了多种有源和无源光学器件，如无域值激光器、光子晶体滤波器、全方向反射镜、光子晶体偏振片、波导结构和超棱镜等。由于光子晶体材料具有非常卓越的控光性能，因此人们已将其视为未来集成光学和光电子学领域的基础材料。随着制作这种材料技术手段的逐步成熟，其在国民经济中的重要地位将逐渐显现，且其制作水平将成为衡量一个国家半导体工艺技术水平的重要标志。

一、光子晶体的概念

光子晶体是一种人造的新型材料，是一种由介电常数不同的介质材料在空间周期性排列而成，排列的周期长度为波长量级。根据构成光子晶体材料的周期性特点，可将其分为一维光子晶体（1DPCs）、二维光子晶体（2DPCs）和三维光子晶体（3DPCs）。如图 1.1 所示，图中不同颜色表示不同介电常数的材料。当光进入光子晶体后，将在不同介质材料的界面上发生折射和反射。根据光波长、光在光子晶体中的传输方向、材料折射率差和分布方式的不同，光波在光子晶体中传输时，会在光子晶体的不同方向和不同位置处，形成光波相长和相消的干涉现象。一定条件下，某些特定波长区域会使各方向传输的光产生完全相消的干涉现象，这样就形成了光子晶体的光子禁带。光子禁带的基本性质是使频率处在禁带范围内的光波不能在光子晶体中传输。

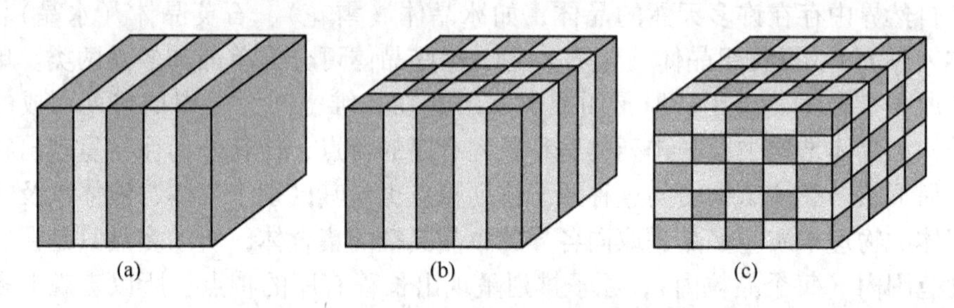

图 1.1 光子晶体结构示意图

（a）一维光子晶体；（b）二维光子晶体；（c）三维光子晶体

把仅在一个方向上介质周期排列的材料称为一维光子晶体，图 1.1(a) 中给出了一种由两种介质交替堆叠而成的简单一维光子晶体结构，其中的深色部分为一种介质，浅色部分为另一种介质。显然，在垂直于介质层的方向上，介电常数是空间位置的周期函数，而在平行于介质层平面的方向上，介电常数不随空间位置而变化。这种光子晶体的特点是结构简单，易于制备，可产生全方向的三维禁带结构，因而用一维光子晶体材料能制备出部分由二、三维光子晶体材料才能制作的器件。二维光子晶体是介质在两个方向上呈周期性排列的介质结构，如图 1.1(b) 所示。二维光子晶体的制作比三维光子晶体容易，且其可呈现出三维光子晶体的部分特性，这也是二维光子晶体成为很多光子晶体材料应用的首选结构的原因。三维光子晶体是介质在三个方向上均为具有周期性排列的结构，它可形成三维的全方向光子禁带，使频率落在禁带中的光在任何方向上都被禁止传输。三维光子晶体具有极其重要的应用前景，但其制作相对来说比较复杂，对材料的设计和加工都有很高的要求。

与通常的半导体晶体相比，光子晶体具有一个显著的、很吸引人的优势，那就是光子晶体性质具有内在的完全可调性，即可通过人工设计，来改变晶格的排列方式、晶格缺陷的引入方式、晶格格点的大小和组成等，从而能使材料对光的控制完全处于材料制作者的掌控之中。正因为如此，光子晶体材料已被认为是可取代现有的电子半导体材料，而成为下一代信息处理芯片的基础材料。在长距离光通讯中，光纤已经发挥了主导作用，而在短距离光通讯中——甚至芯片内部的光子传输，有望通过光子晶体材料基础，进而可以制造出全新架构、具有更高信息处理能力的光子计算机。利用光子晶体材料可以制造能承载更高信息量的光纤，纳米级尺寸的零阈值激光器，高效率、低损耗的光无源器件和集成光路。这些芯片的成功研制将成为新信息技术革命的基础，并会极大推进信息技术进入全光化传输和处理时代的进程。

二、光子晶体中特殊的光传输现象

光在光子晶体中传输与光在普通介质中传输的性质有显著的不同。图 1.2 所示为普通介质和某二维三角晶格结构光子晶体的色散曲线，其中图 1.2(a) 所示为光在普通介质中传输的色散曲线，图 1.2(b) 所示为光在二维三角晶格中传输的色散曲线。图 1.2 所示的横坐标为波矢量 $\boldsymbol{k}$（$\boldsymbol{k}=\pi/\lambda$），其中图 1.2(b) 所示的横坐标波矢量是用当布里渊区的特殊点对应的波矢量表示。图 1.2(a) 所示的纵坐标为光波角频率频率 ω，图 1.2(b) 所示的纵坐标为归一化频率（ω 为光波角频率频率、a 为晶格常数、c 为真空中的光速）。从图 1.2 可见，在普通介质中，频率和波矢呈线性关系，光波传输过程为各向同性性质，色散曲线表现为直线形式；在周期性介质结构中，光传输的色散曲线产生了明显的变化，其中最重要的变化就是光子禁带的出现和光传输过程出现了各向异性的性质。光子晶体色散曲线的这种变化具有十分重要的应用，概括如下：

（1）光子禁带：禁止频率处于禁带范围内的光在光子晶体内传输；抑制原子和分子自发辐射频率处于禁带内的光发射，延长高阶电子能带上的电子寿命。

（2）光子频带：对于频率处于允带内的光波，光子晶体是光的良导体；光

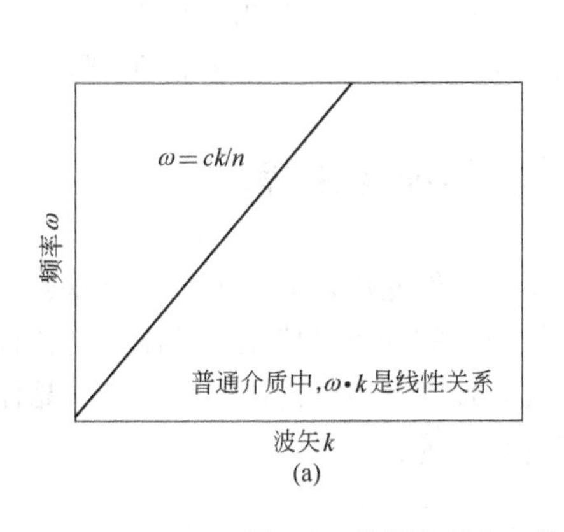

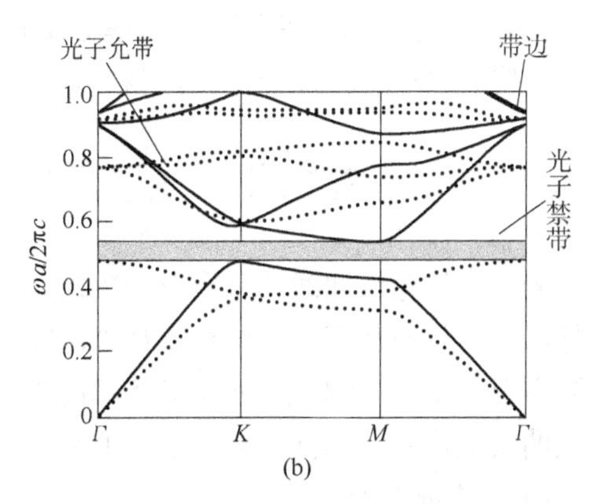

图 1.2 普通介质和二维三角晶格光子晶体的色散曲线

（a）普通介质的色散曲线；（b）光子晶体的色散曲线

在光子晶体内的群速度（即 $\boldsymbol{v}_{\mathrm{g}}=\nabla_k\omega(\boldsymbol{k})$）可以变得非常慢，从而有助于延长光与物质相互作用的时间和增强光子晶体的非线性光学效应；光子晶体内光波具有各向异性的传输性质，可利用光子晶体制作起偏器获得偏振光；不同入射角或波长的入射光，在光子晶体内会产生性质不同的衍射现象。

(3) 带端（即布里渊区边界点）：由于这些位置是满足 Bragg 反射条件的特殊点，光波在这些位置以驻波的形式存在，具有最强的光与物质的相互作用，所以这些点也是设计和制作光子晶体激光器的理想激射点。

三、光子晶体材料的应用

光子晶体材料是一个具有广阔应用前景并充满挑战的新兴研究领域，其发展速度和取得的成就都令人瞩目。一方面人们不断地扩展合成各种复合材料、不同结构和性能的光子晶体，以便给基础研究，特别是固体物理和光衍射传输理论的研究，提供丰富的研究平台；另一方面不懈地拓展光子晶体的应用领域。迄今为止，人们已研制出许多基于光子晶体材料的全新光子学器件，如无阈值激光器，无损反射镜、弯曲波导、滤波器、高品质因子的光学微腔、偏振片、低驱动能量的非线性开关、放大器、波长分辨率极高而体积极小的超棱镜、具有色散补偿作用的光子晶体光纤及高效率的发光二极管等。光子晶体的出现使信息处理技术的“全光子化”和光子技术的微型化与集成化成为可能，其影响可与当年半导体技术产生的影响相提并论。

近年来，光子晶体的应用领域得到进一步扩展，具体表现在：与纳米技术相结合，用于制造微米级的激光器，如硅基激光器；与量子点结合，利用原子和光子的相互作用影响材料的性质，从而达到减小光速、增强吸收的作用；光子晶体光纤的应用。随着社会的发展，显赫一时的半导体器件已经不能满足信息技术发展的需要，必须寻找传输速率更高、效率更高的新材料。目前普遍认为，光子技术将续写电子技术的辉煌，而光子晶体材料将成为光子技术未来发展主要依赖的材料。

第二节　光子晶体材料的能带工程

光子晶体色散曲线的分布形式决定着光子晶体的应用，而光子晶体可以通过选择不同的材料和不同的结构设计来改变色散曲线的分布，使光子晶体满足各种实际需要，这一过程就是光子晶体的能带工程。按不同应用设计波长在光子晶体色散曲线上位置的不同，光子晶体的能带工程可分为：

(1) 禁带工程。

(2) 带边工程。

(3) 允带工程。

下面结合具体的应用分别加以介绍。

一、光子晶体的禁带工程

光子禁带（Photonic band gap）可分为完全禁带（Complete band gap）和不完全禁带（Incomplete band gap）两种。所谓完全禁带，是指光在整个空间的所有传输方向上都有能隙，并且每个方向上的禁带相互重叠；不完全禁带，相应于空间各个方向上的禁带并不完全重叠，即只在特定方向上有禁带。要使光子晶体沿空间各个方向上的禁带相互重叠，那么它们的禁带宽度必须足够大，所以为了设计具有完全禁带的光子晶体结构，考虑的重点包括两方面因素，即周期性介电函数的变化幅度要足够大，即要有高的折射率差；从结构上消除对称性引起的光子能带简并。

根据禁带波长和晶格常数间的比例关系，如图1.2(b）所示，可将光子晶体的禁带分为两种，即禁带波长和晶格常数在同一数量级的布拉格散射型和禁带波长远大于晶格常数的谐振型。对于布拉格散射型的禁带，其形成的能带较宽且禁带位置在归一化色散曲线上多属于低阶禁带，而谐振型的禁带对应的能带相对较窄，在归一化色散曲线上多属于高阶禁带，这也是多数光子晶体应用都是以设计布拉格散射型光子晶体为目标的原因。

下面以布拉格散射型光子晶体为例，分析禁带形成的条件和机理：

(1) 周期性结构对介质中光子的态密度进行了调制和分配。与自由空间中光子态密度均匀分布不同，光波在介电常数周期性调制的介质中传输时，其态密度也受到调制，表现为在相空间中某些光子态的态密度为零，而另一些光子态的态密度却成倍增长，其结果是导致了禁带的出现，即与禁带对应光子态在介质中不存在，所以要获得光子禁带，首先要能有效调制和改变光子态密度的分布情况。如果入射到光子晶体表面的光波频率落在光子态密度为零的频率范围内，光波更易存在于光子晶体外侧高光子态密度的区域，此时表现为光子晶体的全反射；如果发生全反射的区域由微腔引起，那么这些电磁场会在传输过程中通过频率接近的光波间的耦合作用，将能量转移到光子晶体内可传输的频率上，宏观表现就是光子晶体可对自发辐射起到有效的抑制作用。

(2) 散射体的形状、分布和与背景介质间的介电常数差，决定了不同频率间耦合系数的大小。

(3) 光场传输过程中的损耗必须足够小，以便使频率处于禁带内的光场在出现明显衰减前，便已经将能量传递给了可传输的模式。由此可见，光子晶体的光子禁带的性质可通过控制折射率对比、周期点阵形式和不同介质材料的填充比等参数来调节。

如果在光子晶体中引入缺陷，那么在禁带中便可产生一个频宽极窄的光子附加能带，它的形状和属性由缺陷的性质来决定。不难理解，由于缺陷位置处的光子态密度远大于禁带频率范围内的光子态密度，所以这一缺陷会将光场严格地限制在缺陷位置附近。理论上，缺陷能级可以根据光子晶体的设计被调节到任何频率范围内，光子晶体中的缺陷既可以通过改变缺陷的形状和大小实现，又可以通过选择具有不同介电常数的其他材料来实现。

（一）缺陷为点状

处于该缺陷位置处的光，一旦偏离该缺陷，将会遇到一种完美的光子晶格，然后被完整晶格反射回到缺陷位置处，光子晶体的这种性质适合制作激光器和二极管，这是一种新的集成光源形式。图 1.3 所示为光子晶体激光器的结构示意图，其通过在光子晶体完美的晶格中引入点缺陷，利用缺陷处光场的局域模形成谐振模式，控制工作物质的自发辐射特性，并利用三维光子晶体的线缺陷或二维平板型光子晶体的多层结构产生的波导作用，获得单一振荡的激光波长。为了得到良好的器件性能和最佳的器件设计，设计点缺陷时应考虑以下几点：

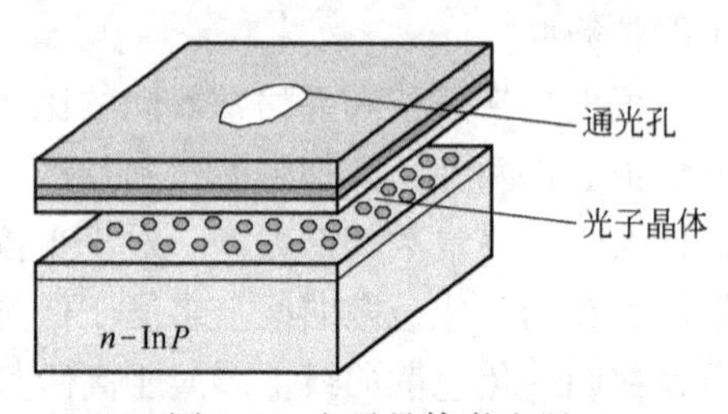

图 1.3 光子晶体激光器

（1）由于三维光子禁带具有最强的光场限制能力，所以构造具有三维完全禁带，且禁带位置处于光学激射波长范围内的光子晶体结构是设计零阈值激光器所必需的。近年来，研究人员已提出了多种不同的设计方案来构造具有三维禁带的三维光子晶体结构，如用 Woodpile 结构、3D wire mesh 及 Stack - of - logs 结构。

（2）在光子晶体的缺陷处引入工作物质和构建传输光场的波导，要求可方便地在光子晶体内部的任意位置处引入任意形状缺陷态。

（3）在光子晶体内引入有效的光激发元（Light - emitting element）。只有引入的工作物质易于实现粒子数反转条件，才能为受激发射提供条件。

（4）在光子晶体内引入导电的晶体，这是制作电极的必要条件。要让三维光子晶体同时满足上述条件是非常困难的。相对而言，二维光子晶体结构更容易满足这些条件。因此，目前，许多研究工作集中在二维光子晶体以及由二维光子晶体延伸出的准三维光子晶体结构方面。

（二）缺陷为线状

如果缺陷为一条线，那么频率处于光子禁带内的光波将被限制在这一线缺陷内部传输，如图 1.4 和图 1.5 所示。图 1.4 是三种光子晶体光纤结构示意图，其中图 1.4(a) 所示为折射率导引型光子晶体光纤，其结构特点是：纤芯是高折射率介质，包层是低等效折射率介质的光子晶体结构。这一结构的导光机制和模式特性是：纤芯与包层全反射导光，在次高阶模截止带宽内单模传输。图1.4(b)所示为空气导引型光子晶体光纤，其结构特点是：纤芯是光子晶体结构缺陷，包层是结构完美的光子晶体。这一结构的导光机制是：通过光子晶体缺陷限制的局域缺陷模，获得单模传输。图1.4(c)所示为Bragg光纤，其结构特点是：纤芯周围是不同折射率材料的层状介质。这一结构的导光机制是：通过一维光子晶体的三维光子禁带的全反射导光。图1.5所示为光子晶体波导及其稳态光场分布示意图。图1.5(a)所示为光子晶体波导的物理结构。这种波导结构的导光机制是：垂直于周期方向上利用不同折射率介质层间的全反射过程限制光波传输，在二维周期平面内通过光子禁带限制光波传输。图1.5(b)所示为光场在光子晶体内部的传输状态。与传统的介质波导相比，光子晶体波导具有的特性包括：可形成无色散的光波导、可实现光波的90°弯折传输、可实现光场的无损传输、波导的尺度为波长量级、可与其他光子晶体器件进行集成。

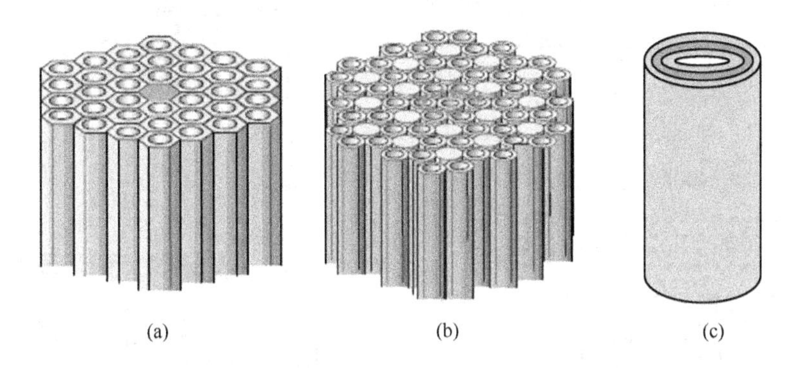

图1.4　三种光子晶体光纤的结构示意图

(a) 折射率导引型光子晶体光纤；(b) 空气导引型光子晶体光纤；(c) Bragg光纤

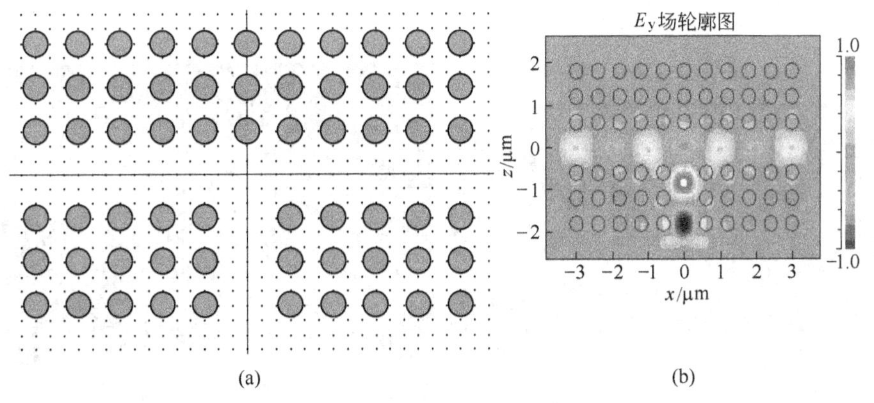

图1.5　光子晶体波导结构和稳态光场分布示意图

(a) 光子晶体波导结构；(b) 稳态光场分布

利用光子禁带性质开发的器件主要包括：光子晶体激光器如图 1.3 所示、光子晶体光纤如图 1.4 所示和光子晶体波导如图 1.5 所示。此外，利用光子晶体禁带性质开发的其他集成光学器件也获得了重要发展，如图 1.6 所示。图 1.6 所示为几种利用光子晶体材料设计的器件和回路，其中图 1.6(a) 所示为 Y 分束器，其通过二个光子晶体线缺陷形成的波导对入射光场功率进行分配，在输出端口获得符合要求的功率输出；图 1.6(b) 和图 1.6(e) 所示为光开关，它们通过在光子晶体波导结构中加入压电材料或利用光子晶体的非线性效应，实现波导结构中

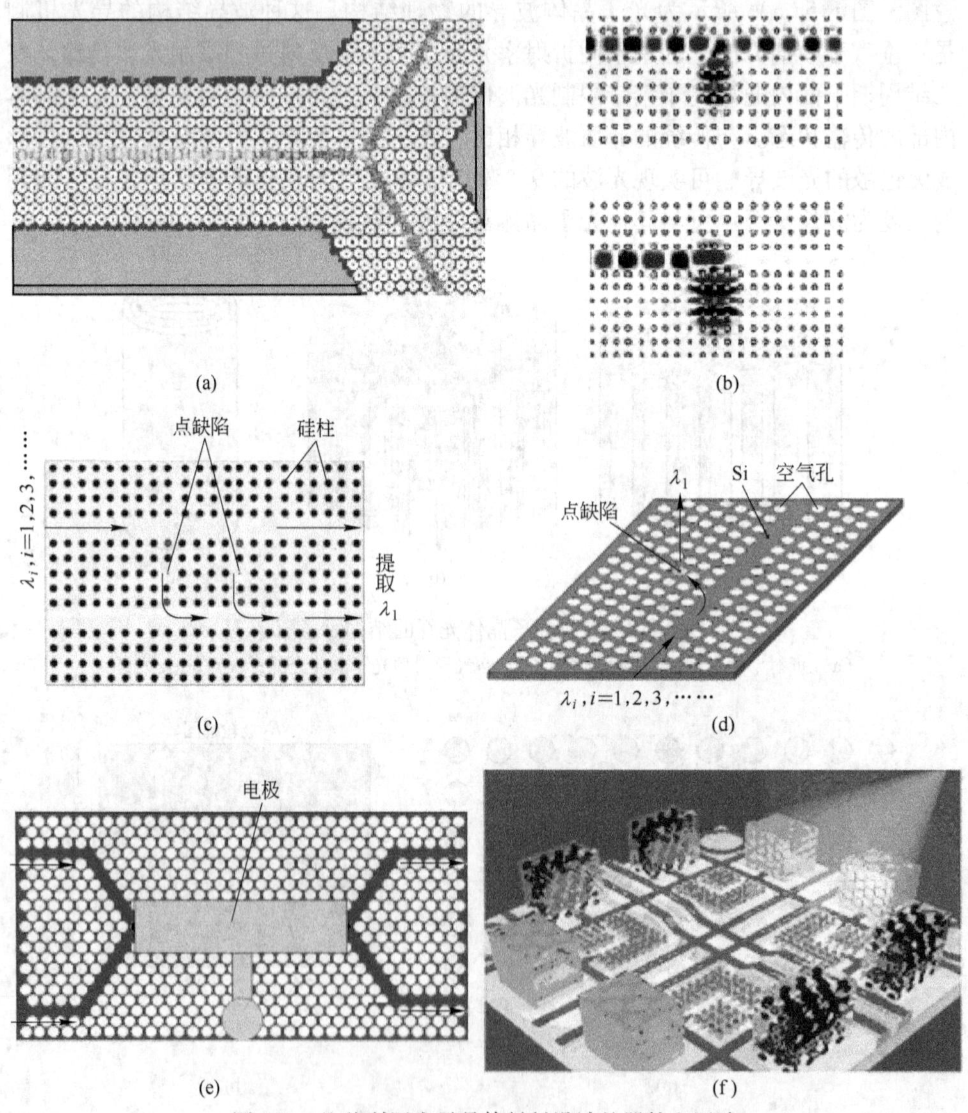

图 1.6　几种利用光子晶体材料设计的器件和回路

(a) Y 分束器；(b)，(e) 光开关；(c)，(d) 滤波器；(f) 光子集成回路

光场的传输或减弱过程，即开关过程；图 1.6(c) 和图 1.6(d) 所示为滤波器，它们利用光子晶体波导与微腔或近邻光子晶体波导之间的耦合过程，完成对光子晶体波导内特定波长的选择和分离过程，从而实现滤波作用；图1.6(f)所示为利用光子晶体性质设计的光子集成回路示意图，其中包括了若干光子晶体光学元件，可实现光信号的处理功能。

二、光子晶体带边（band - edge）工程

光子禁带和光子态局域化两个基本特性是光子晶体禁带性质的重要体现和光子晶体广泛应用的物理基础。另一方面，光子晶体允带的带边群速度的反常特性也是光子晶体广泛应用的物理基础，而且也是光子晶体研究的热点内容之一。通常，在光子晶体的某些允带的带边附近，能带较平坦，因此群速度很小，这种现象称为群速度反常现象。群速度小意味着能量的传输速度也很小，辐射模和物质系统之间的相互作用时间会很长，二者间发生耦合的效率增加，从而有助于放大一些光学过程和制作一些光学器件，如可以放大受激发射和非线性光学效应，制作低阈值的激光器和光延迟器件等。这里所说的带边工程就是指对光子晶体带边反常色散效应的应用，并不需要构造具有完全禁带的光子晶体结构。

在一维散射光栅构成的分布式反馈激光器（distributed feedback lasers）中，入射到光栅的光场与光栅反射的光场之间产生相消干涉现象，即发生了全反射，而在谐振腔内部全反射的光场与入射的光场之间位相差恒定，且符合相长干涉条件，形成驻波，从而使光与物质相互作用获得极大增强产生激光。将这一结果推广到二维光子晶体的应用中，即通过二维光子晶体的结构设计，可使不同方向传输的光波形成驻波，从而形成一个二维谐振微腔。这种二维微腔中的电磁场模式（即腔中电磁场若干稳定分布状态），完全由二维光子晶体的性质决定。换句话说，通过二维光子晶体的设计，可使这种二维微腔对纵模（激光谐振波长）和横模（横向光场分布）都实现有效选择，进而可制备出大面积的共振单模激光器。

此外，除了制作激光器外，带边工程还可应用于增强电光、磁光及非线性效应的场合。由于在带边附近光子的群速度为零或很小，具有很强的光与材料相互作用，所以可使上述一系列效应获得显著增强。

三、光子晶体的允带工程

光子晶体的允带是允许光在光子晶体体内传输的某一频率范围。光在光子晶体允带内的传输一般是各向异性的，如图 1.7 所示。描述光在光子晶体允带中的传输行为，可通过对其等频率曲线的分析来完成。在光子晶体中，能流的方向为群速度的方向，而等频曲线的法线方向即为群速度方向（群速度方向平行于等频

率曲线的法向，指向频率增加的方向），所以可借助等频率曲面来研究光子晶体内布洛赫模传输行为。光波的传输方向由群速度矢量决定。

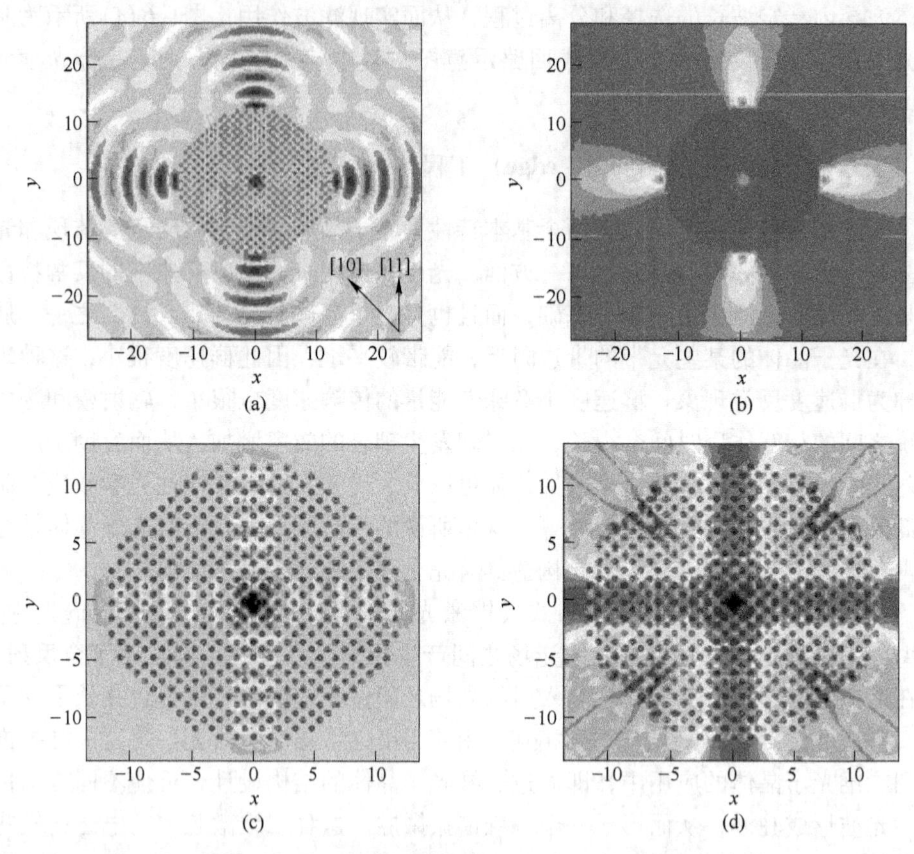

图 1.7 光子晶体允带内光场的各向异性传输

（横纵坐标的单位：μm）

下面我们利用光波在空气和均匀介质薄板界面的折射过程来说明光子晶体内光波的传输行为（在均匀介质中，波矢方向与群速度方向相同），如图 1.8 所示。等频率曲线与入射平面的交点形成一个半径为 $|n|\omega/c$ 的圆，其中 n 是介质的折射率，ω 为圆频率，c 是光度。由于空气的折射率小于介质的折射率，所以介质中的等频率圆总是大于空气中的等频率圆。图 1.8 中虚线圆表示空气中入射光对应的等频率曲线，实线圆表示介质中折射光对应的等频率曲线。边界连续性条件要求入射光与折射光的水平波矢分量相等，所以在界面处，折射光波矢量的末端只能处于沿过入射波矢端点，且平行于法线方向的直线上。考虑到折射光波矢量必须落在等频率圆上，所以折射光波矢量的末端有两个点可以选择，即 A 点和 B 点，具体选择哪一点由介质本身性质决定。

在正折射材料中，$\boldsymbol{S}\cdot\boldsymbol{k}>0$（$\boldsymbol{S}$ 为群速度方向），所以折射光波矢量的方向应

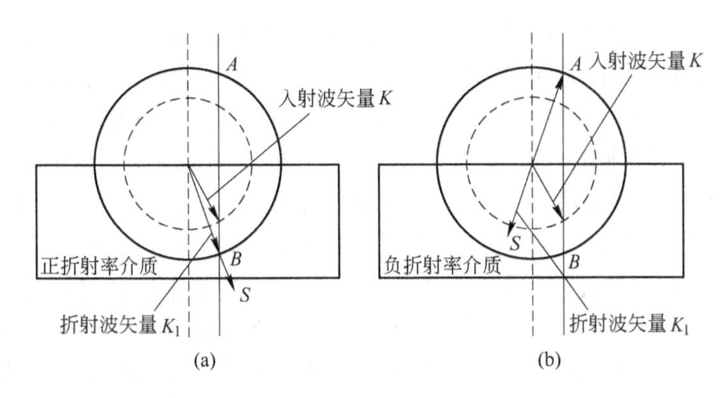

图 1.8　介质中的折射现象

（a）正折射率介质中的折射现象；（b）负折射率介质中的折射现象

沿着 B 的方向，因此观测到的是正折射现象；而在负折射材料中，$\boldsymbol{S}\cdot\boldsymbol{k}<0$，所以折射光波矢量应沿着 A 的方向传输，因此观测到的是负折射现象。我们可以采用相同的方法确定光子晶体中光波的折射特性。二者间的区别是：光子晶体中的等频率曲线不再是一个圆，而呈现更为复杂的结构；能流的方向和波矢的方向不再是简单的平行或反向平行关系，可以成一定的角度，如图 1.9 所示。可见：等频率曲线或曲面的分布形式决定了光在光子晶体内部的传输行为。

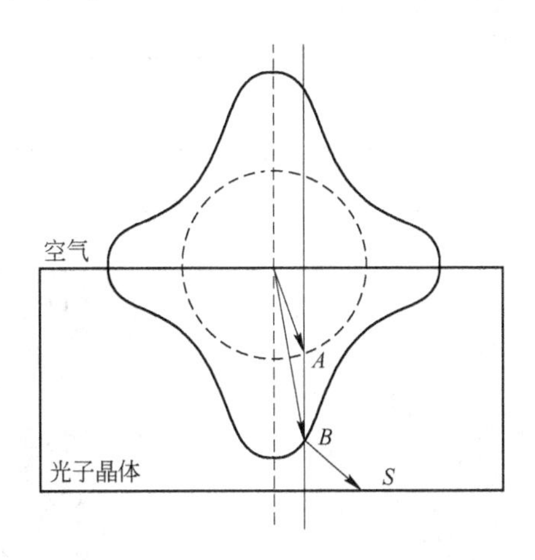

图 1.9　光在光子晶体中的折射过程

光子晶体等频率曲线或曲面的分布与其能带结构直接相关。由于光子晶体色散曲线形式受填充比、组成介质的介电函数差、晶格结构对称性等多种因素的影响，所以可通过光子晶体结构的多样化设计来控制光在光子晶体的传输行为，这就是光子晶体的允带工程。

此外，人们还发现光子晶体结构还存在着其他一些特殊的光学现象，包括：超棱镜现象（Superprism）和超透镜现象（Superlens）等。当入射光包含一系列波长，且各个波长的入射角相差很小时，其入射到光子晶体后，不同波长的光波发生偏折的角度不同，会产生类似于棱镜的现象。由于光子晶体超棱镜比普通介质棱镜对光的分开能力要强 1000 倍，但体积却只有普通介质棱镜的百分之一，因此光子晶体棱镜现象，又称为超棱镜现象，如图 1.10 所示。超透镜现象是由光子晶负折射效应引起的一种类似传统透镜聚焦性质的光学现象，如图 1.11 所示。根据等频率曲线理论，光子晶体负折射效应可分为两类：一类是介质有效折射率小于零，此时群速度和相速度始终反向平行，光波作正方向偏折；另一类是介质有效折射率大于零，但当光波入射到某一等频率曲线时，波矢平行分量相等条件要求电磁波作负方向偏折，尽管此时群速度和介质有效折射率都大于零，但仍表现为负折射现象。目前研究表明：在一定条件下，二、三维常见晶格结构的光子晶体都存在负折射现象。

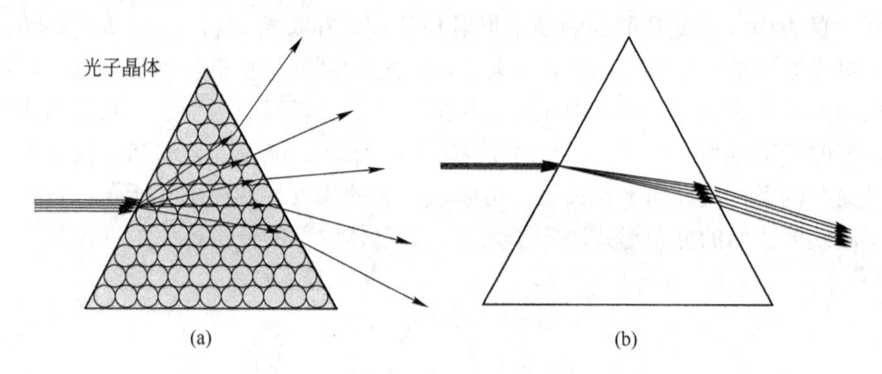

图 1.10 光子晶体超棱镜和普通介质超棱镜现象对比

（a）光子晶体超棱镜；（b）普通介质棱镜

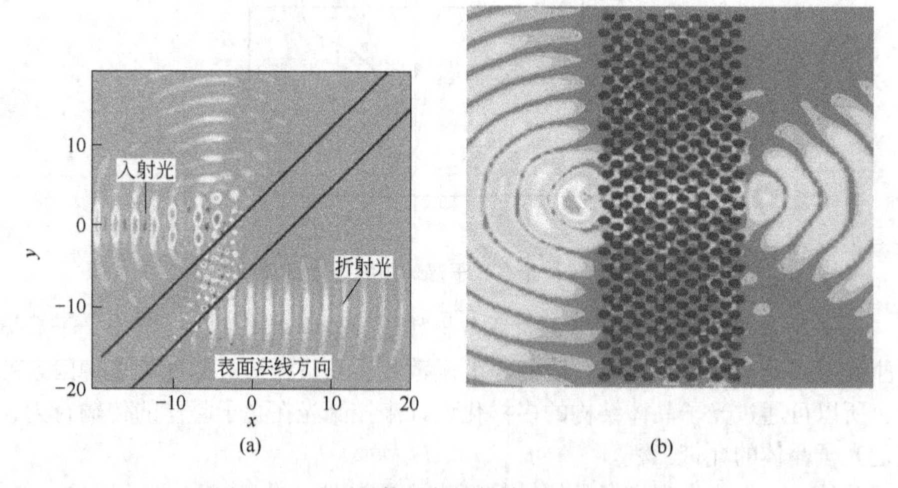

图 1.11 光子晶体的负折射效应及自聚焦效应

（a）负折射效应；（b）自聚焦效应

四、能带工程展望

光子晶体最吸引人的特点就是它为人们提供了按自己的需求，以人工方式设计、裁制光学系统提供了可能性，诸如高速运算的光子计算机、高信息传输量和传输效率的光子晶体光纤等。由于光子晶体提供了强大的控光能力，因此光电工业对它特别感兴趣，许多相关应用也被纷纷提出来。

虽然目前光子晶体实际的应用还有限，但随着光子晶体技术的加速发展与知识累积，或许在不久的未来，我们就能目睹“集成光路”（integrated optical circuits）的实现。

第三节　基于光子晶体的光集成发展现状和存在的主要问题

自 1987 年 Yablonovitch 和 John 提出光子晶体的概念以来，有关光子晶体材料的结构设计、性质研究、制备方法、光子晶体器件设计和集成形式研究等都获得了迅速的发展，如：1993 年，Yablonovitch 成功制备出第一块三维光子晶体；1991 年，P. Russell 教授首次提出具有规则微结构的光子晶体光纤的概念；1996 年，J. C. Knight 博士成功研制出第一根光子晶体光纤；1998 年，J. C. Knight 等人又利用蜂窝状空气孔洞结构制造出光子禁带光纤；1999 年，R. F. Cregan 博士等人制造出空气纤芯结构的单模光子晶体光纤。目前，采用毛细玻璃管堆栈拉制法，研究人员已成功制造出损耗为 0.28dB/km 的全反射型光子晶体光纤和损耗为 1.73dB/km 的光子禁带光纤。光子晶体光纤熔接损耗的最好纪录达 0.168dB，已逼近常规光纤的熔接损耗。

自 1999 年研究人员开发出光泵浦的光子晶体缺陷模面发射激光器以来，人们还开发出了光泵浦和电注入的面发射光子晶体激光器。此外，还研制出了室温下电注入单缺陷面发射光子晶体激光器（线宽 80nm，Q 因子 ~1164）、高亮度面发射分布反馈式光子晶体激光器（获得接近衍射极限的近圆形输出光束，衍射效率达 30% 以上）、连续工作的面发射二维光子晶体激光器（阈值电流为 40mA）、控制激光偏振态的面发射光子晶体激光器和面发射光子晶体量子级联激光器等。

二维光子晶体弯折波导的实验是由美国麻省理工学院的 J. D. Joannopouls 教授领导的小组在微波段完成的，实验结果显示出光子晶体波导具有很高的导波效率，直波导和弯波导的传输效率均可达 100% 的理论极限。此后，人们对光子晶体波导的结构形式、与其他集成光学器件的耦合方式和制作技术等都进行了十分深入的研究。目前，国际上几个实力很强的光子晶体研究组，正集中力量攻克各种技术瓶颈，加速推出实用化的光子晶体波导器件。

从研究进展角度看，利用光子晶体材料制作集成光学器件甚至是集成光学回路所面临的最大问题是：制作工艺偏差使设计的光子晶体器件存在较大的衍射损耗。要实现设计的光子晶体器件的性能，首先要实现设计的周期性介质结构。对设计的器件结构而言，无论是三维光子晶体，还是二维光子晶体，一个周期内的介质构成、分布方式和形状都可能很复杂，所以一般光子晶体器件的制作工艺容差都很小。一方面，任何对周期结构的偏离和周期结构的不完整都将会引起制作的光子晶体器件产生衍射损耗，甚至是严重的衍射损耗；另一方面，利用光子晶体材料制作的集成光学器件，由于尺寸较小而导致其与传统的光电器件连接时，存在严重的端面耦合损耗。这两方面的问题是决定光子晶体器件实用化关键问题。提高光子晶体材料的制作水平、研制各种基于光子晶体材料的新型光电器件结构形式、设计不同器件间高效的耦合方式和探索各种集成形式，是实现基于光子晶体材料的光集成和光电集成必须面对和解决的问题，也是未来关于光子晶体研究的重点内容。从光子晶体研究的进展看，目前有关光子晶体的研究主要集中在以下几个方面：

（1）理论上，设计不同材料的光子晶体结构，并对其性质进行充分研究，开发各种集成光学和集成光电子学用的光子晶体器件。

（2）实验上，开发新技术和新工艺方法，实现精确可控的可见光及红外波段的光子晶体结构及器件。

（3）探讨光子晶体与光相互作用产生的新物理效应，拓展光子晶体的应用领域。

（4）基于光子晶体的物理效应，拓展光子晶体的应用领域。

第二章　光子晶体的设计理论

在光子晶体概念提出后，如何用数学物理模型对其性质进行仿真和设计，就成为光子晶体研究的主要内容之一。最初人们采用标量波方法对其进行处理，但由于光子晶体与常规的电子晶体有本质的不同，如：电子在电子晶体中的运输过程服从的是 Schrödinger 方程，但光子在光子晶体中的传输过程服从 Maxwell 方程；电子波是标量波，而光波是矢量波；电子是自旋为 1/2 的费米子，但光子是自旋为 1 的波色子；电子之间有很强的相互作用，但光子之间没有相互作用，所以最初利用标量波理论得到的结果与实验结果并不相符。认识到这种差异之后，人们开始开发基于矢量波处理的光子晶体仿真方法，并获得了与实验结果吻合良好的理论结果。

目前，对光子晶体性质仿真和设计的基本方法主要包括：平面波展开法、传递矩阵法、时域有限差分方法、多重散射法、格林函数法等。由于不同方法所依据的物理模型不同，它们在光子晶体不同性质的仿真和优化设计过程中，表现出的优缺点也不尽相同。平面波展开法是运用 Bloch 定理把介电常数和电磁场用平面波展开，然后将 Maxwell 方程组化成一个本征方程，最后利用求解本征方程的本征值就可以得到光子晶体的能带，而且利用本征矢量的求解还可以得到光子晶体中光场的分布情况。由于平面波展开法易于编程计算，且计算低维光子晶体时，运算速度较快，所以这种方法已成为计算光子晶体色散曲线的最常用方法。由于平面波展开法基于两个假设，即光子晶体晶格的无限性和周期性，所以当所研究的系统不满足这两个条件时，这种方法显得效率较低或无能为力。平面波展开法的缺点是计算量与所选取的平面波数量（即格点数）有很大关系，通常二者间呈立方关系（即计算量为格点数的三次幂，即 N^3，N 为格点数量），从而使其应用受到一定的限制，如当用这种方法来研究结构复杂或带有缺陷的系统时，往往需要平面波的数量巨大，这必然导致计算效率低下，且可能因为计算能力的限制而导致不能计算或者难以精确计算的情况出现。此外，如果介电常数不是恒值而是随频率发生变化的量，此时无法得到一个确定的本征值方程形式，且介电常数有可能在展开中出现发散，从而导致根本无法求解。

传递矩阵法是在空间上将光子晶体划分为许多格点，假设同一层格点具有相同的态，各个层间的电磁场可用传递矩阵联系起来。在知道起始层的场分布情况下，通过逐层递推就可得到整个晶体的电磁传输特性。传递矩阵法的优点是计算量比较小，可方便地计算光子晶体及其器件的透射谱和反射谱，特别适合处理介电常数随频率变化的金属情况，但其在处理三维电磁场时，不是很方便，且在计算光场分布时，计算效率较低。

时域有限差分法是将研究区域划分为许多网格，将含时 Maxwell 微分方程转化为每个网格格点处的差分方程，通过计算每一个时间步长时，空间网格点的电磁场分量，可以直接模拟电磁波与光子晶体材料间的相互作用以及在光子晶体中的传输状态。时域有限差分法是计算电磁学中常用的方法，这种方法可方便地获得光子晶体中光场传输的瞬态行为、透射谱和反射谱等的信息，所以这种方法已成为研究光子晶体最常用的数值计算方法。

目前，光子晶体性质仿真和设计算法已基本趋近成熟，实际应用应根据需要选择不同的数值计算方法。本章主要介绍平面波展开法、传递矩阵法和时域有限差分法的基本原理。

第一节 平面波展开法

平面波展开法（Plane Wave Expansion Method，PWM）是在光子晶体色散曲线的研究中使用的较早和用得最多的一种方法，其他新方法常用平面波展开法来进行验证。该方法首先由 Ho 等人引入，然后 Leung 和 Liu、Zhang 和 Satpathy 等人对这一方法做了进一步的发展。PWM 的基本原理是将周期变化的介电常数按傅里叶级数展开，再将电场矢量以布洛赫波的形式展开，从而可将电磁场的双旋度方程的求解问题转化为求解周期方程的特征函数和特征值的问题，可方便地探讨光子晶体色散曲线的性质、能带结构、缺陷态的性质和态密度的性质等。由于平面波展开法考虑了电磁场的矢量特征，计算结果与实验结果吻合的较好，且这种方法的计算原理简单，所以其是目前光子晶体器件设计的常用方法之一。

一、本征值方程

假设所研究的介质性质如下：

（1）空间无源：$\rho(\boldsymbol{r})=0$，$\boldsymbol{J}(\boldsymbol{r})=0$；

（2）介质无损耗：$\varepsilon(\boldsymbol{r})$ 在讨论的范围内为实数；

（3）线性、时不变系统：可用平面波理论或傅里叶理论；

（4）磁场均匀：$\mu(\boldsymbol{r})$ 为常数。那么 Maxwell 方程可表示为

$$
\begin{cases}
\nabla\cdot\boldsymbol{D}(\boldsymbol{r},\ t)=\rho\ (\boldsymbol{r},\ t)\\
\nabla\cdot\boldsymbol{B}(\boldsymbol{r},\ t)=0\\
\nabla\cdot\boldsymbol{H}(\boldsymbol{r},\ t)=\dfrac{\partial\boldsymbol{D}(\boldsymbol{r},\ t)}{\partial t}+\boldsymbol{J}(\boldsymbol{r},\ t)\\
\nabla\cdot\boldsymbol{E}(\boldsymbol{r},\ t)=\dfrac{\partial\boldsymbol{B}(\boldsymbol{r},\ t)}{\partial t}
\end{cases}
\tag{2.1}
$$

这里 $\boldsymbol{D}$, $\boldsymbol{B}$, $\boldsymbol{H}$ 和 $\boldsymbol{E}$ 分别为电位移矢量、磁感应强度、磁场强度和电场强度。等式右侧为激励电磁场的源项，其中 $\boldsymbol{E}$ 和 $\boldsymbol{H}$ 通常是关于时间和空间的复杂函数。为简化复杂函数的运算过程，利用傅里叶级数展开将 $\boldsymbol{E}$ 和 $\boldsymbol{H}$ 表示为复数形式。假定 $\boldsymbol{E}$ 和 $\boldsymbol{H}$ 是随时间正弦振荡的函数，二者可表示为

$$\begin{cases} \boldsymbol{E}(\boldsymbol{r},\ t) = \boldsymbol{E}(\boldsymbol{r})\ e^{j\omega t} \\ \boldsymbol{H}(\boldsymbol{r},\ t) = \boldsymbol{H}(\boldsymbol{r})\ e^{j\omega t} \end{cases} \tag{2.2}$$

通过 $\boldsymbol{D}(\boldsymbol{r}) = \varepsilon_0 \varepsilon(\boldsymbol{r})\ \boldsymbol{E}(\boldsymbol{r})$, $\boldsymbol{B}(\boldsymbol{r}) = \mu_0 \boldsymbol{H}(\boldsymbol{r})$ 和 $\frac{\partial}{\partial t} \rightarrow j\omega$，Maxwell 方程组变为

$$\begin{cases} \nabla \cdot \varepsilon(\boldsymbol{r})\ \boldsymbol{E}(\boldsymbol{r}) = 0 \\ \nabla \cdot \boldsymbol{H}(\boldsymbol{r}) = 0 \\ \nabla \cdot \boldsymbol{H}(\boldsymbol{r}) = j\omega\varepsilon_0 \varepsilon(\boldsymbol{r})\ \boldsymbol{E}(\boldsymbol{r}) \\ \nabla \cdot \boldsymbol{E}(\boldsymbol{r}) = -j\omega\mu_0 \boldsymbol{H}(\boldsymbol{r}) \end{cases} \tag{2.3}$$

其中 $\nabla \cdot \boldsymbol{H} = \nabla \cdot \boldsymbol{D} = 0$，意味着场中无电荷和电流源；式（2.3）的表示还说明 $\boldsymbol{B}$, $\boldsymbol{H}$ 和 $\boldsymbol{D}$ 具有横波性质，即每一个展开的平面波都与其 $\boldsymbol{k}$ 矢量垂直，即 $\boldsymbol{k} \cdot \boldsymbol{H} = 0$, $\boldsymbol{k} \cdot \boldsymbol{D} = 0$，但 $\boldsymbol{E}$ 未必具有横波性质；$\boldsymbol{B}$, $\boldsymbol{H}$ 和 $\boldsymbol{D}$ 处处连续，但 $\boldsymbol{E}$ 不一定处处连续。将（2.3）式中点乘代入叉乘的关系式中，经过简单的推导，可得 $\boldsymbol{H}$ 和 $\boldsymbol{E}$ 的本征值方程分别为

$$\nabla \times \frac{1}{\varepsilon(\boldsymbol{r})} \nabla \times \boldsymbol{H}(\boldsymbol{r}) = \frac{\omega^2}{c^2} \boldsymbol{H}(\boldsymbol{r}) \tag{2.4}$$

$$\nabla \times \nabla \times \boldsymbol{E}(\boldsymbol{r}) = \frac{\omega^2}{c^2} \varepsilon(\boldsymbol{r}) \boldsymbol{E}(\boldsymbol{r}) \tag{2.5}$$

因为 $\varepsilon(\boldsymbol{r})$ 是高度不连续的，$\boldsymbol{E}$ 也是高度不连续的，所以 $\boldsymbol{E}$ 并不适合进行本证值的计算。$\boldsymbol{H}$ 是连续的，适于进行本证值的计算。由于 $\boldsymbol{E}$ 的不连续性，所以通常是先计算出 $\boldsymbol{H}$ 的本证值和本征矢量，然后利用如下关系式确定 $\boldsymbol{E}$

$$\boldsymbol{E}(\boldsymbol{r}) = \frac{1}{j\omega\varepsilon_0 \varepsilon(\boldsymbol{r})} \nabla \times \boldsymbol{H}(\boldsymbol{r}) \tag{2.6}$$

式（2.4）具有一些基本特点，即只要介电函数为实数，该式就具有普适性。通过分析式（2.4）的基本特点，有助于更加深刻地了解电磁场的基本性质，并有助于利用式（2.4）来解决实际问题：

（1）算符 $T = \nabla \times \nabla \times$ 是线性算符。如果 $\boldsymbol{H}_1$ 是它的一个模式，$\boldsymbol{H}_2$ 也是它的一个模式，那么 $\boldsymbol{H}_1 + \boldsymbol{H}_2$ 也是它的一个模式。

（2）算符 $T = \nabla \times \nabla \times$ 是厄米算符，也即存在如下性质：$(f,\ Tg) = (Tf,\ g)$。

（3）只有当介电函数处处为正时，算符才会有实数本征值。这一点为利用本算法求解实数本征值问题，提供了理论支持。

（4）任意两个不同模式之间正交，即（$\boldsymbol{H}_i$, $\boldsymbol{H}_j$）$= \delta_{ij}$，而处于简并态的两个模式之间可以不必正交。这就为理论上确定两个模式是否相同提供了检测方法。

简并态通常是由系统的对称性产生。

（5）模式的能量 $\boldsymbol{S}_D$ 和 $\boldsymbol{S}_H$：$\boldsymbol{S}_D = \frac{1}{8\pi}\int \frac{1}{\varepsilon(\boldsymbol{r})}|\boldsymbol{D}(\boldsymbol{r})|^2 \mathrm{d}\boldsymbol{r}$ 和 $\boldsymbol{S}_H = \frac{1}{8\pi}\int |\boldsymbol{H}(\boldsymbol{r})|^2 \mathrm{d}\boldsymbol{r}$。

（6）晶体中的对称特性：对称算符和磁场算符对易，也就是说一个模式经过对称操作后将保持不变。

（7）比例特性：以上特性可以拓展到任意频率范围。值得指出的是，此处已假定在讨论的频率范围内，材料的介电函数为常数。在可见光及红外波段，大部分光学材料的介电函数都是常数。

二、Bloch 理论

根据 Bloch 理论，一个平面波在周期结构中会被周期性调制。复数磁场 $\boldsymbol{H}$ 可表示为

$$\boldsymbol{H}(\boldsymbol{r}) = e^{i\boldsymbol{k}\cdot\boldsymbol{r}}\boldsymbol{h}(\boldsymbol{r})\,\boldsymbol{e}_k$$
$$\boldsymbol{h}(\boldsymbol{r}) = \boldsymbol{h}(\boldsymbol{r}+\boldsymbol{R}_l) \tag{2.7}$$

式中，$\boldsymbol{R}_l$ 是任意晶格矢量；$\boldsymbol{e}_k$ 是垂直于波矢 $\boldsymbol{k}$、平行于磁场 $\boldsymbol{H}$ 的基矢量。周期函数可以用傅里叶级数展开，ε 和 $\boldsymbol{h}$ 表示为

$$\varepsilon(\boldsymbol{r}) = \sum_{G_i}\varepsilon(\boldsymbol{G}_i)e^{i\boldsymbol{G}\cdot\boldsymbol{r}} \tag{2.8}$$

$$\frac{1}{\varepsilon(\boldsymbol{r})} = \sum_{G_i}\varepsilon^{-1}(\boldsymbol{G}_i)e^{i\boldsymbol{G}\cdot\boldsymbol{r}} \tag{2.9}$$

$$\boldsymbol{h}(\boldsymbol{r}) = \sum_{G_i}\boldsymbol{h}(\boldsymbol{G}_i)e^{i\boldsymbol{G}\cdot\boldsymbol{r}} \tag{2.10}$$

所以，

$$\boldsymbol{H}(\boldsymbol{r}) = \boldsymbol{e}_k e^{i\boldsymbol{k}\cdot\boldsymbol{r}}\sum_{G_i}\boldsymbol{h}(\boldsymbol{G}_i)e^{i\boldsymbol{G}_i\cdot\boldsymbol{r}} = \sum_{G_i,\lambda}\boldsymbol{h}(\boldsymbol{G}_i,\lambda)e^{i(\boldsymbol{k}+\boldsymbol{G}_i)\cdot\boldsymbol{r}}\boldsymbol{e}_{\lambda,\boldsymbol{k}+\boldsymbol{G}_i},\lambda = 1,2 \tag{2.11}$$

在式（2.11）中，已利用电磁场的横向特点将电磁场分解为一系列平面波，这正是 PWM 的核心思想。$\boldsymbol{e}_{\lambda,\boldsymbol{k}+\boldsymbol{G}_i}$ 是垂直于 $\boldsymbol{k}+\boldsymbol{G}$ 的基矢，$\boldsymbol{h}(\boldsymbol{G}_i,\lambda)$ 是沿基矢方向的振幅，这里 λ 表示与 $\boldsymbol{k}+\boldsymbol{G}$ 垂直的平面上的两个轴，$\boldsymbol{e}_\lambda$ 是沿两个轴方向的基矢。$\boldsymbol{k}+\boldsymbol{G}$、$\boldsymbol{e}_{1,\boldsymbol{k}+\boldsymbol{G}_i}$、$\boldsymbol{e}_{2,\boldsymbol{k}+\boldsymbol{G}_i}$ 构成一个笛卡儿坐标系，$\boldsymbol{G}_i$ 是与频率有关的倒晶格矢量。所有的 $\boldsymbol{G}_i$ 形成了倒易晶格，所有的 $\boldsymbol{R}_l$ 形成实空间晶格。

$$\boldsymbol{R}_l = l_1\boldsymbol{a}_1 + l_2\boldsymbol{a}_2 + l_3\boldsymbol{a}_3 \tag{2.12}$$

l_1，l_2，l_3 是任意整数；$\boldsymbol{a}_1$，$\boldsymbol{a}_2$，$\boldsymbol{a}_3$ 为描述晶格的初基晶格矢量。

$$\boldsymbol{G}_h = h_1\boldsymbol{b}_1 + h_2\boldsymbol{b}_2 + h_3\boldsymbol{b}_3 \tag{2.13}$$

h_1，h_2，h_3 是任意整数；$\boldsymbol{b}_1$，$\boldsymbol{b}_2$，$\boldsymbol{b}_3$ 为倒易晶格矢量。

三、本征值求解

将式（2.9）和式（2.11）代入本征方程式（2.4）中，并利用矢量计算公

式$\nabla \times u\boldsymbol{A} = \nabla u \times \boldsymbol{A} + u\nabla \times \boldsymbol{A}$对式（2.4）进行化简，最后得到磁场$\boldsymbol{H}$满足的方程为：

$$\sum_{G}\sum_{\lambda=1}^{2}\boldsymbol{M}_{k}^{ij}(\boldsymbol{G},\boldsymbol{G}')\boldsymbol{h}_{kn}^{G_j'} = \frac{\omega_{kn}^2}{c^2}\boldsymbol{h}_{kn}^{G_i} \tag{2.14}$$

式中，$\boldsymbol{M}_k(\boldsymbol{G},\boldsymbol{G}')$表示式为：

$$\boldsymbol{M}_k(\boldsymbol{G},\ \boldsymbol{G}') = |\boldsymbol{k}+\boldsymbol{G}||\boldsymbol{k}+\boldsymbol{G}'|\ \kappa\ (\boldsymbol{G}-\boldsymbol{G}') \times \begin{pmatrix} \boldsymbol{e}_{G2}\cdot\boldsymbol{e}_{G'2} & -\boldsymbol{e}_{G2}\cdot\boldsymbol{e}_{G'1} \\ -\boldsymbol{e}_{G1}\cdot\boldsymbol{e}_{G'2} & \boldsymbol{e}_{G1}\cdot\boldsymbol{e}_{G'1} \end{pmatrix} \tag{2.15}$$

式中，$\boldsymbol{k}$是被限制于第一布里渊区的波矢；$\boldsymbol{G}$是倒易晶格矢量，$\boldsymbol{G}_h = n_1\boldsymbol{b}_1 + n_2\boldsymbol{b}_2 + n_3\boldsymbol{b}_3$，$\boldsymbol{b}_i(i=1,\ 2,\ 3)$是倒格子基矢，$n_1$，$n_2$，$n_3$是整数；$\boldsymbol{e}_1$和$\boldsymbol{e}_2$是与$\boldsymbol{k}+\boldsymbol{G}$方向垂直的两个正交单位矢量。$\kappa$是$1/\varepsilon$（$\varepsilon$是介电常数）的傅里叶级数的展开系数；$\boldsymbol{h}_{kn}^{G_i}$是磁场在$\boldsymbol{e}_i$方向上的分量。式（2.14）是一个标准的、可求解的本征值问题。在计算过程中，并不能将倒格矢数量取为无限大，所以实际选取有限格点数的处理过程，就等价于忽略了计算结果中的高频成分。如果截止频率很大，那么计算结果就会与实际测试结果十分接近。

对二维光子晶体而言，$\boldsymbol{G}_h$只能在二维周期性平面（x，y）中取值，即：$\boldsymbol{G}_h = n_1\boldsymbol{b}_1 + n_2\boldsymbol{b}_2$。这里存在着两种情况：

（1）$\boldsymbol{k}$在二维周期性平面（x，y）中，这时，由于$\boldsymbol{e}_1$和$\boldsymbol{e}_2$是与$\boldsymbol{k}+\boldsymbol{G}$方向垂直，可以选择$\boldsymbol{e}_1$和$\boldsymbol{e}_2$中的任何一个和二维周期性平面（$x$，$y$）垂直。如选择$\boldsymbol{e}_2$垂直于周期性平面（即$z$向），而$\boldsymbol{e}_1$仍处于周期性平面（$x$，$y$）内，那么方程式（2.15）就分解为两个彼此独立的方程：

$$\sum_{G'}|\boldsymbol{k}+\boldsymbol{G}||\boldsymbol{k}+\boldsymbol{G}'|\kappa(\boldsymbol{G}-\boldsymbol{G}')\boldsymbol{h}_1(\boldsymbol{G}') = \frac{\omega^2}{c^2}\boldsymbol{h}_1(\boldsymbol{G}) \tag{2.16}$$

$$\sum_{G'}|\boldsymbol{k}+\boldsymbol{G}||\boldsymbol{k}+\boldsymbol{G}'|\kappa(\boldsymbol{G}-\boldsymbol{G}')(\boldsymbol{e}_1\cdot\boldsymbol{e}_2)\boldsymbol{h}_2(\boldsymbol{G}') = \frac{\omega^2}{c^2}\boldsymbol{h}_2(\boldsymbol{G}) \tag{2.17a}$$

式（2.17a）等价于：

$$\sum_{G'}(\boldsymbol{k}+\boldsymbol{G})\cdot(\boldsymbol{k}+\boldsymbol{G}')\kappa(\boldsymbol{G}-\boldsymbol{G}')\boldsymbol{h}_2(\boldsymbol{G}') = \frac{\omega^2}{c^2}\boldsymbol{h}_2(\boldsymbol{G}) \tag{2.17b}$$

由于式（2.16）中，磁场只沿$\boldsymbol{e}_1$方向，也就是磁场只在周期性平面（x，y）上有分量，式（2.17）中，磁场只沿$\boldsymbol{e}_2$方向，即z向有分量，即只在垂直于周期性平面上有分量，所以式（2.16）、式（2.17）分别是TM波和TE波的本征方程。

（2）如果$\boldsymbol{k}$离开二维周期性平面，此时$\boldsymbol{k}$沿x，y，z向均有分量，但因$\boldsymbol{G}$只能在周期性平面（x，y）上取值，所以此时对色散关系的计算只能从式（2.15）开始，这时的计算时间正比于N^3（N是平面波数）。

对一维光子晶体而言，$\boldsymbol{G}$ 只能在一维方向上取值，即 $\boldsymbol{G}$ 只能取沿 $+x$ 和 $-x$ 方向的各数值。波矢 $\boldsymbol{k}$ 的取值并不受 $\boldsymbol{G}$ 取值方式的限制，可以有多种选择，但总可以将波矢的方向分为如下两类：

（1）波矢 $\boldsymbol{k}$ 的方向平行于一维周期排列方向：可以假设：$\boldsymbol{e}_1$ 沿 y 向，$\boldsymbol{e}_2$ 沿 z 向。此时本征值方程式（2.14）可以化简为：

$$\sum_{G'} |\boldsymbol{k}+\boldsymbol{G}||\boldsymbol{k}+\boldsymbol{G}'| \kappa(\boldsymbol{G}-\boldsymbol{G}')\boldsymbol{h}(\boldsymbol{G}') = \frac{\omega^2}{c^2}\boldsymbol{h}(\boldsymbol{G}) \qquad (2.18)$$

这时 TM 波和 TE 波具有统一的本征方程，即二者是简并的。

（2）波矢 $\boldsymbol{k}$ 的方向偏离了一维周期排列方向：此时 $\boldsymbol{k}$ 不单沿 x 方向有分量，而且沿 y 和 z 向也有分量，但是 $\boldsymbol{G}$ 只在一维周期排列方向上取值，所以计算色散关系曲线只能从式（2.16）和式（2.17）开始，这时的计算时间正比于 N^2（N 是平面波数）。

四、算法举例

通过上面的式（2.15）、式（2.16）、式（2.17）和式（2.18）的求解，可以获得周期排列介质结构的 $k-\omega$ 关系，又称为色散关系。根据 Bloch 理论，周期性介质结构的色散关系也是周期性的，所以只需计算与第一布里渊区内各 $\boldsymbol{k}$ 点对应的 ω 值。计算过程中，选定第一布里渊区的一个 $\boldsymbol{k}$ 点，都会得到一系列的本征值 ω，即能带图中与同一个 $\boldsymbol{k}$ 值对应的若干 ω 值。在第一布里渊区内连续变换 $\boldsymbol{k}$ 值直至 $\boldsymbol{k}$ 取完第一布里渊区内的所有 $\boldsymbol{k}$ 值，那么就得到了与各 $\boldsymbol{k}$ 值对应的所有 ω 值，进而绘出光子晶体的色散曲线。为能较全面地反映第一布里渊区内 $k-\omega$ 的基本情况，包括禁带宽度、禁带简并等，通常会根据第一布里渊区的对称性选择合适的 $\boldsymbol{k}$ 值路径，计算第一布里渊区内一些有代表性的 $\boldsymbol{k}$ 值。

这里考虑二维光子晶体。图 2.1 所示为圆形介质柱组成的正方晶格和相应布里渊区的结构图，其中图 2.1（a）所示为正方晶格结构，图 2.1（b）所示为相应的布里渊区形状。计算过程中，计算路径选择 $X-\Gamma-M-X$ 的方向，其中 X，Γ，M 分别代表布里渊区的一些特殊点。选择圆形介质柱的介电常数 $\varepsilon_a=13$，空气背景的介电常数 $\varepsilon_b=1$，介质柱的半径 $R=0.2a$（a 为晶格常数），填充比 $f=12.57\%$。此时，该二维光子晶体的色散曲线，如图 2.2 所示。在计算过程中，计算路径可以任意选择，如图 2.3 所示，其选择的计算路径为 $\Gamma-X-M-\Gamma$。图 2.2 和图 2.3 所示的纵轴为归一化频率（ω 为光波角频率频率、a 为晶格常数、c 为真空中的光速），横轴为布里渊区内的 $\boldsymbol{k}$ 值点。由图 2.2 和图 2.3 所示可见，TE 模和 TM 模的色散曲线存在很大的差异，TE 模存在禁带，但 TM 模在相同的频率范围内可能没有禁带。在光子晶体结构设计过程中，调整单一 TE 模或 TM 模在某一波矢方向出现禁带并不困难，困难是为形成全方向的完全禁带，需让

TE 模和 TM 模在某一频段的所有波矢方向同时出现禁带。

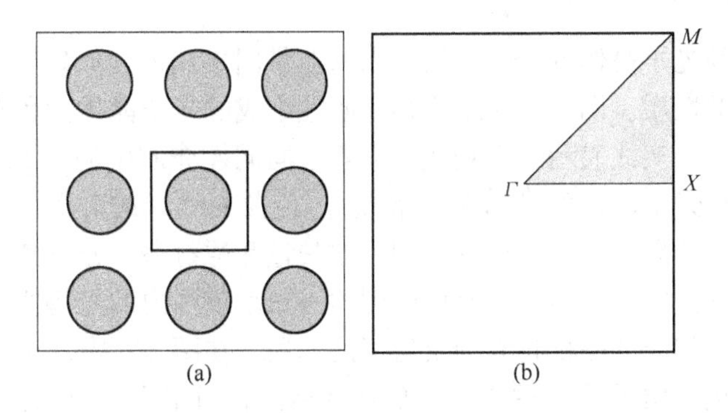

图 2.1　圆形介质柱组成的正方晶格和相应布里渊区的结构

（a）晶格结构示意图；（b）布里渊区结构图

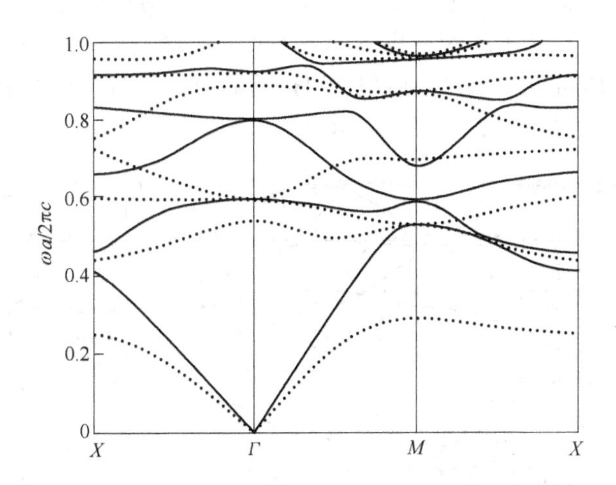

图 2.2　圆形介质柱组成的正方晶格的能带结构

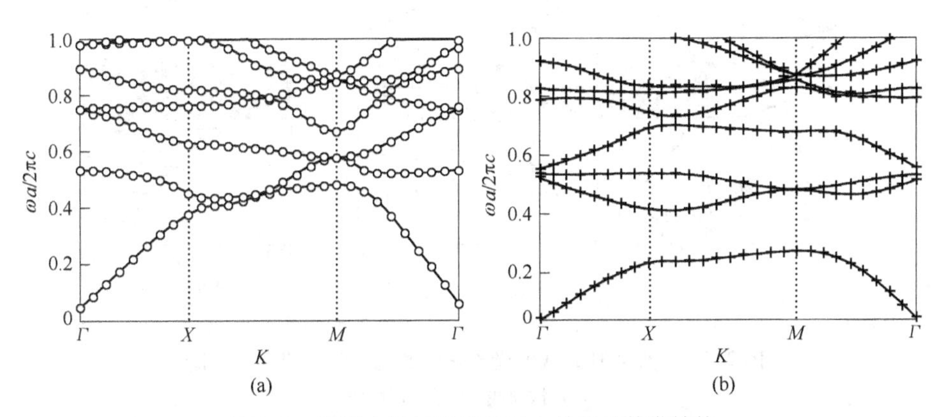

图 2.3　圆形介质柱组成的正方晶格的禁带结构

（a）TM 模；（b）TE 模

五、色散曲线分析

至少有五种光子晶体的光学性质可以从能带图中获得，如禁带、传输谱、相速、群速和色散性质。图 2.4 所示为某介质柱组成的光子晶体的色散曲线，其中光子晶体的能带由实线表示，点划线对应着各向同性介质中的“光线”（该介质的介电常数等于光子晶体的平均介电常数）。色散曲线和透射率谱的纵轴采用与归一化频率相同的坐标标定，横轴分别为波矢量和透射率。光子禁带出现在没有能带存在的频率范围内。当光子晶体受到这一频率范围内的光场激发时，该场将转变为消逝场，相应的晶格将起到反射镜的作用。在图 2.4 中，完全禁带（与入射角和光的极化性质无关）用 *NM* 间窄条带标注，而正入射时的部分禁带用 *YΓ* 间宽条带标注。透射率可以通过态密度的概念进行评价。所谓态密度是指每个频率所对应的光子态状态数。透射率较大的频段，其所对应的态密度也较大，而透射率较小的频段，其光子态密度也较小或不存在。尽管影响透射率的因素很多，但通过态密度手段可大致地对透射率情况进行简单的评估。在光子允带中，还会出现一些共振状态，如图 2.4（b）所示。

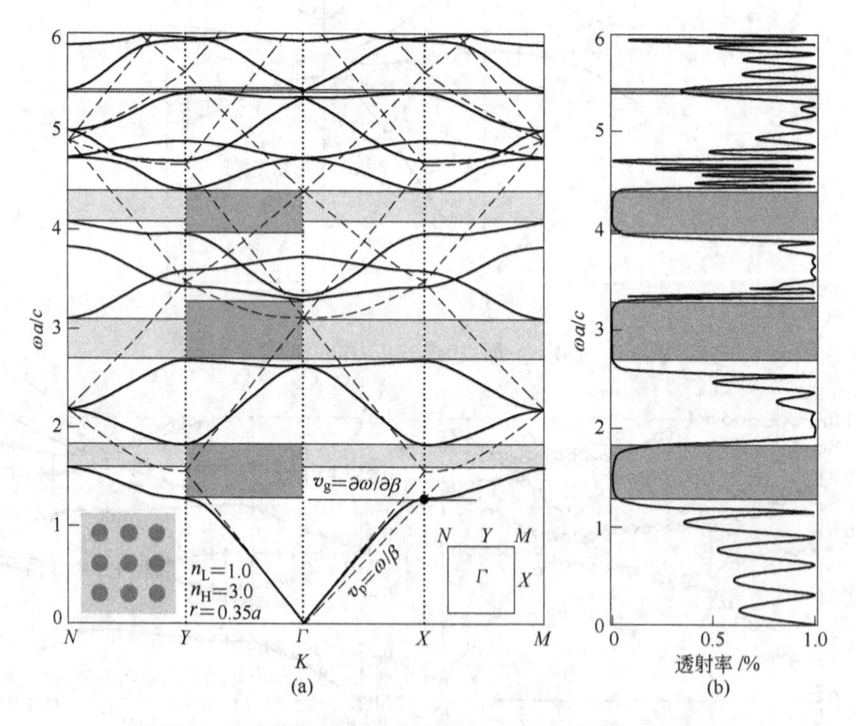

图 2.4 某介质柱组成的光子晶体的色散曲线和透射率谱

（a）色散曲线；（b）透射率谱

相速是等相位点传输的速度，其定义为

$$\boldsymbol{v}_p = \omega \frac{\boldsymbol{k}}{|\boldsymbol{k}|^2} \tag{2.19}$$

由方程式（2.19）可见，布洛赫模的相速度依赖于其在色散曲线上的位置，其可以理解为 $\omega = \Gamma = 0$ 点与感兴趣点之间连线的斜率。可以很方便地看出，相折射率可以表示为

$$n_p = \frac{c}{|\boldsymbol{v}_p|} \tag{2.20}$$

在光子晶体中，能量以群速度传输，其未必与相速度具有相同的方向。群速是能带图上感兴趣点的斜率。对于二维或三维光子晶体而言，群速表示为

$$\boldsymbol{v}_g = \nabla_k \omega = \frac{\partial \omega}{\partial k_x}\boldsymbol{x} + \frac{\partial \omega}{\partial k_y}\boldsymbol{y} + \frac{\partial \omega}{\partial z}\boldsymbol{z} \tag{2.21}$$

而在能带图上，任何对体内光线的偏离都是光子晶体色散的表示。

六、光子晶体中电磁场传输性质

（一）光子禁带

在一些光子晶体中，由于光场受到晶格散射后出现相干现象，导致这些光子晶体在某一频段会出现禁止电磁场传输的光子禁带。根据布洛赫定理，光子晶体中的布洛赫波与光子晶体具有相同的对称性，不同布洛赫模式之间是正交的。考虑一维光子晶体，其由两种介质交替堆叠而成（周期为 a），在第一个能带和第二个能带间存在一个禁带，如图 2.5（a）所示。对于最低的能带，考虑 $\boldsymbol{k} = \pi/a$ 点所对应的电场强度分布，其如图 2.5（b）所示中靠下的第 1 能带区域所示。对于次低的能带，仍考虑 $\boldsymbol{k} = \pi/a$ 点所对应的电场强度分布，如图 2.5（b）所示中靠上的第 2 能带区域所示。由图 2.5（b）可见，电磁场的能量分布与介质分布具有相同的对称性，且最低阶模式和次低阶模式之间正交。此外，由图 2.5（b）还可看到：最低阶模式的电场能量，更倾向于集中在高折射率区域，这是所有光子晶体低阶模式电场分布遵循的基本准则。由于模式间正交的要求，所以次低阶模式主要分布在较低的折射率区域。由于这两个模式具有相同的波矢量 π/a，所以唯一区别它们的参量就是频率 ω，即能带间是否存在明显的禁带，主要取决于折射率差。通常较高的折射率对比，会产生模式间较大的偏离和较大的光子禁带。

（二）完全光子禁带

对于二维晶体而言，波在二维周期平面内传输，且 TE 模电场的极化方向垂直于周期平面。这些 TE 模式将形成一些分立的，且被弱场能量密度区域环绕的强场能量密度区域。为了实现上述的不同模式间的最大化偏离，要求出现 TE 模禁带的晶格应该是由一些尽可能高的介电常数材料组成。空气中的介质柱就是这

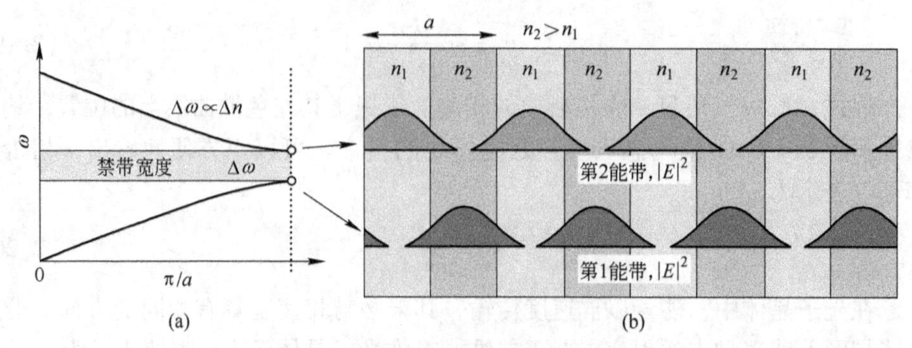

图 2.5 一维光子晶体的能带结构和场分布

（a）能带结构；（b）电场分布

种结构的一个例子，其光子禁带结构和两个布洛赫模的分布情况，如图 2.6 所示。在较低能带的较高点 A 处，场几乎全部处于介质柱中。由于这种原因，有时也将较低的禁带称为“介质带”；在次低阶能带上的 B 处，场几乎全部集中在介质柱的外侧，所以有时也将这种禁带称为“空气带”。

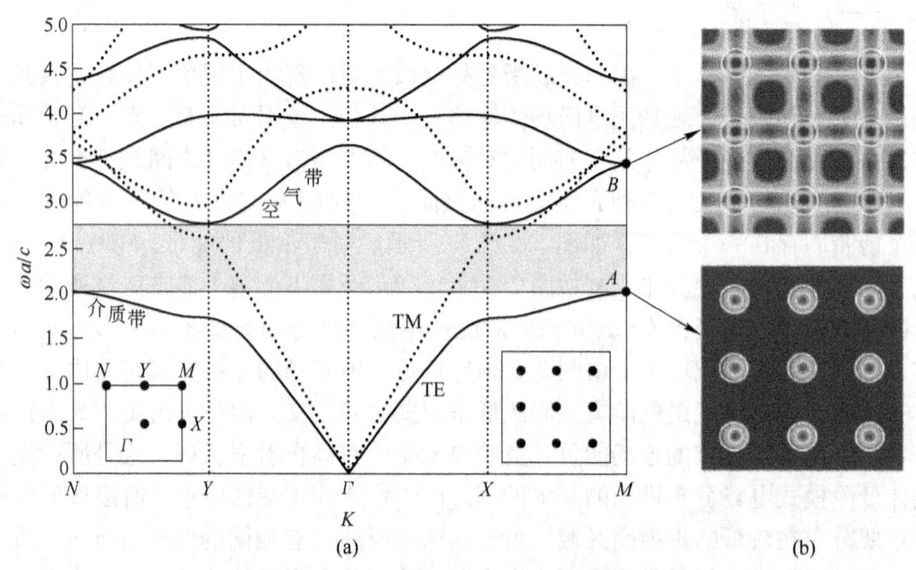

图 2.6 适合出现 TE 模光子禁带的结构

（a）色散曲线；（b）电场分布

TM 模的电场分量平行于周期平面。在这种情况下，电场是一个矢量，且为了满足 Maxwell 方程（电场线应为连续的），其必须形成环状分布。为了使上述模式间的偏离实现最大化，适于出现 TM 模禁带的晶格应该由高介电常数构成的联通区域组成。一种可能的结构是相互连接的介质柱阵列，此时的能带结构和相应的场分布形式，如图 2.7 所示。在最低能带的最高点 A 处，电场形成了环形，其几乎包括在了整个介质柱中；在次低能带的 B 点处，电场仍形成环，但几乎全部集中在介质柱的外侧。

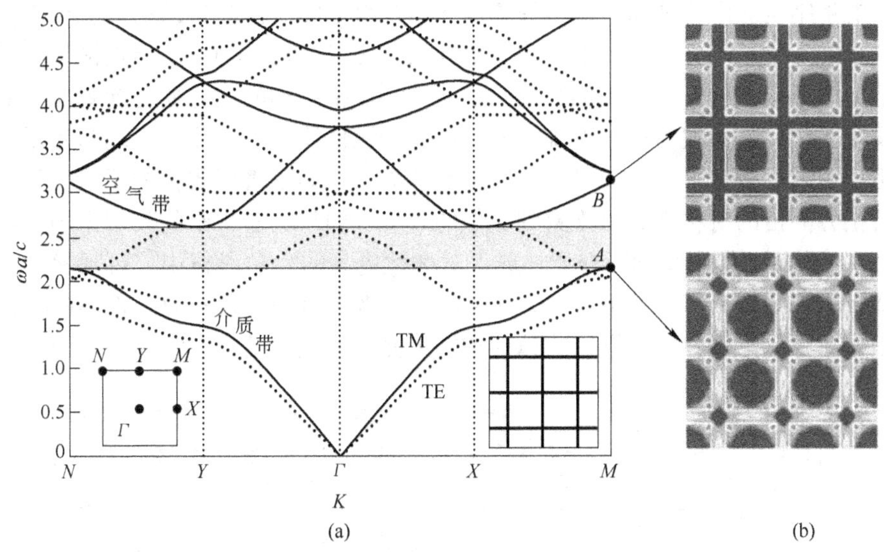

图 2.7　适合出现 TM 模光子禁带的结构

（a）色散曲线；（b）电场分布

上述分析还表明，空气背景中的介质柱和介质背景中的空气柱，将分别易于形成 TE 模和 TM 模的禁带。空气背景中的介质柱和介质背景中的空气柱互为反转结构。尽管构成二维光子晶体的介质仅做简单的反转，但反转前后的色散曲线没有明显的相似点，如图 2.8 所示。图 2.8 给出了结构反转效应对应的色散曲线。图 2.8(a) 是空气背景中介质柱组成光子晶体的色散曲线，图 2.8(b) 是介质背景中空气柱组成光子晶体的色散曲线。图 2.8 给出的色散曲线结果验证了上述结构反转效应。

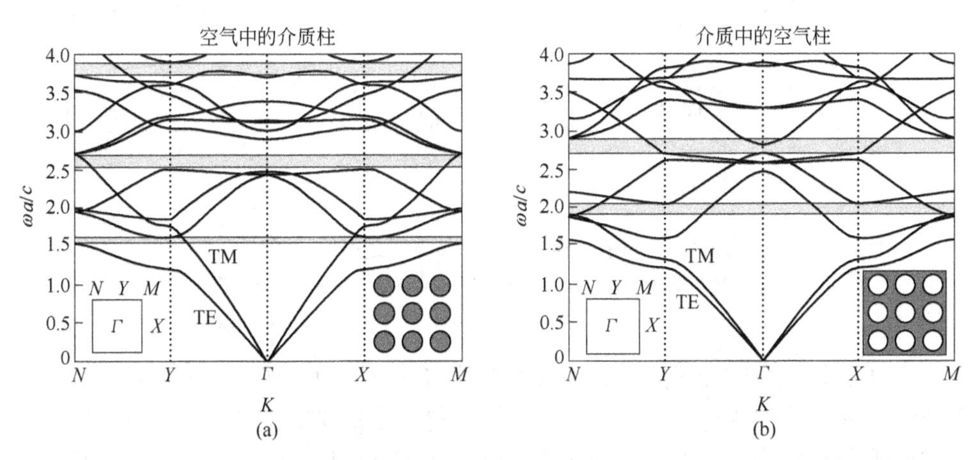

图 2.8　结构反转效应

（a）空气背景中介质柱组成光子晶体的色散曲线；（b）介质背景中空气柱组成光子晶体的色散曲线

晶格对称性的作用可通过图2.9给予理解。图2.9所示为四种晶格情况下的光子能带结构。图2.9(a)所示为圆形介质柱组成的正方晶格结构，其可以形成多个小的禁带；图2.9(b)所示为圆形介质柱矩形晶格结构，是通过沿某一轴方向增加圆形介质柱正方晶格的晶格间距获得。晶格结构的这种变化导致晶格对称性发生变化，从而使沿晶格增加方向光场的局域性质发生变化，表现为光子禁带不再呈现出直条带的形式，且完全禁带也消失了。如果将介质柱的形状变形，但保持正方晶格的对称性，可观察到类似的效应，即只有非常窄的禁带出现，如图2.9(d)所示。但当将圆形介质柱放入对称性更高的六角晶格中，可观察到较宽的禁带，如图2.9(c)所示。图2.9表明：禁带更容易出现在对称性高的晶格结构中，即更易出现在接近圆形或球形的布里渊区的晶格结构中。

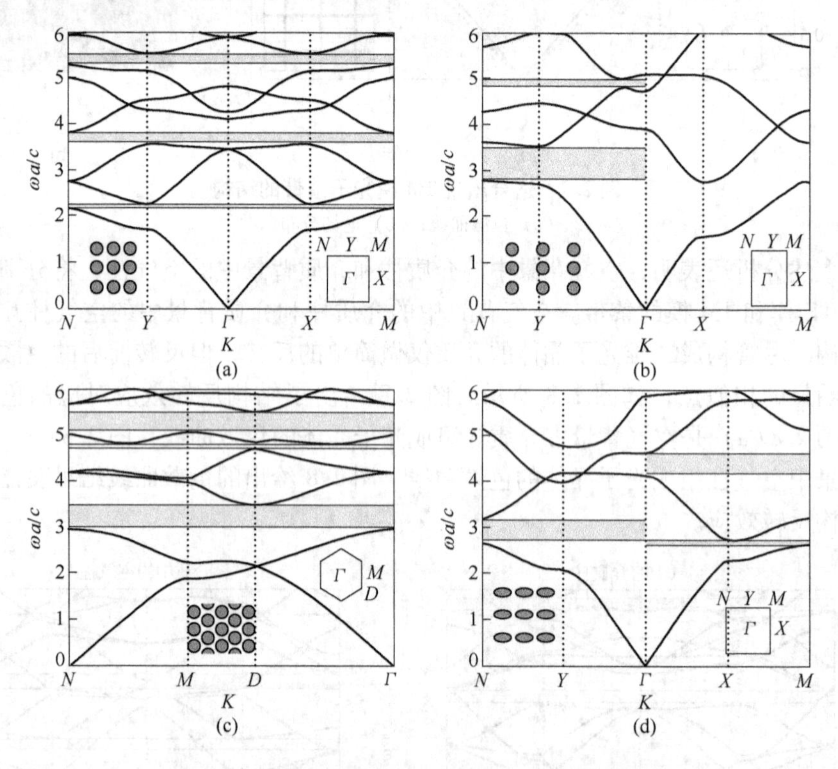

图2.9 晶格对称性对光子晶体完全禁带的影响

(a) 圆形介质组成的正方晶格；(b) 圆形介质组成的矩形晶格；
(c) 圆形介质组成的六角晶格；(d) 椭圆形介质组成的正方晶格

为了获得完全的光子禁带，需要使设计的晶格结构呈现出如下特点：具有较高的对称性、介质柱分立、介质柱之间由小的空隙相连。二维情况下，一般应使设计的晶格结构为六角结构。图2.10(a)所示为利用圆形介质柱来增加TE模的禁带，利用相连的窄介质隙来增加TM模禁带的光子晶体结构。该结构可产生较大的完全光子禁带，如图 2.10（b）所示。在三维晶格结构中，面心立方晶格和金刚石晶格获得的禁带最宽。

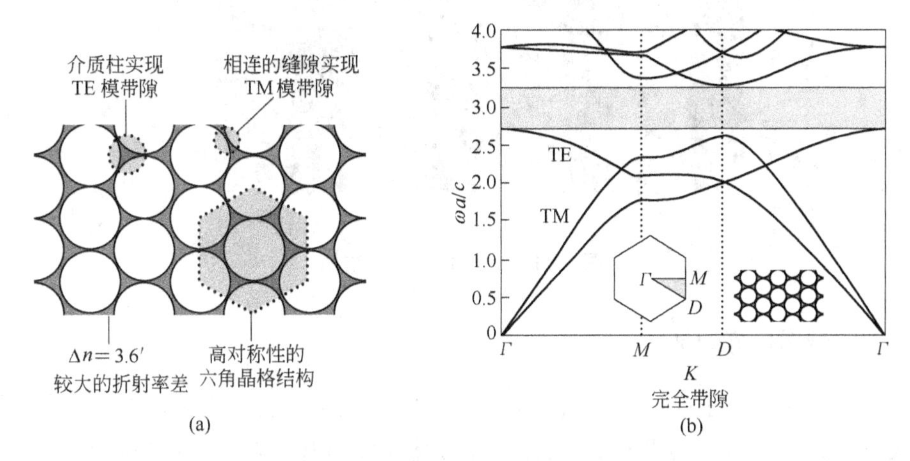

图 2.10　二维光子晶体形成较宽完全禁带的结构

（a）晶格结构；（b）色散曲线

第二节　传递矩阵法

传递矩阵法（Transfer Matrix Method，TMM）是运用电磁波理论和矩阵光学方法研究稳态情况下周期介质结构的光学透射率、反射率和色散关系等的基本方法。利用 TMM 除了可以计算无损介质制作的光子晶体的性质外，也可以用来研究具有复介电函数、频率依赖的介电函数和金属材料制作的光子晶体的光学性质。传递矩阵法最引人注意的特点是计算一维光子晶体的光学性质，其可由周期性的特征函数写出传递矩阵的解析表达式，使用起来十分方便。TMM 法对于从理论上研究一维光子晶体的色散特性、电磁波的能带结构、光孤子传输、脉冲压缩、非线性效应等是一种非常有效的方法。此外，TMM 法具有计算量小、速度快的特点。这里主要介绍这种方法在计算一维光子晶体有关性质的应用。

一、一维光子晶体结构

图 2.11 所示为由两种不同介电常数（ε_1，ε_2），厚度为（d_1，d_2）的介质层交替排列而成的一维周期性光子晶体结构示意图。光子晶体的空间周期 $d = d_1 + d_2$。当入射面处于 $x-z$ 平面内频率为 ω 的光入射到一维光子晶体结构时，光子晶体中的光场可看作是正向行进的电磁波和反向行进的电磁波的叠加。由于初始入射光场性质已知，利用逐层递推的方法即可计算出这一光子晶体中的光场性质。

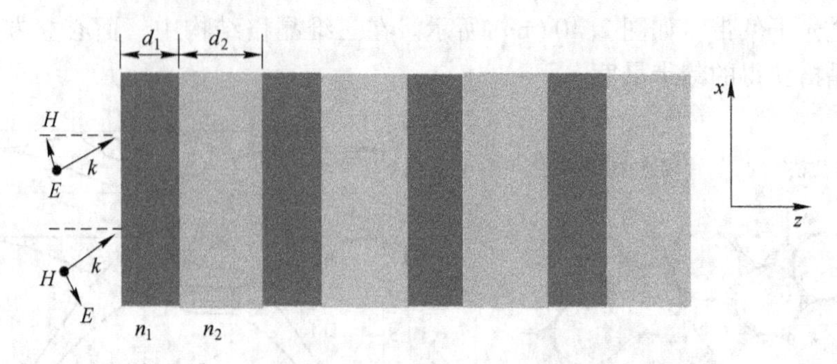

图 2.11　一维光子晶体结构

二、传递矩阵的推导

入射到一维光子晶体的电磁波可分解为电场矢量垂直于入射面的 TE 波和磁场矢量垂直于入射面的 TM 波，二者也称为横电波和横磁波。首先讨论 TE 波入射的情形，考虑一维光子晶体中的某一单层介质（折射率为 n_1，厚度为 d_1）。该介质层两边界Ⅰ、Ⅱ处的电磁场沿界面的切向分量用 $\boldsymbol{E}_{\mathrm{I}}$，$\boldsymbol{H}_{\mathrm{I}}$ 和 $\boldsymbol{E}_{\mathrm{II}}$，$\boldsymbol{H}_{\mathrm{II}}$ 表示，在界面Ⅰ处，由电场的边界条件得：

$$\boldsymbol{E}_{\mathrm{I}} = \boldsymbol{E}_{i\mathrm{I}} + \boldsymbol{E}_{r\mathrm{I}} = \boldsymbol{E}_{t\mathrm{I}} + \boldsymbol{E}'_{r\mathrm{II}} \tag{2.22}$$

式中，$\boldsymbol{E}_{i\mathrm{I}}$，$\boldsymbol{E}_{r\mathrm{I}}$，$\boldsymbol{E}_{t\mathrm{I}}$ 分别代表界面Ⅰ处的入射波、反射波和透射波的电场；$\boldsymbol{E}'_{r\mathrm{II}}$ 表示经界面Ⅱ反射到达界面Ⅰ处的电场。利用关系式：

$$\boldsymbol{H} = \sqrt{\frac{\varepsilon_0}{\mu_0}} n\boldsymbol{s} \times \boldsymbol{E} \tag{2.23}$$

$\boldsymbol{s}$ 是电磁波传输方向的单位矢量，$n = \sqrt{\varepsilon}$，并根据界面处磁场的切向分量连续边界条件，可得：

$$\boldsymbol{H}_{\mathrm{I}} = \sqrt{\frac{\varepsilon_0}{\mu_0}} (\boldsymbol{E}_{i\mathrm{I}} - \boldsymbol{E}_{r\mathrm{I}}) n_0 \cos\theta_0 = \sqrt{\frac{\varepsilon_0}{\mu_0}} (\boldsymbol{E}_{t\mathrm{I}} - \boldsymbol{E}'_{r\mathrm{II}}) n_1 \cos\theta_1 \tag{2.24}$$

在界面Ⅱ处：

$$\boldsymbol{E}_{\mathrm{II}} = \boldsymbol{E}_{i\mathrm{II}} + \boldsymbol{E}_{r\mathrm{II}} \tag{2.25}$$

$$\boldsymbol{H}_{\mathrm{II}} = \sqrt{\frac{\varepsilon_0}{\mu_0}} (\boldsymbol{E}_{i\mathrm{II}} - \boldsymbol{E}_{r\mathrm{II}})\ n_1 \cos\theta_1 \tag{2.26}$$

对于平面电磁波：

$$\boldsymbol{E}_{i\mathrm{II}} = \boldsymbol{E}_{t\mathrm{I}} \exp(ik_0 n_1 d_1 \cos\theta_1) \tag{2.27}$$

$$\boldsymbol{E}_{r\mathrm{II}} = \boldsymbol{E}'_{r\mathrm{II}} \exp(-ik_0 n_1 d_1 \cos\theta_1) \tag{2.28}$$

因此，在界面Ⅱ处电磁场的切向分量可以写为：

$$\boldsymbol{E}_{\mathrm{II}} = \boldsymbol{E}_{t\mathrm{I}} \exp(ik_0 n_1 d_1 \cos\theta_1) + \boldsymbol{E}'_{r\mathrm{II}} \exp(-ik_0 n_1 d_1 \cos\theta_1) \tag{2.29}$$

$$\boldsymbol{H}_{\text{II}} = \boldsymbol{E}_{t\text{I}} \exp(ik_0 n_1 d_1 \cos\theta_1) - \boldsymbol{E}'_{r\text{II}} \exp(-ik_0 n_1 d_1 \cos\theta_1) \sqrt{\frac{\varepsilon_0}{\mu_0}} n_1 \cos\theta_1 \quad (2.30)$$

k_0 为真空中的波矢。解式（2.29）、式（2.30）两式得到：

$$\boldsymbol{E}_{t\text{I}} = \frac{1}{2}\left[\boldsymbol{E}_{\text{II}} + \boldsymbol{H}_{\text{II}} \Big/ \left(\sqrt{\frac{\varepsilon_0}{\mu_0}} n_1 \cos\theta\right)\right] \exp(-ik_0 n_1 d_1 \cos\theta_1) \quad (2.31)$$

$$\boldsymbol{E}'_{r\text{II}} = \frac{1}{2}\left[\boldsymbol{E}_{\text{II}} - \boldsymbol{H}_{\text{II}} \Big/ \left(\sqrt{\frac{\varepsilon_0}{\mu_0}} n_1 \cos\theta\right)\right] \exp(ik_0 n_1 d_1 \cos\theta_1) \quad (2.32)$$

将式（2.31）和式（2.32）代入式（2.22）和式（2.24），得界面Ⅰ、Ⅱ处的电磁场满足的关系：

$$\boldsymbol{E}_{\text{I}} = \boldsymbol{E}_{\text{II}}[\cos(k_0 n_1 d_1 \cos\theta_1)] + \boldsymbol{H}_{\text{II}}\left[-\frac{i}{\eta_1}\sin(k_0 n_1 d_1 \cos\theta_1)\right] \quad (2.33)$$

$$\boldsymbol{H}_{\text{I}} = \boldsymbol{E}_{\text{II}}[-i\eta_1 \sin(k_0 n_1 d_1 \cos\theta_1)] + \boldsymbol{H}_{\text{II}}[\cos(k_0 n_1 d_1 \cos\theta_1)] \quad (2.34)$$

其中：

$$\eta_1 = \sqrt{\frac{\varepsilon_0}{\mu_0}} n_1 \cos\theta_1 \quad (2.35)$$

称为介质对 TE 模电磁波的有效光学导纳。将式（2.33）、式（2.34）用矩阵表示，可写为：

$$\begin{pmatrix} \boldsymbol{E}_{\text{I}} \\ \boldsymbol{H}_{\text{I}} \end{pmatrix} = \begin{pmatrix} \cos(k_0 n_1 d_1 \cos\theta_1) & -\frac{i}{\eta_1}\sin(k_0 n_1 d_1 \cos\theta_1) \\ -i\eta_1 \sin(k_0 n_1 d_1 \cos\theta_1) & \cos(k_0 n_1 d_1 \cos\theta_1) \end{pmatrix} \begin{pmatrix} \boldsymbol{E}_{\text{II}} \\ \boldsymbol{H}_{\text{II}} \end{pmatrix} \quad (2.36)$$

或写为：

$$\begin{pmatrix} E_{\text{I}} \\ H_{\text{I}} \end{pmatrix} = \boldsymbol{M}_1 \begin{pmatrix} E_{\text{II}} \\ H_{\text{II}} \end{pmatrix} \quad (2.37)$$

其中：

$$\boldsymbol{M}_1 = \begin{pmatrix} \cos(k_0 n_1 d_1 \cos\theta_1) & -\frac{i}{\eta_1}\sin(k_0 n_1 d_1 \cos\theta_1) \\ -i\eta_1 \sin(k_0 n_1 d_1 \cos\theta_1) & \cos(k_0 n_1 d_1 \cos\theta_1) \end{pmatrix} \quad (2.38)$$

$\boldsymbol{M}_1$ 是由介质和电磁波的特性所决定的特征矩阵，它把单层介质两界面处的电磁场联系了起来。对于 TM 电磁波，类似的推导可得到与式（2.36）同样的结果，但有效光学导纳的形式为：

$$\eta_1 = \sqrt{\frac{\varepsilon_0}{\mu_0}} n_1 \Big/ \cos\theta_1 \quad (2.39)$$

由折射率 n_1，n_2 和厚度为 d_1，d_2 两层介质构成的一个基本周期的特征矩阵，可以写作：

$$M = M_1 M_2 = \begin{pmatrix} \cos(k_{1z}d_1)\cos(k_{2z}d_2) - & -\frac{i}{\eta_2}\cos(k_{1z}d_1)\sin(k_{2z}d_2) - \\ \frac{\eta_2}{\eta_1}\sin(k_{1z}d_1)\sin(k_{2z}d_2) & \frac{i}{\eta_1}\sin(k_{1z}d_1)\cos(k_{2z}d_2) \\ -i\eta_1\sin(k_{1z}d_1)\cos(k_{2z}d_2) - & \cos(k_{1z}d_1)\cos(k_{2z}d_2) - \\ i\eta_2\cos(k_{1z}d_1)\sin(k_{2z}d_2) & \frac{\eta_1}{\eta_2}\sin(k_{1z}d_1)\sin(k_{2z}d_2) \end{pmatrix} \tag{2.40}$$

其中，

$$k_{iz} = k_0 n_i \cos\theta_i = \frac{\omega}{c} n_i \cos\theta_i \tag{2.41}$$

M 是么模矩阵（即：$AD - BC = 1$）。由 M 得到第 n 个周期结构两边界处光场之间的关系为：

$$\begin{pmatrix} E_n \\ H_n \end{pmatrix} = M \begin{pmatrix} E_{n+1} \\ H_{n+1} \end{pmatrix} \tag{2.42}$$

由 N 层重复单元构成的一维光子晶体结构，入射光场矢量 E_1，H_1 和出射光场矢量 E_{N+1}，H_{N+1} 满足

$$\begin{pmatrix} E_1 \\ H_1 \end{pmatrix} = M_1 M_2 \cdots M_N \begin{pmatrix} E_{N+1} \\ H_{N+1} \end{pmatrix} = M^N \begin{pmatrix} E_{N+1} \\ H_{N+1} \end{pmatrix} = \begin{pmatrix} T_{11} & T_{12} \\ T_{21} & T_{22} \end{pmatrix} \begin{pmatrix} E_{N+1} \\ H_{N+1} \end{pmatrix} \tag{2.43}$$

式中的 T_{ij} 表示 M^N 的相应的矩阵元。由上式可得

$$E_1 = T_{11} E_{N+1} + T_{12} H_{N+1} \tag{2.44}$$

$$H_1 = T_{21} E_{N+1} + T_{22} H_{N+1} \tag{2.45}$$

入射面处，光场的切向分量 E_1，H_1 又可以表示为：

$$E_1 = E_{i\text{I}} + E_{r\text{I}} \tag{2.46}$$

$$H_1 = H_{i\text{I}} \cos\theta_0 + H_{r\text{I}} \cos\theta_0 = (E_{i\text{I}} - E_{r\text{I}})\,\eta_0 \tag{2.47}$$

$E_{i\text{I}}$，$H_{i\text{I}}$，$E_{r\text{I}}$ 和 $H_{r\text{I}}$ 分别表示入射和反射的光场矢量。η_0，η_{N+1} 分别为光子晶体左右两侧介质的有效光学导纳。由式（2.46）和式（2.47）两式可得：

$$E_{i\text{I}} = \frac{1}{2}\left(E_1 + \frac{H_1}{\eta_0}\right) \tag{2.48}$$

$$E_{r\text{I}} = \frac{1}{2}\left(E_1 - \frac{H_1}{\eta_0}\right) \tag{2.49}$$

光子晶体最后一个界面的右边只有右行波，而没有左行波，所以：

$$E_{N+1} = E_{i,N+1} \tag{2.50}$$

$$H_{N+1} = H_{t,N+1} = \eta_{N+1} E_{t,N+1} \tag{2.51}$$

由此可得反射系数：

$$r=\frac{\boldsymbol{E}_{r\,\mathrm{I}}}{\boldsymbol{E}_{i\,\mathrm{I}}}=\frac{\boldsymbol{T}_{11}\eta_0+\boldsymbol{T}_{12}\eta_0\eta_{N+1}-\boldsymbol{T}_{21}-\boldsymbol{T}_{22}\eta_{N+1}}{\boldsymbol{T}_{11}\eta_0+\boldsymbol{T}_{12}\eta_0\eta_{N+1}+\boldsymbol{T}_{21}+\boldsymbol{T}_{22}\eta_{N+1}} \tag{2.52}$$

透射系数为：

$$t=\frac{\boldsymbol{E}_{i,N+1}}{\boldsymbol{E}_{i\,\mathrm{I}}}=\frac{2\eta_0}{\boldsymbol{T}_{11}\eta_0+\boldsymbol{T}_{12}\eta_0\eta_{N+1}+\boldsymbol{T}_{21}+\boldsymbol{T}_{22}\eta_{N+1}} \tag{2.53}$$

相应的反射率和透射率分别为：

$$R=|r|^2=\left|\frac{\boldsymbol{E}_{r\,\mathrm{I}}}{\boldsymbol{E}_{i\,\mathrm{I}}}\right|^2 \tag{2.54}$$

$$T=|\boldsymbol{t}|^2=\left|\frac{\boldsymbol{E}_{t,N+1}}{\boldsymbol{E}_{i\,\mathrm{I}}}\right|^2 \tag{2.55}$$

三、计算实例

本例主要利用传递矩阵法得到光子晶体的透射率和反射率特性。选择一维光子晶体的结构参数为：介质的介电常数为 11.9，背景的介电常数为 2.25，二者的厚度之比为：0.74/1.260，周期数为 9，则利用传递矩阵法计算这一光子晶体的透射谱、反射谱和色散曲线结构如图 2.12 所示。

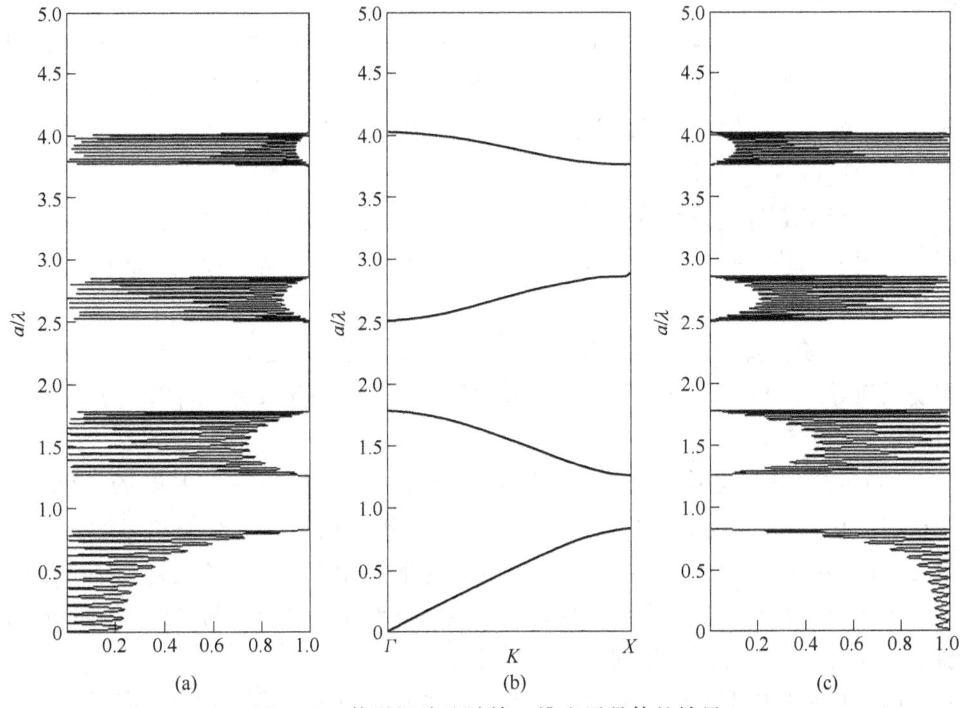

图 2.12　传递矩阵法计算一维光子晶体的结果

（a）反射谱；（b）色散曲线；（c）透射谱

第三节 时域有限差分法（FDTD）

时域有限差分法（Finite - Difference Time - Domain，FDTD）是由 K. S. Yee 在 1966 年提出的一种求解电磁场问题的数值计算方法。FDTD 方法的出发点是麦克斯韦方程组中的两个旋度方程，通过对电磁场中的电场、磁场分量在空间和时间上采取交替抽样的方式离散化，将含有时间分量的麦克斯韦旋度方程转化为一组差分方程，并且在时间轴上逐步推进地求解空间电磁场。在 20 世纪 80 ~ 90 年代，FDTD 方法得到 Taflove 等人的大力发展。随着当前计算机性能的大幅提高和并行运算技术的发展，FDTD 方法如今已经发展成为一种功能强大、适用广泛的求解电磁场问题的数值分析方法。

FDTD 方法之所以能得到如此广泛的应用，是因为它在以下几方面具有非常突出的优点：

（1）直接时域计算。FDTD 方法能够直接给出非常丰富的电磁场问题的时域信息，给复杂的物理过程描绘出清晰的物理图像。如果需要频域信息，只需要对时域信息进行傅立叶变换，在宽频谱的脉冲激励下进行一次计算就可获得宽频域内的丰富信息。

（2）广泛的适用性。由于该方法基于麦克斯韦方程，对于广泛的电磁场问题是不变的，因此具有广泛的适用性。只需设定空间各处的电磁参数，就可模拟各种复杂的电磁结构。媒质的非均匀性、各向异性、色散特性和非线性等都可以很容易地进行精确模拟。

（3）计算程序的通用性。由于麦克斯韦方程是 FDTD 方法计算任何问题的模型，因而一个基本的 FDTD 计算程序可被广泛地应用到求解其他电磁场问题，具有良好的通用性。

（4）简单、直观并且容易掌握。由于它从最基本的麦克斯韦方程出发，不需要任何导出方程，就避免了使用更多的数学工具，因此成为了计算电磁场问题的最简单的方法。

（5）适合并行运算。由于 FDTD 方法计算每一个网格点上的电场（磁场）分量仅与它相邻的磁场（电场）分量以及上一步该点的场值有关，与远离该分量的其他场值没有关系，而我们可以非常容易地将计算区域分解成若干小的子区域，子区域之间的数据交换只在相邻子区域的分界面上进行，与子区域内部的场值运算没有关系，因而它特别适合并行计算。

由于只是利用 FDTD 方法对二维光子晶体波导和微腔特性进行了模拟，所以这里重点对二维 FDTD 方法进行介绍。

一、Maxwell 方程

麦克斯韦方程组是支配宏观电磁现象的一组基本方程，这组方程既可以写成微分形式，又可以写成积分形式。麦克斯韦方程组的微分形式是由两个旋度方程和两个散度方程组成的，其中两个旋度方程是最基本的。两个旋度方程可以表示为：

$$\nabla \times \boldsymbol{H} = \frac{\partial \boldsymbol{D}}{\partial t} + \boldsymbol{J} \tag{2.56a}$$

$$\nabla \times \boldsymbol{E} = -\frac{\partial \boldsymbol{E}}{\partial t} - \boldsymbol{J}_m \tag{2.56b}$$

式中，$\boldsymbol{E}$，$\boldsymbol{H}$，$\boldsymbol{D}$，$\boldsymbol{B}$ 分别是电场强度、磁场强度、电位移矢量和磁感应强度，$\boldsymbol{J}$，$\boldsymbol{J}_m$ 分别为电流密度和磁流密度，它们均为空间位置和时间的函数。各向同性、线性介质中的本构关系为：

$$\boldsymbol{D} = \varepsilon \boldsymbol{E},\ \boldsymbol{B} = \mu \boldsymbol{H},\ \boldsymbol{J} = \sigma \boldsymbol{E},\ \boldsymbol{J}_m = \sigma_m \boldsymbol{H}$$

其中，ε 表示介质的介电系数；μ 为磁导系数；σ 为电导率；σ_m 为磁导率。在各向同性介质中，ε，μ，σ，σ_m 为标量，而对于各向异性介质，它们都是矢量。对于均匀介质，它们是常量，对于非均匀介质它们均为空间位置的函数。

二、差分方程

假设研究的空间无源，且介质参数 ε，μ，σ，σ_m 不随时间和空间发生变化，则在直角坐标系中，式（2.56）可以写为：

$$\frac{\partial H_z}{\partial y} - \frac{\partial H_y}{\partial z} = \varepsilon \frac{\partial E_x}{\partial t} + \sigma E_x \tag{2.57a}$$

$$\frac{\partial E_z}{\partial y} - \frac{\partial H_y}{\partial z} = \varepsilon \frac{\partial E_x}{\partial t} + \sigma E_x \tag{2.57b}$$

$$\frac{\partial H_x}{\partial z} - \frac{\partial H_z}{\partial x} = \varepsilon \frac{\partial E_y}{\partial t} + \sigma E_y \tag{2.57c}$$

$$\frac{\partial E_x}{\partial z} - \frac{\partial E_z}{\partial x} = \varepsilon \frac{\partial H_y}{\partial t} + \sigma H_y \tag{2.57d}$$

$$\frac{\partial H_y}{\partial x} - \frac{\partial H_x}{\partial y} = \varepsilon \frac{\partial E_z}{\partial t} + \sigma E_z \tag{2.57e}$$

$$\frac{\partial E_y}{\partial x} - \frac{\partial E_x}{\partial y} = \varepsilon \frac{\partial H_z}{\partial t} + \sigma H_z \tag{2.57f}$$

（一）直角坐标系中的三维 FDTD 法

令 $f(x, y, z, t)$ 代表电场或磁场的任一直角分量，其在时间和空间内离散后表示为：

$$f(x,\ y,\ z,\ t) = f(i\Delta x,\ j\Delta y,\ k\Delta z,\ n\Delta t) = f^n(i,\ j,\ k)$$

利用差分近似代替上式的一阶偏导数，表示为：

$$\left.\frac{\partial f(x,y,z,t)}{\partial x}\right|_{x=i\Delta x} \approx \frac{f^n(i+\frac{1}{2},j,k) - f^n(i-\frac{1}{2},j,k)}{\Delta x} \tag{2.58a}$$

$$\left.\frac{\partial f(x,y,z,t)}{\partial y}\right|_{y=j\Delta y} \approx \frac{f^n(i,j+\frac{1}{2},k) - f^n(i,j-\frac{1}{2},k)}{\Delta x} \tag{2.58b}$$

$$\left.\frac{\partial f(x,y,z,t)}{\partial z}\right|_{z=k\Delta z} \approx \frac{f^n(i,j,k+\frac{1}{2}) - f^n(i,j,k-\frac{1}{2})}{\Delta z} \tag{2.58c}$$

$$\left.\frac{\partial f(x,y,z,t)}{\partial t}\right|_{t=n\Delta t} \approx \frac{f^{n+\frac{1}{2}}(i,j,k) - f^{n-\frac{1}{2}}(i,j,k)}{\Delta t} \tag{2.58d}$$

Yee 于 1966 年提出了一种非常巧妙的差分方案来描述麦克斯韦方程组。他的基本思想是：在空间轴上使电磁分量交错放置，即电场分量的周围是磁场分量，磁场分量的周围是电场分量；在时间轴上，电场分量和磁场分量相差半个时间步长。FDTD 离散电场和磁场的各节点空间排布如图 2.13 所示，这就是著名的 Yee 原胞。由图 2.13 可见：每一个磁场分量由四个电场分量环绕；同样，每一个电场分量由四个磁场分量环绕。这种电磁场分量的空间取样方式不仅符合法拉第感应定律和安培环路定理的自然结构，而且这种电磁场各分量的空间相对位置也适合麦克斯韦方程的差分计算，能够恰当地描述电磁场的传输特性。此外，电场和磁场在时间顺序上交替取样，取样时间间隔彼此相差半个时间步长，使麦克斯韦方程离散以后构成显式差分方程，从而可以在时间上迭代求解，而不需要进行矩阵求逆运算。因而，给定相应电磁问题的初始值，FDTD 方法就可以逐步推进地求得各个时刻空间电磁场的分布。

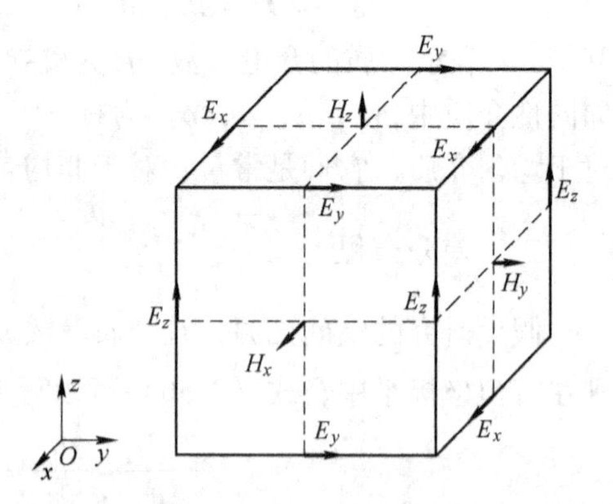

图 2.13 一个 Yee 氏网格单元以及电磁场各分量在网格空间离散点的相互关系

对于不考虑电损耗和磁损耗的介质空间，利用式（2.58）代入式（2.57），就可以将微分方程近似为差分方程。结合图 2.13，可以写出三维直角坐标系中，三个磁场分量所对应的差分方程：

$$H_x\Big|_{i,j+\frac{1}{2},k+\frac{1}{2}}^{n+\frac{1}{2}} = H_x\Big|_{i,j+\frac{1}{2},k+\frac{1}{2}}^{n-\frac{1}{2}} + \frac{\Delta t}{\mu}\left(\frac{E_y\Big|_{i,j+\frac{1}{2},k+1}^{n} - E_y\Big|_{i,j+\frac{1}{2},k}^{n}}{\Delta z} - \frac{E_z\Big|_{i,j,k+\frac{1}{2}}^{n} - E_z\Big|_{i,j,k+\frac{1}{2}}^{n}}{\Delta y}\right) \tag{2.59a}$$

$$H_y\Big|_{i+\frac{1}{2},j,k+\frac{1}{2}}^{n+\frac{1}{2}} = H_y\Big|_{i+\frac{1}{2},j,k+\frac{1}{2}}^{n-\frac{1}{2}} + \frac{\Delta t}{\mu}\left(\frac{E_z\Big|_{i+\frac{1}{2},j,k+\frac{1}{2}}^{n} - E_z\Big|_{i,j,k+\frac{1}{2}}^{n}}{\Delta x} - \frac{E_z\Big|_{i+\frac{1}{2},j,k+1}^{n} - E_z\Big|_{i+\frac{1}{2},j,k}^{n}}{\Delta y}\right) \tag{2.59b}$$

$$H_z\Big|_{i+\frac{1}{2},j+\frac{1}{2},k}^{n+\frac{1}{2}} = H_z\Big|_{i+\frac{1}{2},j+\frac{1}{2},k}^{n-\frac{1}{2}} + \frac{\Delta t}{\mu}\left(\frac{E_x\Big|_{i+\frac{1}{2},j+1,k}^{n} - E_x\Big|_{i+\frac{1}{2},j,k}^{n}}{\Delta y} - \frac{E_y\Big|_{i+1,j+\frac{1}{2},k}^{n} - E_y\Big|_{i,j+\frac{1}{2},k}^{n}}{\Delta x}\right) \tag{2.59c}$$

三个电场分量所对应的差分方程为：

$$E_x\Big|_{i+\frac{1}{2},j,k}^{n+1} = H_x\Big|_{i+\frac{1}{2},j,k}^{n} + \frac{\Delta t}{\varepsilon}\left(\frac{E_z\Big|_{i+\frac{1}{2},j+\frac{1}{2},k}^{n+\frac{1}{2}} - E_y\Big|_{i+\frac{1}{2},j-\frac{1}{2},k}^{n+\frac{1}{2}}}{\Delta y} - \frac{E_z\Big|_{i+\frac{1}{2},j,k+\frac{1}{2}}^{n+\frac{1}{2}} - E_z\Big|_{i+\frac{1}{2},j,k-\frac{1}{2}}^{n+\frac{1}{2}}}{\Delta z}\right) \tag{2.59d}$$

$$E_y\Big|_{i,j+\frac{1}{2},k}^{n+1} = E_y\Big|_{i,j+\frac{1}{2},k}^{n} + \frac{\Delta t}{\varepsilon}\left(\frac{H_x\Big|_{i,j+\frac{1}{2},k+\frac{1}{2}}^{n+\frac{1}{2}} - H_x\Big|_{i+\frac{1}{2},j-\frac{1}{2},k}^{n+\frac{1}{2}}}{\Delta z} - \frac{H_z\Big|_{i+\frac{1}{2},j+\frac{1}{2},k}^{n+\frac{1}{2}} - H_z\Big|_{i-\frac{1}{2},j+\frac{1}{2},k}^{n+\frac{1}{2}}}{\Delta y}\right) \tag{2.59e}$$

$$E_z\Big|_{i,j,k+\frac{1}{2}}^{n+1} = E_z\Big|_{i,j,k+\frac{1}{2}}^{n} + \frac{\Delta t}{\varepsilon}\left(\frac{H_y\Big|_{i+\frac{1}{2},j,k+\frac{1}{2}}^{n+\frac{1}{2}} - H_x\Big|_{i+\frac{1}{2},j,k+\frac{1}{2}}^{n+\frac{1}{2}}}{\Delta x} - \frac{H_x\Big|_{i,j+\frac{1}{2},k+\frac{1}{2}}^{n+\frac{1}{2}} - H_z\Big|_{i,j+\frac{1}{2},k+\frac{1}{2}}^{n+\frac{1}{2}}}{\Delta y}\right) \tag{2.59f}$$

（二）直角坐标系中的二维 FDTD 方法

二维情况下（假设电磁场沿 z 轴方向不变），Maxwell 方程可分解为相互独立的两组，一组是所谓的横电模（Transverse Electric，TE，其场分量为 H_z、E_x 和 E_y）方程，一组是横磁模（Transverse Magnetic，TM，其场分量为 E_z、H_x 和 H_y）方程。以 x、y 轴作为平面内的坐标轴，则 TE 和 TM 模所涉及的电磁分量及 Maxwell 方程分别为：

TE 模：

$$\begin{cases} \dfrac{\partial H_z}{\partial t} = \dfrac{1}{u_0}\left(\dfrac{\partial E_x}{\partial y} - \dfrac{\partial E_y}{\partial x}\right) \\ \dfrac{\partial E_x}{\partial t} = \dfrac{1}{\varepsilon_0 \varepsilon_r}\dfrac{\partial H_z}{\partial y} \\ \dfrac{\partial E_y}{\partial t} = \dfrac{1}{\varepsilon_0 \varepsilon_r}\dfrac{\partial H_z}{\partial x} \end{cases} \tag{2.60a}$$

TM 模：
$$\begin{cases}\dfrac{\partial E_z}{\partial t}=\dfrac{1}{u_0}\left(\dfrac{\partial H_x}{\partial y}-\dfrac{\partial H_y}{\partial x}\right)\\ \dfrac{\partial H_x}{\partial t}=\dfrac{1}{\varepsilon_0\varepsilon_r}\dfrac{\partial E_z}{\partial y}\\ \dfrac{\partial H_y}{\partial t}=\dfrac{1}{\varepsilon_0\varepsilon_r}\dfrac{\partial E_z}{\partial x}\end{cases}\tag{2.60b}$$

式中，ε_0，μ_0 分别代表真空介电常数和磁导率，$\varepsilon_0=8.8542\times10^{-12}\,\mathrm{F/m}$，$\mu_0=4\pi\times10^{-7}\,\mathrm{H/m}$；$\varepsilon_r$ 代表相对介电常数，以上是无源、无损、无磁、各向同性、均匀分布介质中的 Maxwell 方程。

TE 模电磁分量在空间的分布如图 2.14 所示。

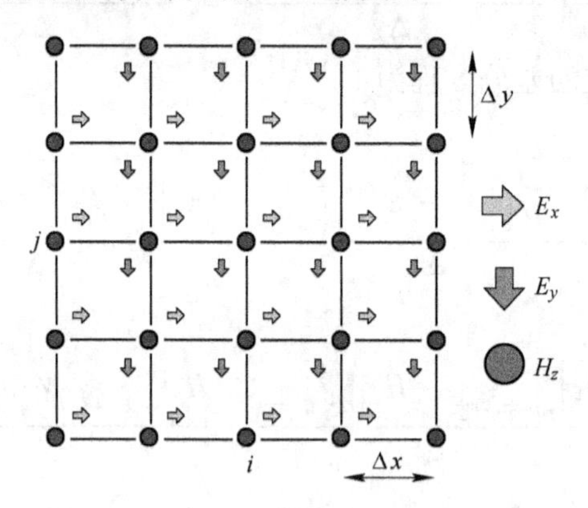

图 2.14　用于 TE 模差分的 Yee 氏网格

如果让磁场分量处于半时间步，电场分量则处于整时间步，方程式（2.60a）可差分为：

$$\frac{H_z\Big|_{i+0.5,j+0.5}^{n+0.5}-H_z\Big|_{i+0.5,j+0.5}^{n-0.5}}{\Delta t}=\frac{1}{u_0}\left(\frac{E_x\Big|_{i+0.5,j+1}^{n}-E_x\Big|_{i+0.5,j}^{n}}{\Delta y}-\frac{E_y\Big|_{i+1,j+0.5}^{n}-E_y\Big|_{i,j+0.5}^{n}}{\Delta x}\right)\tag{2.61a}$$

$$\frac{E_x\Big|_{i+0.5,j}^{n+1}-E_x\Big|_{i+0.5,j}^{n}}{\Delta t}=\frac{1}{\varepsilon_0\varepsilon_r\Big|_{i+0.5,j}}\cdot\frac{H_z\Big|_{i+0.5,j+0.5}^{n+0.5}-H_z\Big|_{i+0.5,j-0.5}^{n+0.5}}{\Delta y}\tag{2.61b}$$

$$\frac{E_y\Big|_{i+0.5,j}^{n+1} - E_y\Big|_{i,j+0.5}^{n}}{\Delta t} = \frac{1}{\varepsilon_0\varepsilon_r\Big|_{i,j+0.5}} \cdot \frac{H_z\Big|_{i+0.5,j+0.5}^{n+0.5} - H_z\Big|_{i-0.5,j+0.5}^{n+0.5}}{\Delta x} \tag{2.61c}$$

式中，Δt 表示时间步长；Δx 和 Δy 分别代表 x 方向和 y 方向的空间步长；n 用来标记时间轴上的格点位置；i 和 j 用来标记 x 轴和 y 轴上的格点位置。

假如知道第 n 步 E_x 和 E_y 分量的空间分布以及第 $n+0.5$ 步 H_z 分量的空间分布，由方程式（2.61a）可推出第 $n+1$ 步 E_x 分量的分布，由方程式（2.61b）可推出第 $n+1$ 步 E_y 分量的分布，然后根据方程（2.61c）从第 $n+1$ 步 E_x 和 E_y 分量的分布以及第 $n+0.5$ 步 H_z 分量的分布可推出第 $n+1.5$ 步 H_z 分量的空间分布，如此循环迭代下去便可得到 E_x、E_y 和 H_z 分量随时间的变化关系。

用于 TM 模差分的 Yee 氏网格如图 2.15 所示。与 TE 模类似，差分方程式（2.60b）可得：

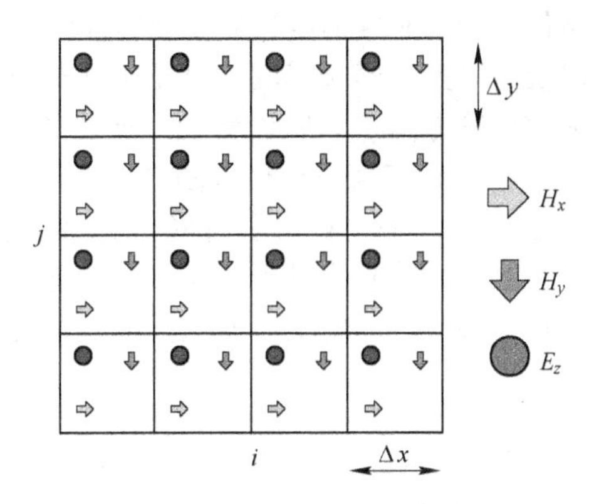

图 2.15　用于 TM 模差分的 Yee 氏网格

$$E_z\Big|_{i,j}^{n+1} = E_z\Big|_{i,j}^{n} + \frac{\Delta t}{\varepsilon_0\varepsilon_r\Big|_{i,j}} \left[\frac{H_x\Big|_{i+0.5,j}^{n+0.5} - H_x\Big|_{i-0.5,j}^{n+0.5}}{\Delta y} - \frac{H_y\Big|_{i,j+0.5}^{n+0.5} - H_y\Big|_{i,j-0.5}^{n+0.5}}{\Delta x}\right] \tag{2.62a}$$

$$H_x\Big|_{i,j+0.5}^{n+0.5} = H_x\Big|_{i,j+0.5}^{n-0.5} + \frac{\Delta t}{u_0} \frac{E_z\Big|_{i,j+1}^{n} - E_z\Big|_{i,j}^{n}}{\Delta y} \tag{2.62b}$$

$$H_y\Big|_{i+0.5,j}^{n+0.5} = H_y\Big|_{i+0.5,j}^{n-0.5} + \frac{\Delta t}{u_0}\frac{E_z\Big|_{i+1,j}^{n} - E_z\Big|_{i,j}^{n}}{\Delta x} \tag{2.62c}$$

具体的迭代过程以 TE 模为例，假如知道第 n 步 E_x，E_y 分量的空间分布以及 $n+0.5$ 步 H_z 分量的空间分布，由方程（2.62a）可推出第 $n+1$ 步 E_x 分量的分布，由方程（2.62b）可推出第 $n+1$ 步 E_y 分量的分布，然后根据方程（2.62c）从第 $n+1$ 步 E_x，E_y 分量的分布以及第 $n+0.5$ 步 H_z 分量的分布可推出第 $n+1.5$ 步 H_z 分量的空间分布，如此循环迭代下去便可得到 E_x，E_y 和 H_z 分量随时间的变化关系。

由于光子晶体是一种典型的周期结构，时域有限差分法计算时多采用周期性边界条件和吸收边界条件对其计算区域进行处理。

三、FDTD 算例

二维光子晶体的透射谱的计算：正方晶格光子晶体为 7 排圆柱组成，宽度为无限大，如图 2.16 所示。平面电磁波从光子晶体的左侧垂直入射到光子晶体。在光子晶体左侧和右侧区域的计算边界利用 PML 吸收边界条件，在上边界和下边界利用周期性边界条件，利用时域内的调制高斯脉冲作为入射光的激励源，通过一次时域计算就可以快速得到不同频率的入射光通过光子晶体的透射谱。

由于在垂直于入射波传输方向上为周期结构，所以在利用 FDTD 方法计算时只需要计算一个周期单元。图 2.17 给出了圆形介质柱的半径为 $r=0.2a$，介电常数为 $\varepsilon=12.0$ 时，排列在空气中所组成的正方晶格光子晶体的透射谱。光子晶体的厚度为 9 排。由左侧入射的脉冲光经过光子晶体，在它右侧的观测区域记录下出射场随时间变化的过程，最后经过傅里叶变换就可以得到不同频率的光经过光子晶体的透射率。

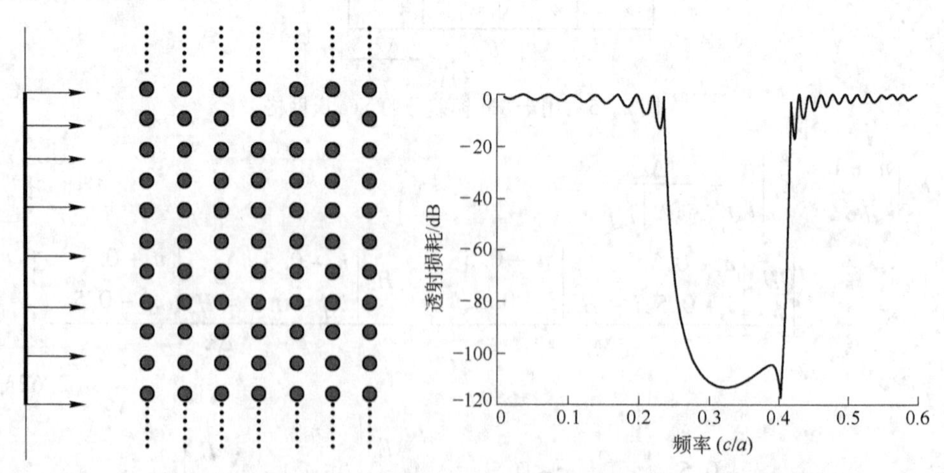

图 2.16 正方晶格光子晶体的结构示意图　　图 2.17 有限厚度光子晶体的透射谱

只要赋予每一个空间网格点以合适的介电参数，FDTD 方法可以非常方便地求解由任意形状柱体所组成的光子晶体的透射谱。这一点是其他一些理论计算方法所无法实现的。在保持占空比和介电常数不变的前提下，将图 2. 16 中介质柱的形状由圆形变为正方形和椭圆形（椭圆的长短半轴之比为 2∶1），相应的光子晶体结构和所得的透射谱分别如图 2. 18 和图 2. 19 所示。

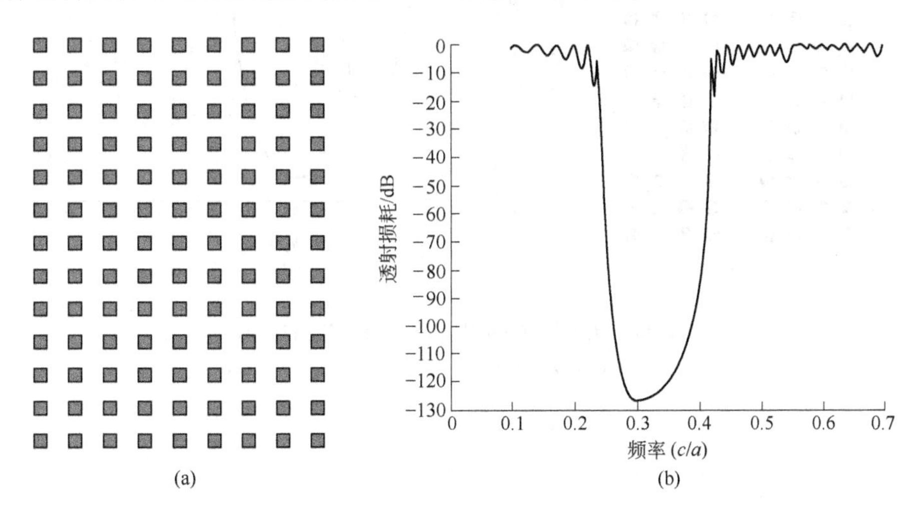

图 2. 18 由正方形介质柱构成的正方晶格光子晶体及其透射谱

（a）光子晶体结构；（b）透射谱

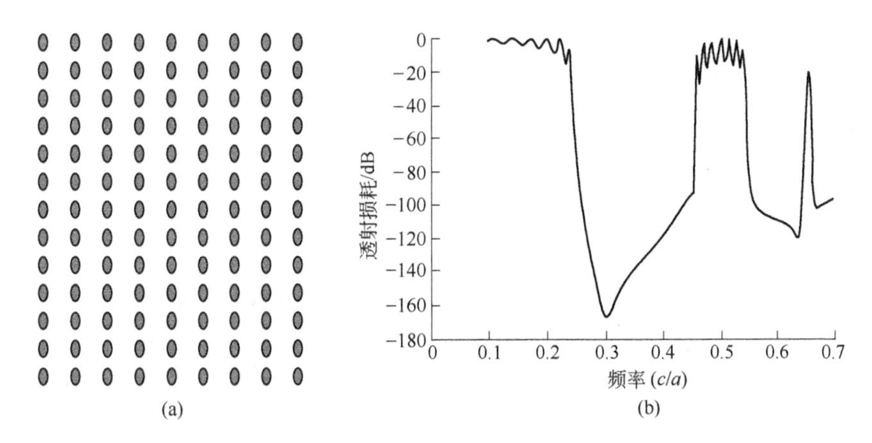

图 2. 19 由椭圆形介质柱构成的正方晶格光子晶体及其透射谱

（a）光子晶体结构；（b）透射谱

只要是在垂直于入射光方向（*Y* 方向）具有周期结构，都可以利用这种方法快速计算出结果。利用周期性条件除了快速计算光子晶体的透射谱之外，还可以计算由列缺陷组成的缺陷模的位置和相应的透射率数值。图 2. 20 给出了在图 2. 16 中抽掉一列圆形介质柱所组成的光子晶体列缺陷的位置和相应的透射率数值。

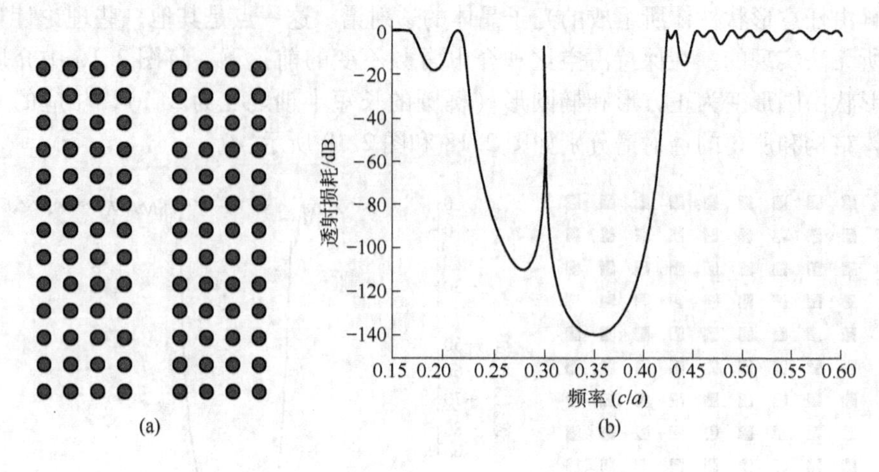

图 2.20 光子晶体列缺陷的结构和相应的透射率

（a）列缺陷的结构；（b）透射谱

第三章 一维光子晶体性质研究

一维光子晶体结构简单，易于从理论上寻找突破口，解释光子晶体光学特性的物理本质。对于一维光子晶体的研究结果也有利于进一步了解和分析二维和三维光子晶体的特性。本章将重点分析一维光子晶体的能带、缺陷态、高阶禁带等的特点和性质。

第一节 一维光子晶体的能带性质

一、一维光子晶体的禁带宽度

假设在一个维度上，周期性地排列着介电常数分别为 ε_1 和 ε_2 的两种介质，两种介质的厚度分别为 d_1 和 d_2，$d = d_1 + d_2$，则体系的介质分布可以表示成下式：

$$\varepsilon(z) = \varepsilon_1 = n_1^2 \quad (-d_1/2 + md < z < d_1/2 + md) \quad m = 0, \pm 1, \pm 2, \cdots \tag{3.1}$$

$$\varepsilon(z) = \varepsilon_2 = n_2^2 \quad (d_1/2 + md < z < d_1/2 + d_2 + md) \quad m = 0, \pm 1, \pm 2, \cdots \tag{3.2}$$

根据无损介电材料中，一维电磁场的麦克斯韦方程和周期性边界条件：

$$\nabla^2 E - \varepsilon\mu \frac{\partial^2 E}{\partial t^2} = 0 \tag{3.3}$$

$$E(z + d) = E(z)e^{iKd} \tag{3.4a}$$

$$H(z + d) = H(z)e^{iKd} \tag{3.4b}$$

则有：

$$\begin{bmatrix} E(z) \\ H(z) \end{bmatrix} = e^{-iKd} \begin{bmatrix} E(z + d) \\ H(z + d) \end{bmatrix} \tag{3.5}$$

结合式（3.5）和式（2.37）可得：

$$\cos(Kd) = \cos(k_{1z}d_1)\cos(k_{2z}d_2) - \frac{1}{2}\left(\frac{\eta_1}{\eta_2} + \frac{\eta_2}{\eta_1}\right)\sin(k_{1z}d_1)\sin(k_{2z}d_2) \tag{3.6}$$

其中 $k_{1z} = \left(\frac{\omega}{c}n_1\right)\sin\theta_1$，$k_{2z} = \left(\frac{\omega}{c}n_2\right)\sin\theta_2$ 为与周期方向平行的波矢量。

一维光子晶体带边的位置由 $\cos(Kd) = \pm 1$ 决定。当光垂直入射时，式

(3.6) 可以表示为:

$$\cos(Kd) = \cos\left(\frac{\omega}{c}n_1 d_1\right)\cos\left(\frac{\omega}{c}n_2 d_2\right) - \frac{1}{2}\left(\frac{n_1}{n_2} + \frac{n_2}{n_1}\right)\sin\left(\frac{\omega}{c}n_1 d_1\right)\sin\left(\frac{\omega}{c}n_2 d_2\right) \tag{3.7}$$

引入参量:

$$\overline{n} = \frac{1}{d}\int_0^d n(z)\,dz = \frac{1}{d}(n_1 d_1 + n_2 d_2) \tag{3.8}$$

$$\Delta = n_1 d_1 - n_2 d_2 \tag{3.9}$$

$$\gamma = \frac{1}{2}\left(\frac{n_1}{n_2} + \frac{n_2}{n_1}\right) \tag{3.10}$$

则带边频率满足如下关系:

$$\cos\left(\frac{\overline{n}d}{2c}\omega\right) = \pm\left[\frac{\gamma - 1}{\gamma + 1}\cos^2\left(\frac{\Delta}{2c}\omega\right)\right]^{\frac{1}{2}} \quad Kd = (2m - 1)\pi \tag{3.11}$$

$$\sin\left(\frac{\overline{n}d}{2c}\omega\right) = \pm\left[\frac{\gamma - 1}{\gamma + 1}\sin^2\left(\frac{\Delta}{2c}\omega\right)\right]^{\frac{1}{2}} \quad Kd = 2m\pi \tag{3.12}$$

其中正、负号分别与光子禁带的上、下带边频率相对应。如果 $\Delta \ll \overline{n}d$，禁带中心频率的近似值为:

$$\omega_c \approx \frac{c}{\overline{n}d}(2m - 1)\pi \quad Kd = (2m - 1)\pi \tag{3.13}$$

$$\omega_c \approx \frac{c}{\overline{n}d}2m\pi \quad Kd = 2m\pi \tag{3.14}$$

式中 $m = 1$ 所对应的禁带为第一禁带，其中心频率为 $\omega_0 = \frac{c}{\overline{n}d}$，其他禁带的中心频率均为 ω_0 的整数倍。将式（3.13）和式（3.14），作为式（3.11）和式（3.12）的零级近似代入两式的右边得到:

$$\cos\left(\frac{\overline{n}d}{2c}\omega\right) = \pm\left\{\frac{\gamma - 1}{\gamma + 1}\cos^2\left[\frac{\Delta}{\overline{n}d}(2m - 1)\frac{\pi}{2}\right]\right\}^{\frac{1}{2}} \quad Kd = (2m - 1)\pi \tag{3.15}$$

$$\sin\left(\frac{\overline{n}d}{2c}\omega\right) = \pm\left[\frac{\gamma - 1}{\gamma + 1}\sin^2\left(\frac{\Delta}{\overline{n}d}m\pi\right)\right]^{\frac{1}{2}} \quad Kd = 2m\pi \tag{3.16}$$

则光子禁带上、下带边的频率为:

$$\omega_{u,d} \approx \frac{c}{\overline{n}d}(2m - 1)\pi \pm \frac{2c}{\overline{n}d}\sin^{-1}\left\{\left(\frac{\gamma - 1}{\gamma + 1}\right)^{\frac{1}{2}}\cos\left[\frac{\Delta}{\overline{n}d}(2m - 1)\frac{\pi}{2}\right]\right\}$$

$$Kd = (2m - 1)\pi \tag{3.17}$$

$$\omega_{u,d} \approx \frac{c}{\overline{n}d}2m\pi \pm \frac{2c}{\overline{n}d}\sin^{-1}\left[\left(\frac{\gamma - 1}{\gamma + 1}\right)^{\frac{1}{2}}\sin\left(\frac{\Delta}{\overline{n}d}m\frac{\pi}{2}\right)\right] \quad Kd = 2m\pi \tag{3.18}$$

其中式（3.17）和式（3.18）分别对应奇数级和偶数级光子禁带。下标 u、d 分别表示禁带的上、下带边。根据两式，可得禁带宽度近似为：

$$\Delta\omega = \omega_u - \omega_d = \begin{cases} \dfrac{4c}{\bar{n}d}\sin^{-1}\left\{\left(\dfrac{\gamma-1}{\gamma+1}\right)^{\frac{1}{2}}\cos\left[\dfrac{\Delta}{\bar{n}d}(2m-1)\dfrac{\pi}{2}\right]\right\}, Kd = (2m-1)\pi \\ \dfrac{4c}{\bar{n}d}\sin^{-1}\left[\left(\dfrac{\gamma-1}{\gamma+1}\right)^{\frac{1}{2}}\sin\left(\dfrac{\Delta}{\bar{n}d}m\pi\right)\right], Kd = 2m\pi \end{cases} \tag{3.19}$$

可见：

（1）若 $n_1 = n_2$，则 $\gamma = 1$，由式（3.19）可以求得 $\Delta\omega = 0$，即两种介质的折射率相同时，不会形成光子禁带。

（2）若构成光子晶体的两种介质的光学厚度相同（$n_1 d_1 = n_2 d_2$）时，$\Delta = 0$。由式（3.19）可见所有偶数级的光子禁带消失，只有奇数级的光子禁带存在。这是由于在偶数级的光子禁带处，每一单层介质的光学厚度都为半波长的倍数，光在相邻两个界面反射波的相位相反，因而相互抵消。奇数级的光子禁带宽为：

$$\Delta\omega = \frac{4c}{\bar{n}d}\sin^{-1}\left(\frac{\gamma-1}{\gamma+1}\right)^{1/2} \tag{3.20}$$

此时，$\Delta\omega$ 与频率无关，不同能带的带宽相同。第一禁带的带宽比为：

$$\frac{\Delta\omega}{\omega_0} = \frac{4}{\pi}\sin^{-1}\left(\frac{\gamma-1}{\gamma+1}\right)^{1/2} = \frac{4}{\pi}\sin^{-1}\left|\frac{1-n_2/n_1}{1+n_2/n_1}\right| \tag{3.21}$$

可见，第一禁带的带宽比取决于两种介质的折射率之比。

二、一维光子晶体禁带简并分析

图3.1给出了用色散关系式（3.7）计算得到的一维无限周期光子晶体的带结构在第一布里渊区的结果，这里介质的折射率参数选取为：$n_1 = 3.45$，$n_2 = 1$，$a = d_1 + d_2$。图3.1(a) 是当入射角 $\theta = 0°$，$n_1 d_1 \neq n_2 d_2$ 时，一维光子晶体晶体的能带结构；图3.1(b) 是当入射角 $\theta = 0°$，$n_1 d_1 = n_2 d_2$ 时，一维光子晶体晶体的能带结构。图3.1(a) 取 $d_1/d_2 = 1$，则在 $\omega = \omega_0$，$2\omega_0$，$3\omega_0$，$4\omega_0$，$5\omega_0$，…处都出现光子禁带，且所有禁带的中心频率位于 ω_0 的整数倍处，但各禁带的宽度不同。图3.1(b) 中两种介质的厚度比为 $d_1/d_2 = 1/3.45$，满足 $n_1 d_1 = n_2 d_2$。由图3.1(b) 可见：禁带只出现在 ω_0 的奇数倍处，并且具有相同的禁带宽。在 ω_0 的偶数倍处，两个导带相交，禁带消失。

下面利用式（2.40），通过反射谱来验证上述结论。光子晶体不允许频率处于禁带内的电磁场在其体内传输，所以利用光子晶体反射谱峰值的位置和宽度，可以很清楚地获得禁带的位置和宽度的信息。图3.2是衬底 $|A|(B|A)_{10}|$ 上包

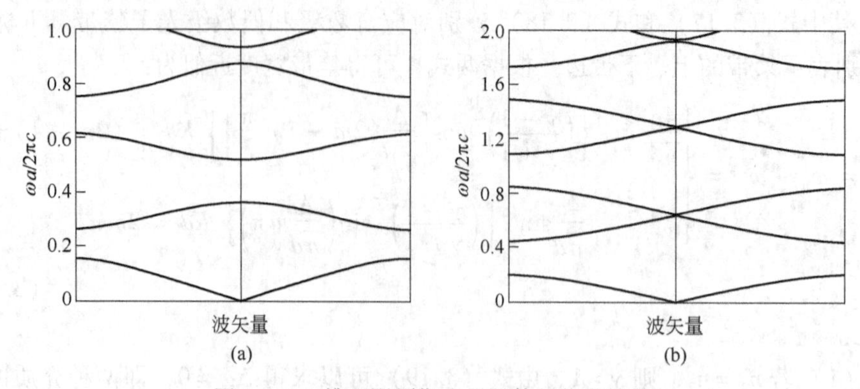

图 3.1 一维无限周期光子晶体的能带结构

（a）$n_1d_1 \neq n_2d_2$；（b）$n_1d_1 = n_2d_2$

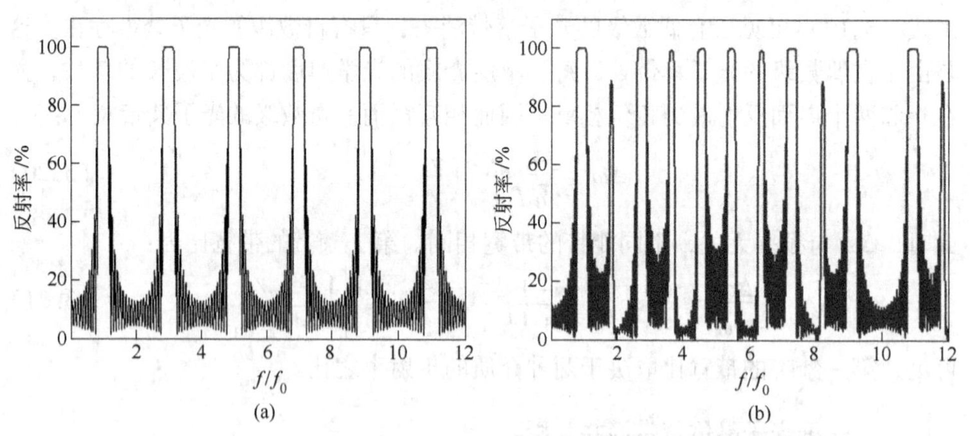

图 3.2 衬底 | A | (B | A)$_{10}$ | 上包层结构的一维光子晶体的禁带分布

（a）光学厚度相等；（b）光学厚度不等

层构成的一维光子晶体的禁带分布，其相关参数为：$\varepsilon_A = 2.32$，$\varepsilon_B = 1.38$，这里选择半无限的衬底和上包层，二者的折射率分别为 1 和 1.52。图 3.2（a）中介质层的光学厚度为：$d_A = 0.25$，$d_B = 0.25$，图 3.2（b）中介质层的光学厚度为：$d_A = 0.25$，$d_B = 0.3$。由图 3.2 可见，当构成一维光子晶体两种介质的光学厚度相等时，禁带在归一化频率轴上是等间距分布的，且各禁带宽度相等。当两种介质的光学厚度不等时，奇数位置处禁带宽度相等，偶数位置处禁带因简并而消失。

此外，为了获得良好的光子禁带性质，要求一维光子晶体的周期数必须足够大。图 3.3 是与图 3.2 参数一致，但周期数发生变化时反射谱的形状变化。如图 3.3 所示，当光子晶体的周期很大时，如周期数为 9 或 11，禁带的特征表现得已经十分明显，禁带边缘清晰，禁带对光的反射率达到最强的完全反射。

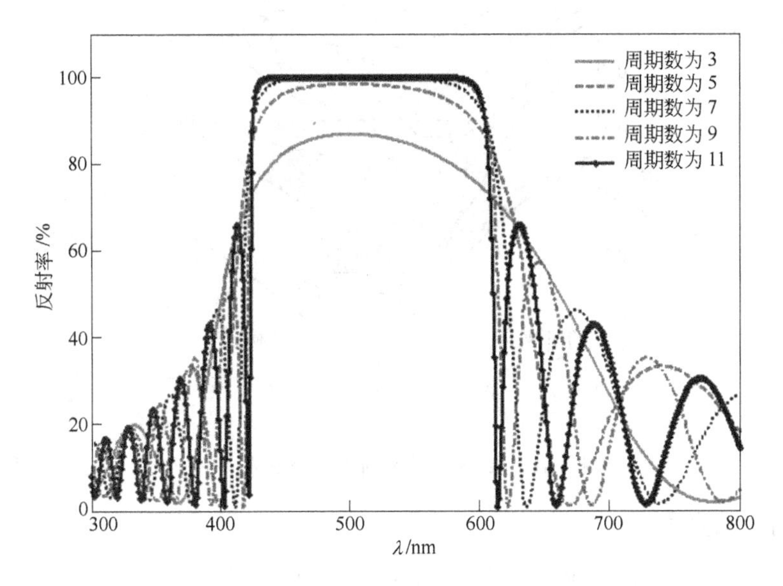

图 3.3　衬底 | A | (B | A)$_n$ | 上包层结构的一维光子晶体周期数对反射率的影响

三、一维光子晶体全方向反射镜

将平行于周期性方向的波矢量写为：

$$k_{1z} = \left[\left(\frac{\omega}{c}n_1\right)^2 - \beta^2\right]^{1/2} \tag{3.22}$$

$$k_{2z} = \left[\left(\frac{\omega}{c}n_2\right)^2 - \beta^2\right]^{1/2} \tag{3.23}$$

将式（3.22）和式（3.23）代入式（3.6），考察一维光子晶体的禁带对电磁场传输方向的依赖关系。两种介质的折射率为：$n_1 = 1.6(SiO_2)$，$n_2 = 4.6(TiO_2)$，厚度之比 $d_1/d_2 = 2/1$，$a = d_1 + d_2$。$\beta - \omega$ 的变化关系如图 3.4 所示，能带间的空白区域为禁带。

$\beta = 0$ 的直线对应于波矢方向平行于一维周期方向。图中靠近 $\beta = 0$ 最近的两条斜线代表直线 $\beta = \omega/c$，其与光波以垂直于一维周期方向从空气入射到一维光子晶体的介质层表面时的波矢量对应。可见其他情况时 $\beta < \omega/c$，因此电磁场被局限在该直线的上方。入射角从零增大时，TE 模的禁带变宽，而 TM 模的禁带减小。在图中的直条区域，是 TE 波和 TM 波的共同禁带。它可使处于该频段的任意偏振态的从空气中沿任何方向入射到光子晶体的电磁场，都被一维光子晶体完全反射。$\beta > \omega/c$ 处的电磁场模式，只有当入射波源处于介质中时才能被激发。

图 3.4 中，TM 模光子禁带交点与（$\beta = 0$，$\omega a/2\pi c = 0$）点的连线为与布儒

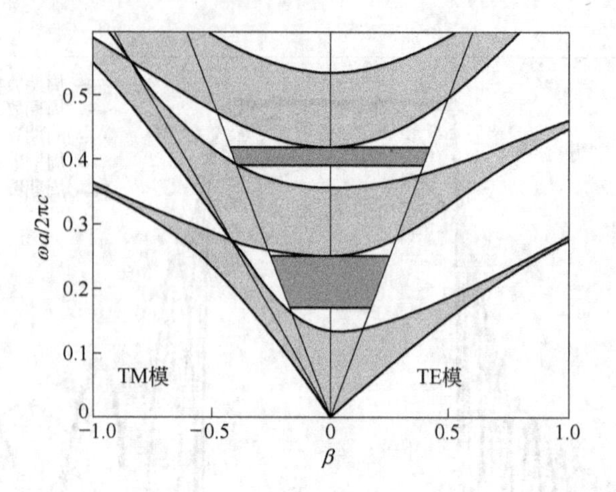

图 3.4 一维光子晶体能带结构的投影图

斯特角对应的直线：

$$\beta_B = \frac{\omega}{c} n_1 \sin\left[\tan^{-1}\left(\frac{n_2}{n_1}\right)\right] = \frac{\omega}{c} \frac{n_1 n_2}{(n_1^2 + n_2^2)^{\frac{1}{2}}} \tag{3.24}$$

以布儒斯特角传输的 TM 波在界面完全透射，由于缺乏反射波而不会因相干而产生禁带。

当β很大时，相邻两高折射率介质中的局域场交叠很小，因此导模的简并度增高，导带变得很窄。β值继续增大，导带退化为$\beta = n_1\omega/c$的渐近线，相应的电磁场成为光子晶体的表面波。

第二节 一维光子晶体高阶禁带的特点

从禁带位置与周期尺寸间的关系来讲，针对特定波长设计的光子禁带，其归一化纵坐标的频率值越大，所对应的周期长度越大，因为归一化色散曲线的纵坐标通常用$\omega a/2\pi c(=a/\lambda)$表示，$a$与$\lambda$成反比（$a$为晶格周期，$\lambda$为光波长），所以增大光子禁带的归一化频率值，是增大光子晶体周期尺寸的有效方法。从一维和二维光子晶体禁带的特点来看，通过这一方法增大光子晶体的周期尺寸对一维光子晶体更有效，因一维光子晶体比二维光子晶体更容易形成光子禁带。

一维光子晶体的禁带能否出现取决于初基原胞的构成、不同构成的介电常数对比及不同介电常数材料所占的比例，但与低阶禁带相比，高阶禁带的色散曲线的收敛性、禁带宽度、禁带的分布等都具有自己的特点。这里先利用平面波展开法（PWEM）和传递矩阵法（TMM）来探讨一维光子晶体高阶禁带的特点。本节中的一维光子晶体是由硅层和空气层交替排列成 Si | air | Si | … | Si | air | Si 形式构成，记为 $\mathrm{Si}(\mathrm{air}\,|\,\mathrm{Si})_n$，其中 Si 的折射率是 3.45，空气的折射率是 1。

一、通讯波段禁带边缘的收敛特性

这里采用 PWM 法计算 Si(air | Si)$_8$ 结构的一维光子晶体，在 1.55μm 附近高阶禁带边缘的收敛情况，如图 3.5 所示。Si(air | Si)$_8$ 结构的参数为：Si 层厚度为 17.8μm，空气层厚度为 7.95μm，填充比 f 为 0.7。由图 3.5 可见，Si(air | Si)$_8$ 结构的光子晶体，其处于 1.55μm 附近的高阶禁带，只要当平面波数大于 1000 就能获得很准确的计算结果，而其低阶禁带（$\omega a/2\pi c \leqslant 1$）收敛更快，一般 100 个左右平面波数就可以获得十分准确的结果。

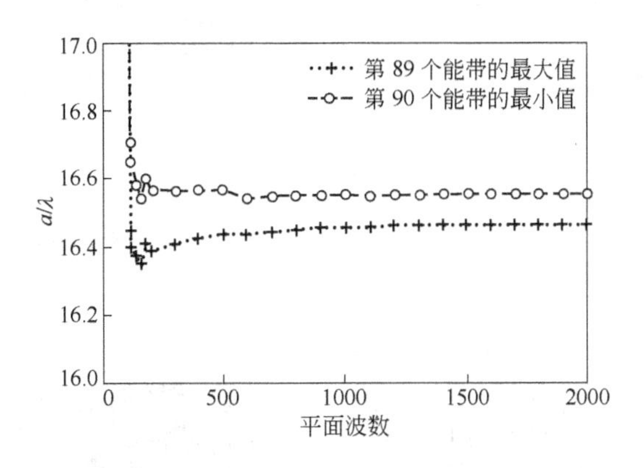

图 3.5　高阶禁带两边缘的收敛情况

二、一维光子晶体高阶禁带的宽度和分布特点

一维光子晶体的高阶禁带，除了收敛速度较慢外，其禁带宽度及分布都呈现出与低阶禁带十分不同的特点。图 3.6 是利用 PWM 方法计算一维光子晶体 Si(air | Si)$_8$ 结构的色散曲线，计算时采用 2000 个平面波，参数采用本节给出的结构参数。图 3.6(a) 所示的阴影部分是 1.55μm 附近的高阶禁带，也是与图 3.5 中两禁带边缘对应的禁带位置，图 3.6(b) 是其在 $\omega a/2\pi c \leqslant 1$ 频率范围内的色散曲线。从图 3.6(a) 和图 3.6(b) 的对比来看，低阶禁带的能带间不存在简并，但高阶禁带的能带间出现了简并现象。

为了更清晰的观察这种差别，利用 TMM 方法计算了 Si(air | Si)$_8$ 结构的反射谱，如图 3.7 所示。对于 Si(air | Si)$_8$ 结构，当 a/λ 的值增大时，它的能带发生简并和简并解除的现象，在 a/λ 轴上无论简并还是非简并禁带，禁带中心位置是固定的，且在 a/λ 轴上，呈等间距分布，如图 3.7(a) 所示。将图 3.7(a) 进一步缩小，以使其 a/λ 轴覆盖更宽的频率范围，如图 3.7(b) 所示。由图 3.7(b) 可见：在考察的范围内，Si(air | Si)$_8$ 结构的能带简并和简并解除过程呈现出了周期现象，这种周期简并现象每间隔 8 个禁带发生一次，即简并周期为 9 个

禁带，如图3.7(a)所示。如果改变晶格周期大小，不难发现Si(air | Si)$_8$结构的禁带性质仍具有这种规律，只不过其简并周期的高阶禁带个数不同而已。

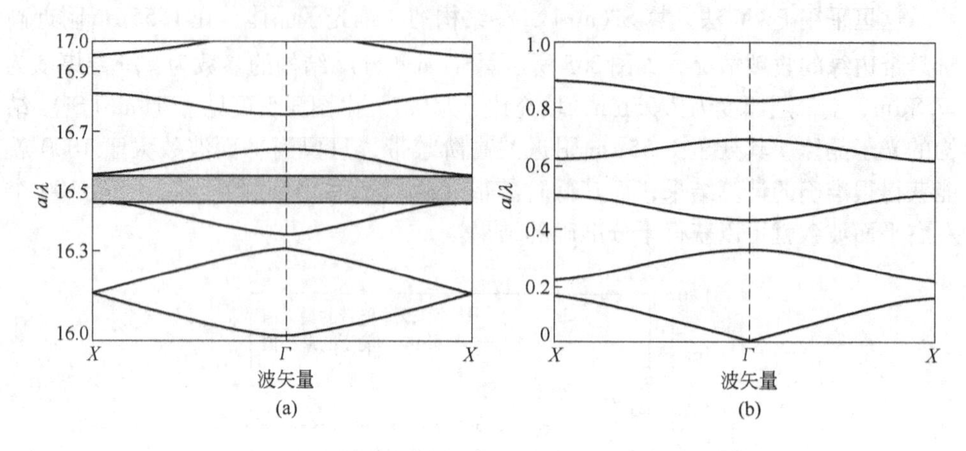

图3.6 一维光子晶体Si(air | Si)$_8$结构的色散曲线

(a) $16 \leqslant a/\lambda \leqslant 17$；(b) $0 \leqslant a/\lambda \leqslant 1$

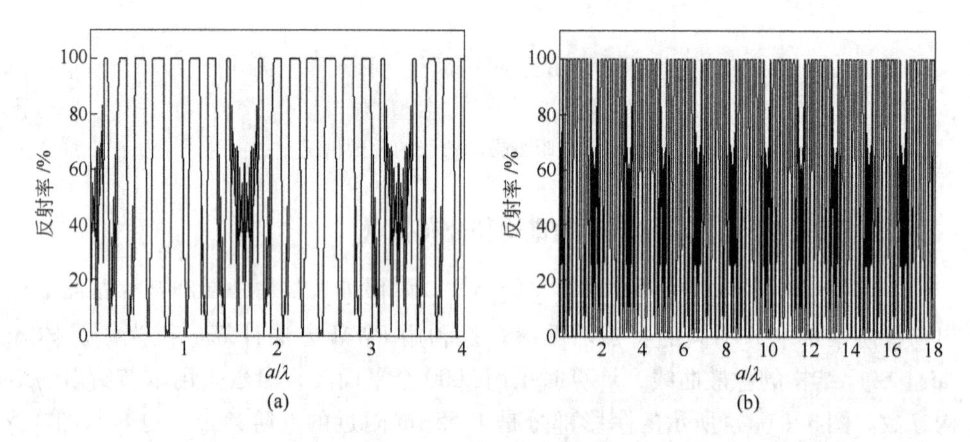

图3.7 利用TMM法模拟的一维光子晶体Si(air | Si)$_8$结构的反射谱

(a) 频率范围$0 \leqslant a/\lambda \leqslant 4$；(b) 频率范围$0 \leqslant a/\lambda \leqslant 18$

三、一维光子晶体高阶禁带的容差特点

这里讨论的是Si(air | Si)$_8$结构中Si层厚度增大，即填充比增加对高阶禁带的影响。对Si(air | Si)$_8$结构的一维光子晶体，利用PWM方法来评价这一偏差的影响，平面波数为1000。图3.8所示为工艺容差对一维光子晶体Si(air | Si)$_8$的禁带宽度和禁带中心频率的影响情况。图3.8(a)是周期长度不变时，Si(air | Si)$_8$结构中Si层厚度变化对第1和第89个能带的影响示意图，其中实线是第89个禁带，点线是第1个禁带，图中位于实线和点线上的圈点分别是原设计晶格结构所

对应的第 1 个和第 89 禁带宽度。图 3.8(b) 是第 1 个禁带和第 89 个禁带中心频率随 Si(air | Si)$_8$ 结构中 Si 层厚度变化，对原设计晶格结构随对应的禁带中心频率的偏移情况。从图 3.8 可见，Si(air | Si)$_8$ 结构的一维光子晶体的第 89 个光子禁带的宽度随一个周期内 Si 层的厚度增加呈现震荡的形式，禁带的中心波长随 Si 层厚度增加而减小，这说明可以通过调整 Si(air | Si)$_8$ 结构的一维光子晶体夫人结构参数来调整高阶禁带的宽度和中心波长的位置。同样从图 3.8 可见，第 1 个禁带的宽度随高折射率层厚度的增加而线性减小，但禁带的中心波长却基本不变。此外，此结构的第 89 个高阶禁带和第 1 个禁带的宽度在某些情况下要比第一个禁带大很多，并且第 89 个禁带宽度和禁带位置易受工艺条件影响。

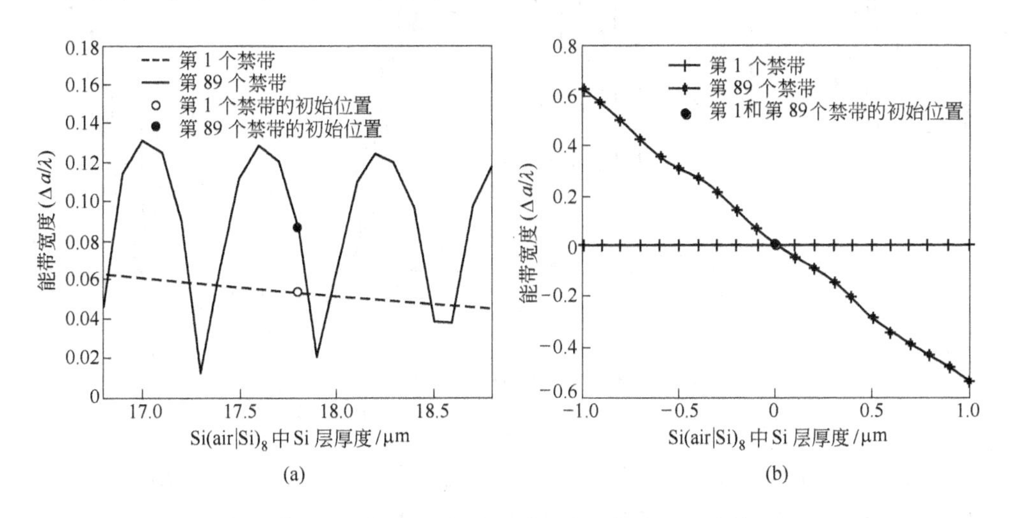

图 3.8 工艺容差对禁带宽度和中心频率的影响情况

(a) 对禁带宽度的影响情况；(b) 对禁带中心频率的影响情况

第三节 一维光子晶体缺陷态分析

根据式 (2.43)，可将一维光子晶体看作是多层介质的堆叠，利用传递矩阵法易于设计不同结构的一维光子晶体及其缺陷态形式。通常 M 层介质薄板有 $M+1$ 个界面和 $M+2$ 种不同的介质（其中包括多层介质及外侧两个无限扩展的半无限大介质）。下面首先看含有单缺陷层的一维光子晶体的透射谱性质。然后再考察多缺陷结构的透射谱性质。

一、单缺陷层的透射谱性质

多层的排列形式为：衬底 | (A | B)$_6$C(A | B)$_6$ | 上包层，其结构特点是缺陷层位于光子晶体结构的中心，此时的反射谱形状如图 3.9(a) 所示。如果缺陷层偏离

中心层，形式为：衬底|（A|B）$_7$C（A|B）$_6$|上包层，或衬底|（A|B）$_6$C（A|B）$_7$|上包层，此时的反射谱形状如图3.9（b）所示。这里参数选取为：$\varepsilon_A=3.45$，$\varepsilon_B=1$，$\varepsilon_C=1$，每种介质层的光学厚度为：$d_A=0.75$，$d_B=0.75$，$d_C=0.75$，这里选择多层外侧的半无限介质为空气。$d=2\pi(n_il_i)/\lambda_0$ 是第 i 层的相厚，n_il_i 是第 i 层的光学厚度，n_i 是第 i 层的折射率，l_i 是第 i 层的厚度，$\lambda_0=1550$ 是我们选择的感兴趣的自由空间的波长。

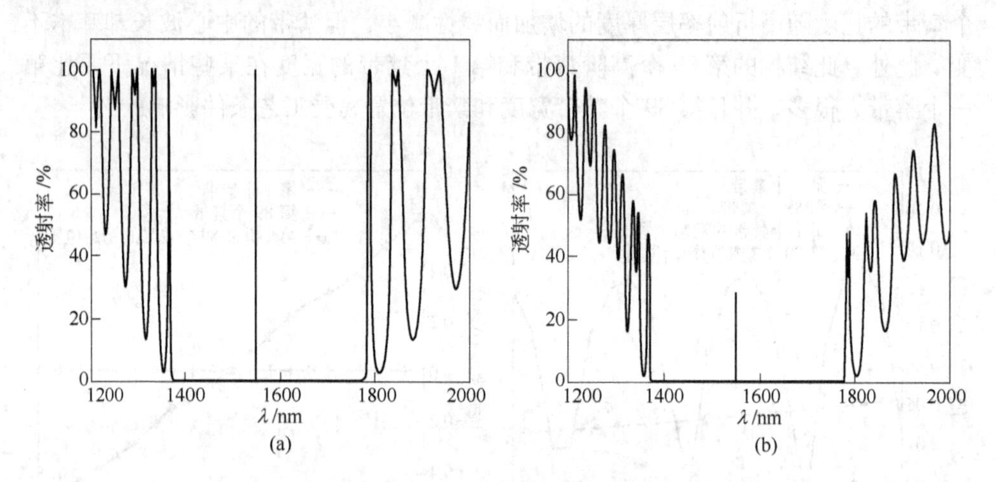

图3.9 单一缺陷层的透射谱

（a）缺陷层位于光子晶体结构中心；（b）缺陷层偏离光子晶体结构中心

从图3.9可见，缺陷层的基本性质（折射率和厚度）不变时，与缺陷态对应的光波长不发生变化，但与缺陷态对应的光的透射率将发生变化，且缺陷位于一维光子晶体中心时，缺陷态对应的光的透射率最大。

实际上，缺陷层所起的作用是通过改变光在光子晶体中传输的光程，对光的相位进行了调节，即：使光场的相位发生了漂移。换言之，缺陷态的位置对缺陷层的厚度是十分敏感的，如图3.10所示。图3.10中原始无缺陷时一维光子晶体结构形式为：衬底|（A|B）$_6$|上包层，引入缺陷后一维光子晶体的结构形式为：衬底|（A|B）$_6$|C|（A|B）$_6$|上包层。选择的参数为：$\varepsilon_A=2.1$，$\varepsilon_B=1.4$，$\varepsilon_C=1.4$，每种介质层的光学厚度为：$d_A=0.25$，$d_B=0.25$，$d_C=0.25$，这里选择多层外侧的半无限介质的折射率为1.52。一般缺陷层的光学厚发生变化时，缺陷态对应的波长位置也发生变化，这一点可以被用来制作可调谐窄带滤波器。

一般而言，由高低折射率介质交替排列构成的一维光子晶体，高低折射率介质层的厚度和折射率的选择是任意的，同样缺陷层的折射率和厚度选择也是任意的，但不同的选择，出现缺陷态的波长位置会有很大的不同，为了使缺陷态出现在我们感兴趣的波长处，必须仔细设计光子晶体结构和缺陷层的结构。

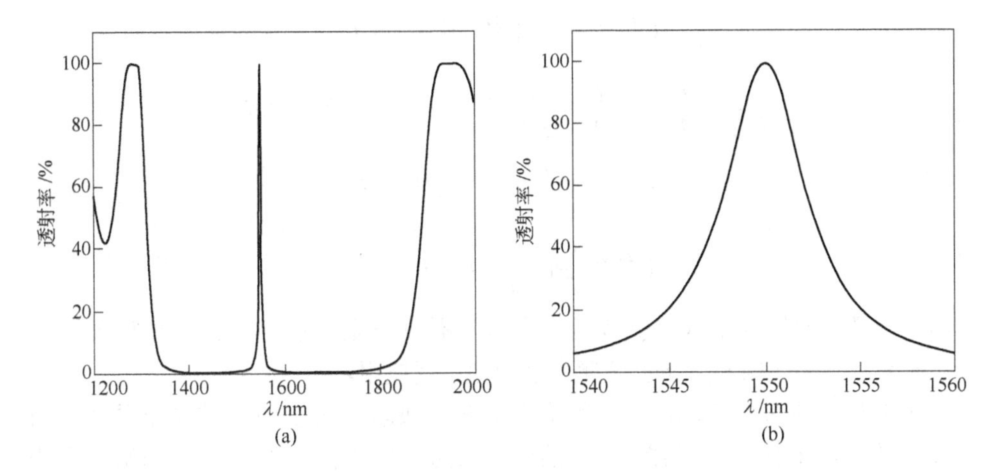

图 3.10　单一缺陷层构成的 Fabry – Perot 谐振腔的透射谱

（a）透射谱；（b）透射峰的放大图像

二、多缺陷层的透射谱性质

就结构而言，引入单一缺陷层到一维光子晶体的过程，类似于构造 Fabry – Perot 谐振器结构（也称为 1/4 波长相位漂移布拉格光栅）的过程。如果将高低折射率介质层的排列写为：$(HL)^N$，Fabry – Perot 谐振器可以表示成：$(HL)^N L (HL)^N$(也可以选择奇数个 L 层，如 $(HL)^N(5L)(HL)^N$)。这里的 H 和 L 分别代表高低折射率介质，N 代表高低折射率介质重复堆叠的次数。一般制作 Fabry – Perot 谐振器结构，通常选择 H 和 L 介质的光学厚度为 1/4 波长。这样的选择使得谐振器的设计非常方便，因为这时存在层与层之间的递归关系：

$$(HL)^N L(HL)^N \to (HL)^{N-1} HLLHL(HL)^{N-1} \to (HL)^{N-1} HHL(HL)^{N-1} \to (HL)^{N-1} L(HL)^{N-1} \to \cdots \to L$$

如在 $(HL)^N L(HL)^N$ 结构的外侧添加一 L 层，即：$(HL)^N L(HL)^N L$，那么这一结构的作用是 $2L$。利用这种递归关系，很容易设计出各种一维光子晶体窄带滤波器。

对于 $G(HL)^N(HL)^N G$(或 $G(HL)^N G$) 结构而言，不引入 1/4 波长相位漂移层，利用它的禁带可以制作反射镜，这里 G 代表$(HL)^N(HL)^N$(或者 $G(HL)^N G$) 结构外侧的半无限介质；但当存在 1/4 波长相位漂移层时，即结构为 $G(HL)^N L(HL)^N LG$，可以起到窄带滤波器的作用，并且传输带宽随 N 的增大而变窄。通过重复 $(HL)^N L(HL)^N$ 结构几次到合适的 N 值，可以设计出中心波长位于 λ_0，且具有平带和锐利边缘的极窄的透射式滤波器。这里须指明的是如果选择奇数个 $(HL)^N L(HL)^N$，就必须在整个多层的外侧，增加一个 L 层，以便使整个结构的光学厚度经化简后为 $2L$，如果是偶数个$(HL)^N L(HL)^N$，则不需要添加一层 L 就可以获得窄带滤波器。而且这种堆叠形式及其灵活，如：

$$\left(\frac{L}{2}H\frac{L}{2}\right)^N L\left(\frac{L}{2}H\frac{L}{2}\right)^N = L$$

$$\frac{L}{2}\left(\frac{L}{2}H\frac{L}{2}\right)^N L\left(\frac{L}{2}H\frac{L}{2}\right)^N \frac{L}{2} = (HL)^N(2L)(LH)^N$$

$$\frac{L}{2}\left(\frac{L}{2}H\frac{L}{2}\right)^N = (LH)^N\frac{L}{2}$$

$$\left(\frac{L}{2}H\frac{L}{2}\right)^N\frac{L}{2} = \frac{L}{2}(LH)^N$$

利用这种灵活的构成形式，获得的透射式窄带滤波器，已经在薄膜滤波器的设计、光纤布拉格光栅和分布反馈激光器中被广泛应用。

图3.11、图3.12和图3.13所示为由多个缺陷层构成的一维光子晶体。图3.11、图3.12和图3.13与图3.10的参数相同，只是这里图3.11是双缺陷层构成的双Fabry－Perot谐振腔，结构形式为：衬底|$(A|B)_8$|C|$(A|B)_8(A|B)_8$|C|$(A|B)_8$|上包层；图3.12是三个缺陷层构成的三Fabry－Perot谐振腔，结构形式为：衬底|$(A|B)_8$|C|$(A|B)_8(A|B)_8$|C|$(A|B)_8(A|B)_8$|C|$(A|B)_8$|上包层；图3.13是四个缺陷层构成的四Fabry－Perot谐振腔，结构形式为：衬底|$(A|B)_9$|C|$(A|B)_9(A|B)_9$|C|$(A|B)_9(A|B)_9$|C|$(A|B)_9(A|B)_9$|C|$(A|B)_9$|上包层。从图3.11、图3.12和图3.13可见，这种对称的缺陷数目越多，所形成的透射峰越窄，峰的边缘越锐利。如果再采用非对称的结构形式，如对三个缺陷层情形，采用：衬底|$(A|B)_8$|C|$(A|B)_8(A|B)_9$|C|$(A|B)_9(A|B)_8$|C|$(A|B)_8$|上包层，更有利于减小透射峰宽度。增加N值也有利于减小透射峰宽度和使透射峰边缘更加锐化。

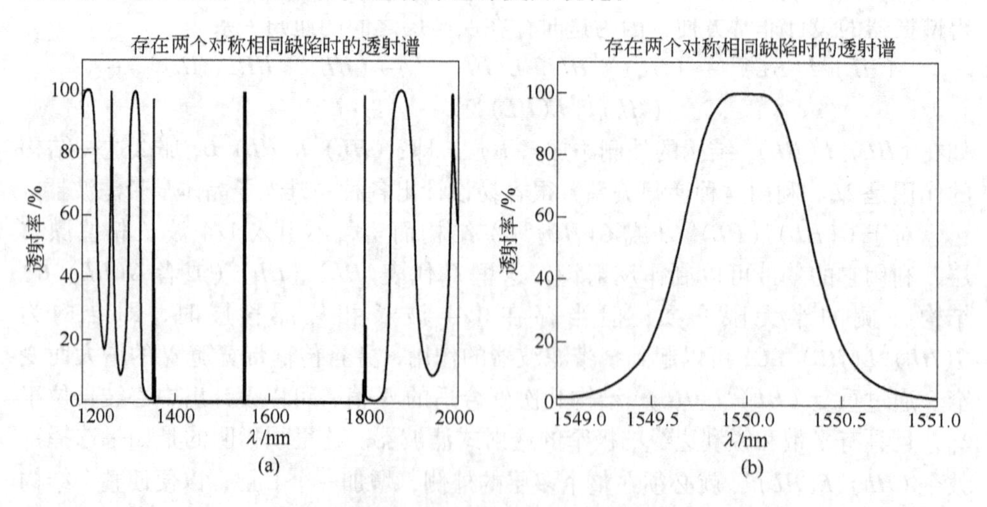

图3.11 双缺陷层构成的双Fabry－Perot谐振腔的透射谱

(a) 透射谱；(b) 透射峰的放大图像

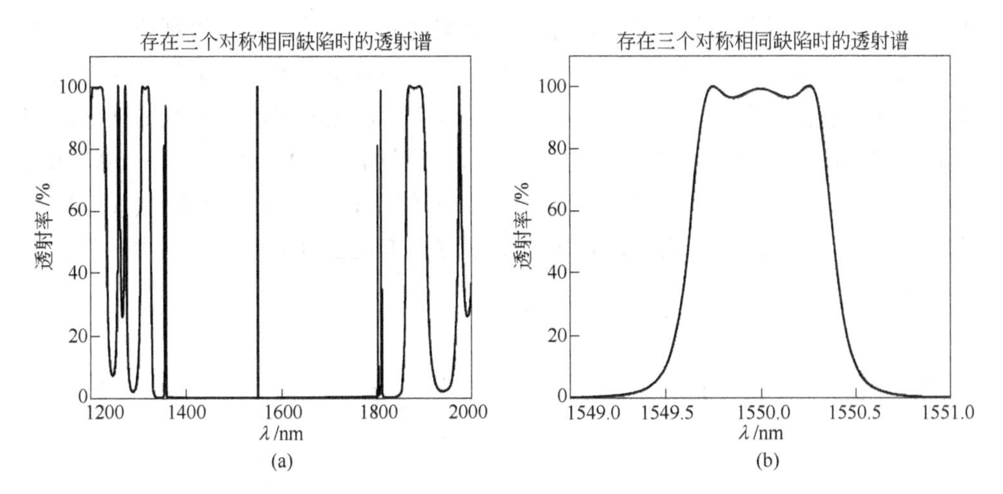

图 3.12　三个缺陷层构成的三 Fabry - Perot 谐振腔的透射谱

（a）透射谱；（b）透射峰的放大图像

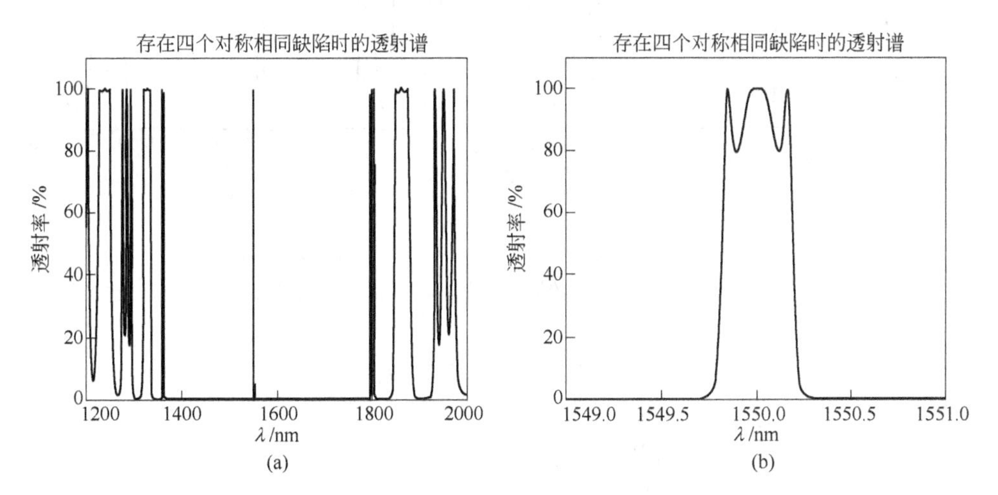

图 3.13　四个缺陷层构成的四 Fabry - Perot 谐振腔的透射谱

（a）透射谱；（b）透射峰的放大图像

三、缺陷能级的简并性质

当存在两个缺陷层时，可以形成两个缺陷能带，如图 3.14 所示。图 3.14 缺陷层间隔对双 Fabry - Perot 谐振腔透射谱的影响，其中图 3.14(a) 的形式为：衬底 | $(A|B)_{10}$ | C | $(A|B)_1(A|B)_1$ | C | $(A|B)_{10}$ | 上包层；图 3.14(b) 的形式为：衬底 | $(A|B)_{10}$ | C | $(A|B)_4(A|B)_4$ | C | $(A|B)_{10}$ | 上包层。从图 3.14 可知，缺陷间的间隔越大，能级间隔越小。这一现象可以解释为：当缺陷间隔较大时，两缺陷的局域场间没有交叠，场间不产生耦合，两个缺陷态趋于具有相同

的简并能级；当缺陷态间的距离较小时，缺陷处的缺陷模间将发生耦合，使原来简并的能级发生分裂。分裂的能级与缺陷并非一一对应，每个能级都与两个缺陷有关。缺陷层的间距越小，缺陷能级分开得越大。但是分裂的能级数等于缺陷态的数目，如图 3.15 所示。图 3.15 的结构形式是衬底 | $(A|B)_{10}$ | C | $(A|B)_1$ $(A|B)_1$ | C | $(A|B)_1(A|B)_1$ | C | $(A|B)_1(A|B)_1$ | C | $(A|B)_1(A|B)_1$ | C | $(A|B)_{10}$ | 上包层。从图 3.15 可见，分裂的缺陷态间有相等的间隔，显示出了梳状滤波的特性。

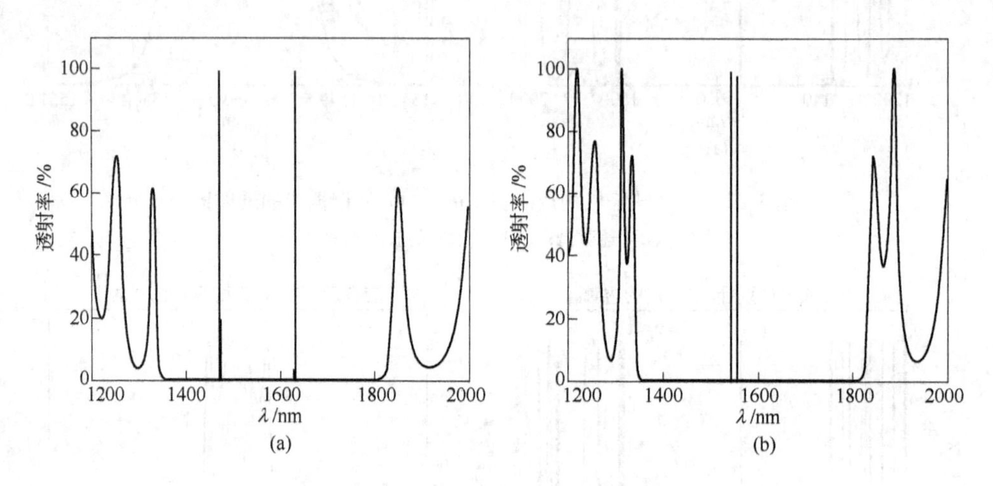

图 3.14 缺陷层间隔对双 Fabry – Perot 谐振腔透射谱的影响
（a）缺陷间隔较小的情况；（b）缺陷间隔较大的情况

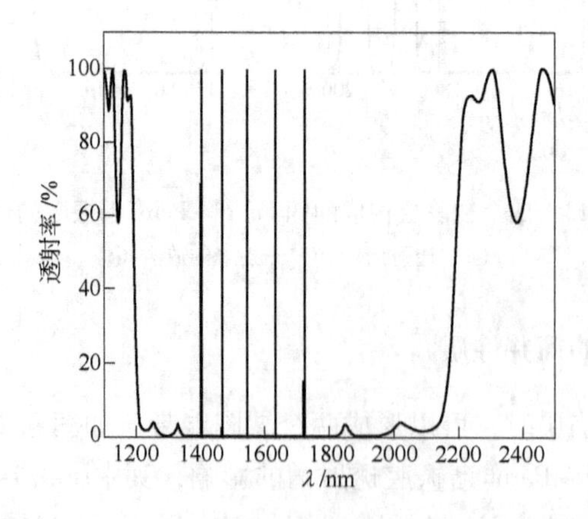

图 3.15 存在五个近邻缺陷时，缺陷能级分裂情况

缺陷态的这种简并能级分裂过程可以用如下理论解释（以两个缺陷态为例）：介质中的光传输方程可以写为：

$$\nabla^2 \boldsymbol{E}(\boldsymbol{r},t) - \varepsilon(\boldsymbol{r}) \frac{1}{c^2} \frac{\partial \boldsymbol{E}(\boldsymbol{r},t)}{\partial t^2} = 0 \tag{3.25}$$

上式已经假定介质是线性、各向同性的非磁性介电材料。一维情况下，将 $\boldsymbol{E}(\boldsymbol{r}, t)$ 作傅里叶级数展开：

$$\boldsymbol{E}(\boldsymbol{r},t) \xlongequal{\text{一维情况}} \sum_{\infty} C_{\infty} E(z) e^{i\omega t} \tag{3.26}$$

将式（3.26）代入式（3.25），并利用$\chi(z) = \varepsilon(z) - 1$关系，这里$\chi(z)$为光子晶体中介质的极化率，可得如下本征方程：

$$\left[-\nabla^2 - \chi(z) \frac{\omega^2}{c^2} \right] E(z) = \frac{\omega^2}{c^2} E(z) \tag{3.27}$$

首先考虑由单缺陷产生的局域态 $E_i(z)$，其对应本征频率为 ω_i。合理假设 $E_i(z)$ 为实函数，且为归一化的。则满足归一化条件：

$$\int E_i(z) \cdot E_i(z) dz = 1 \tag{3.28}$$

$E_i(z)$ 满足式（3.27）：

$$\left[-\nabla^2 - \chi_i(z) \frac{\omega_i^2}{c^2} \right] E_i(z) = \frac{\omega_i^2}{c^2} E_i(z) \tag{3.29}$$

当光子晶体中同时存在两个缺陷时，考虑到每个 $E_i(z)$ 是高度局域的，在紧束缚近似下，缺陷态的本征模可以近似为两个单缺陷态的本征模 $E_i(z)$ 和 $E_i(z - R)$ 的线性叠加：

$$E(z) = C_1 E_i(z) + C_2 E_i(z - R) \tag{3.30}$$

式中，C_1 和 C_2 是线性叠加系数；R 表示光子晶体中两个缺陷之间的距离。$E_i(z)$ 和 $E_i(z-R)$ 具有同样的本征频率 ω_i。$E_i(z-R)$ 满足方程：

$$\left[-\nabla^2 - \chi_i(z - R) \frac{\omega_i^2}{c^2} \right] E_i(z - R) = \frac{\omega_i^2}{c^2} E_i(z - R) \tag{3.31}$$

将式（3.27）括号中的项改为如下形式：

$$-\nabla^2 - \chi_i(z) \frac{\omega_i^2}{c^2} + \left[\chi_i(z) \frac{\omega_i^2}{c^2} - \chi(z) \frac{\omega^2}{c^2} \right] \tag{3.32}$$

式中，$\chi(z)$ 是具有两个缺陷的光子晶体中介质的极化率分布。式（3.32）与式（3.29）比较，可以将 $\left[\chi_i(z) \frac{\omega_i^2}{c^2} - \chi(z) \frac{\omega^2}{c^2} \right]$ 看成是对单缺陷态的微扰。在式（3.32）中，取近似 $\omega \approx \omega_i$，则式（3.27）可以化为：

$$\left[-\nabla^2 - \chi_i(z) + (\chi_i(z) - \chi(z)) \frac{\omega_i^2}{c^2} \right] E(z) = \frac{\omega^2}{c^2} E(z) \tag{3.33}$$

将 $E(z)$ 表达式代入式（3.33），并用式（3.29）和式（3.31），可得：

$$C_1\frac{\omega_i^2}{c^2}E_i(z)+C_1[\chi_i(z)-\chi(z)]\frac{\omega_i^2}{c^2}E_i(z)+C_2\frac{\omega_i^2}{c^2}E_i(z-R)+C_2[\chi_i(z-R)-\chi(z)]\frac{\omega_i^2}{c^2}E_i(z-R)$$

$$=C_1\frac{\omega^2}{c^2}E_i(z)+C_2\frac{\omega^2}{c^2}E_i(z-R) \tag{3.34}$$

上式乘以 $E_i(z)$，并对 z 积分得：

$$C_1\frac{\omega_i^2}{c^2}(1+J_0)+C_2\left(\frac{\omega_i^2}{c^2}J_2+\frac{\omega_i^2}{c^2}J_1\right)=C_1\frac{\omega^2}{c^2}+C_2\frac{\omega^2}{c^2}J_2 \tag{3.35}$$

其中

$$J_0=\int[\chi_i(z)-\chi(z)]E_i(z)\cdot E_i(z)\mathrm{d}z \tag{3.36}$$

$$J_1=\int[\chi_i(z-R)-\chi(z)]E_i(z)\cdot E_i(z-R)\mathrm{d}z \tag{3.37}$$

$$J_2=\int E_i(z)\cdot E_i(z-R)\mathrm{d}z \tag{3.38}$$

J_0 决定于单缺陷态 $E_i(z)$，而 J_1，J_2 取决于两个单缺陷态 $E_i(z)$ 和 $E_i(z-R)$ 的重叠程度，因此可以称之为耦合系数。用 $E_i(z-R)$ 乘式（3.34）的两边并对 z 积分得到：

$$C_1\left(\frac{\omega_i^2}{c^2}J_2+\frac{\omega_i^2}{c^2}J_1\right)+C_2\frac{\omega_i^2}{c^2}(1+J_0)=C_1\frac{\omega^2}{c^2}J_2+C_2\frac{\omega^2}{c^2} \tag{3.39}$$

利用式（3.35）和式（3.39），可求得具有两个缺的缺陷态频率为：

$$\omega_1=\omega_i\left(\frac{1+J_0+J_1+J_2}{1+J_2}\right)^{1/2} \tag{3.40}$$

$$\omega_2=\omega_i\left(\frac{1+J_0-J_1-J_2}{1-J_2}\right)^{1/2} \tag{3.41}$$

式（3.41）表明，当光子晶体中两个缺陷比较靠近时，两个缺陷中的局域场有较大的重叠而相互耦合，耦合系数 J_1，$J_2\neq0$，原来简并的单态分裂为双态，对应的频率是由式（3.40）和式（3.41）确定 ω_1 和 ω_2。当光子晶体中两个缺陷距离很大时，由式（3.37）和式（3.38）决定的耦合系数 J_1，$J_2\approx0$，则 $\omega_1=\omega_2$，两个缺陷态简并。

本章通过对一维光子晶体色散关系的分析，推导了在两种介质的光学厚度近似相等的条件下，光子禁带中心频率及禁带宽度的解析表达式。通过 PWM 和 TMM 方法研究了 Si(air | Si)$_8$ 结构一维光子晶体高阶禁带的特点，得到 Si(air | Si)$_8$ 结构的一维光子晶体位于 1.55μm 附近的高阶禁带，在平面波数大于 1000 的情况下，就可以获得收敛结果；此结构的一维光子晶体的高阶禁带出现了周期性的简并现象；Si 层厚度变化对 Si(air | Si)$_8$ 结构的一维光子晶体的高阶禁带有很大影

响。此外，还从理论上分析了光子晶体缺陷态频率的简并与分裂特性，推导了具有两个缺陷的光子晶体分裂的频率间距与缺陷态的耦合系数的关系。并用传输矩阵法模拟计算了缺陷态频率的简并与分裂，理论的推导和模拟计算都表明，由于缺陷层中局域场的耦合，一维光子晶体缺陷态分裂的频率间距随缺陷层之间距离的减小而增大。而缺陷层之间距离很大时，能级趋于简并。数值的计算还得到，多层缺陷存在时，分裂的能级数目等于缺陷的层数。

第四章　二维光子晶体性质研究

虽然三维光子晶体的完全禁带，对电磁场的限制作用最强，但是，依目前的实验技术，要在可见光或近红外波段制作可控的、三维光子晶体波导的精细结构，还是十分困难的。相对而言，二维光子晶体的制作要容易得多，而且利用二维光子晶体的光学性质，同样存在着许多重要的应用。

第一节　二维光子晶体能带结构优化

从理论上讲，周期性介电场的分布形式，决定着光子晶体能否出现光子禁带，以及出现光子禁带的位置和宽度，这就突显了优化光子晶体禁带结构的重要性。已有的研究证明，在形成光子禁带的过程中，光子晶体的结构对称性起到了很重要的作用，而降低这种结构对称性，有助于获得较大的完全光子禁带。对二维光子晶体而言，为了获得完全禁带，应该使局部能隙开启的位置尽量接近。从这一角度看，三角晶格和蜂巢状晶格比正方晶格的第一布里渊区更接近圆形，更易形成的完全禁带。为了体现本章设计方法的有效性，本章主要研究如何通过改变晶格结构的对称性，实现二维正方光子晶体能带结构的优化，优化的目标是获得宽的禁带和能调整禁带在归一化色散曲线上的位置。

一、通过改变格点形状获得完全禁带

图 4.1 ~ 图 4.5 所示为原胞内只有一个形状不同的格点的色散关系曲线，其中空气的介电常数为 1，介质的介电常数为 12，选择晶格常数为 a。图 4.1 中圆柱的半径为 $0.3a$。图 4.2 中环形介质柱的内半径为 $0.3695a$，外半径为 $0.5a$，在归一化频率值 0.87 处有一完全禁带。图 4.3 中正方形边长为 $0.71a$，在归一化频率值为 0.36 附近，存在一完全禁带。图 4.4 中正方形边长为 $0.7a$，锯齿具有垂直的角度，每个锯齿的凹边长为 $0.1a$，每个边包括 7 个锯齿，在归一化频率值为 0.4 处，存在一完全禁带。图 4.5 中正方形边长为 $0.6a$，截角的 1/4 圆的半径为 $0.29a$，截角正方形的边长为 $0.3a$，在归一化频率值为 0.79 附近，存在一完全禁带。在计算这些色散曲线时，我们采用将正方晶格的单位原胞分成若干矩形小区域（文中采用 243 ×243 个正方向区域），并表示成矩阵的形式，利用格点在单位圆胞中的位置，判断单位圆胞中的每个小矩形区域的介电函数值，然后利用傅里叶变换

获得介电函数的傅里叶展开系数矩阵，最后利用式（2.17）获得本征值。

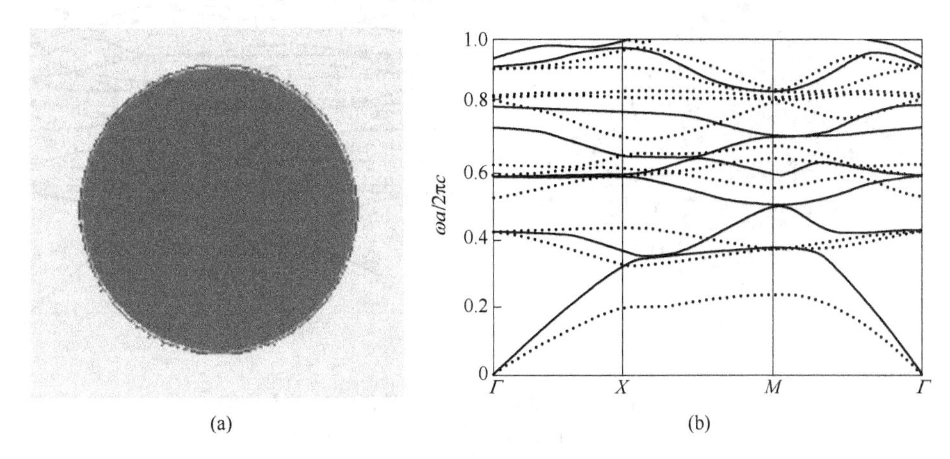

图 4.1　圆形介质柱和空气背景组成的正方晶格

（a）原胞的构成；（b）计算的色散曲线

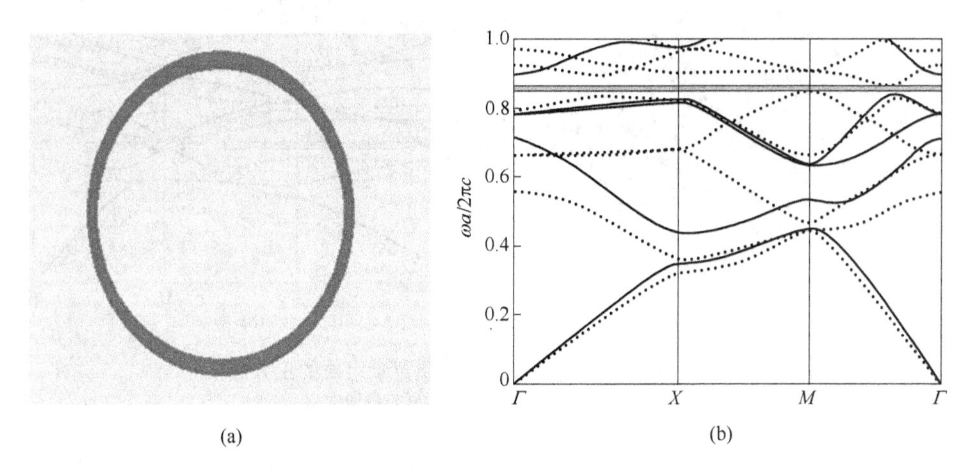

图 4.2　环形介质柱和空气背景组成的正方晶格

（a）原胞的构成；（b）计算的色散曲线

图 4.1 所示的圆柱形格点的正方晶格，不存在完全禁带。但通过调节结构参数，使格点形状从图 4.1 的圆柱形介质柱，改变为图 4.2 ~ 图 4.5 所示的格点形状，就可以获得完全禁带。可见，格点形状变化可改变正方晶格能带间的简并状态，显然这种简并状态的改变是通过散射源对称性的改变实现的。由于这种对称性的改变，不改变晶格本身的对称性，也不改变晶格的平移对称性，所以改变的能力有限。但从图 4.2 ~ 图 4.5 也可以看出，在形成光子完全禁带过程中，对称性起到了很重要的作用，降低光子晶体的结构对称性，甚至是在不改变晶格本身对称性的条件下，就可得到完全光子禁带。

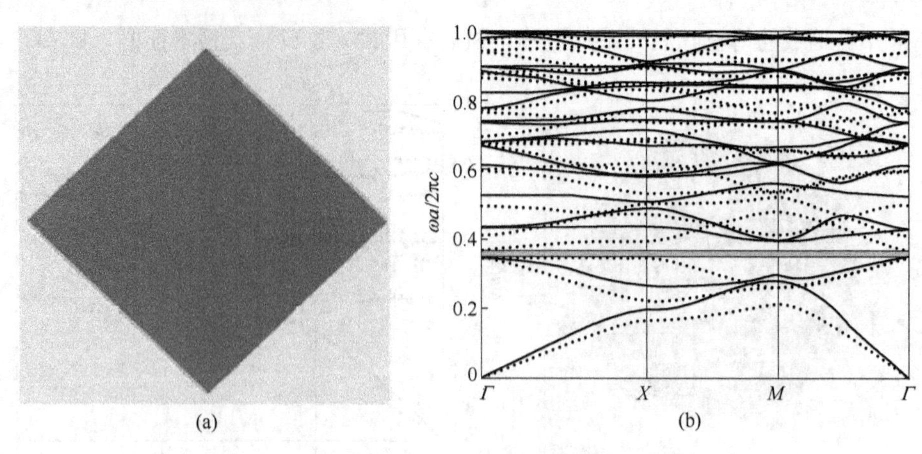

图 4.3　正方形介质柱和空气背景组成的正方晶格
（a）原胞的构成；（b）计算的色散曲线

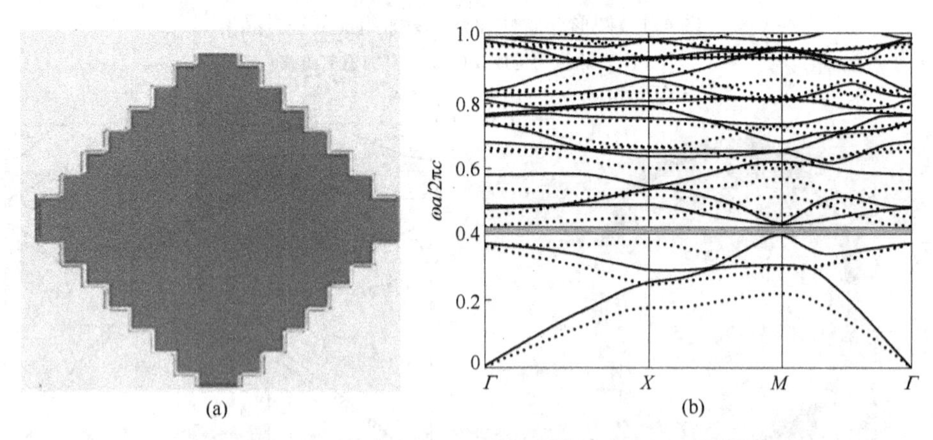

图 4.4　正方形锯齿空气柱和介质背景组成的正方晶格
（a）原胞的构成；（b）计算的色散曲线

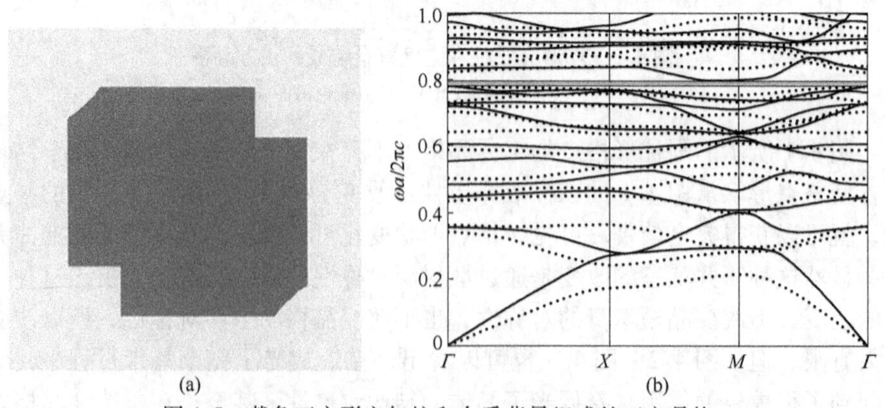

图 4.5　截角正方形空气柱和介质背景组成的正方晶格
（a）原胞的构成；（b）计算的色散曲线

二、格点形状改变对二维光子晶体能带结构的影响

通过上节的叙述知道：改变散射源的形状，有助于获得完全光子禁带，但散射源形状的改变，对能带的改变与散射源的取向有关。为了获得最优效果，必须调整散射源的取向以便获得最宽的完全光子禁带。这里以空气为背景，采用相对介电常数为 8.9（AlN）的椭圆形和正方形介质柱构成的正方格子，考察两种格点取向不同时对正方格子色散关系的影响。计算选择在第一布里渊区的几个特殊方向进行，即：Γ—X、X—M 和 M—Γ，并且在色散曲线的表示中采用归一化坐标系表示。对于波矢在周期性平面内的情形，采用实线表示 TM 模，点划线表示 TE 模。

（一）介电常数展开系数

二维情况下，傅里叶展开系数 $\varepsilon(\boldsymbol{G})$ 的定义为：

$$\varepsilon(\boldsymbol{G}) = \frac{1}{S}\int_S \varepsilon(\boldsymbol{r}) e^{-i\boldsymbol{G}\cdot\boldsymbol{r}} \mathrm{d}\boldsymbol{r} \tag{4.1}$$

式中，S 是单位原胞的面积。

式（4.1）的积分结果可以简单的表示为：

$$\varepsilon(\boldsymbol{G}) = \begin{cases} \varepsilon_b + f(\varepsilon_a - \varepsilon_b) & \boldsymbol{G} = 0 \\ (\varepsilon_a - \varepsilon_b) I(\boldsymbol{G}) & \boldsymbol{G} \neq 0 \end{cases} \tag{4.2}$$

式中，I 的表达式为：

$$I(\boldsymbol{G}) = \frac{1}{S}\int_{S_r} e^{-i\boldsymbol{G}\cdot\boldsymbol{r}} \mathrm{d}\boldsymbol{r} \tag{4.3}$$

S_r 是柱体的整个横截面，$f = S_r/S$ 是填充因子。

在椭圆柱的情况下（圆柱是椭圆柱的一种特例），I 可以表示为：

$$I_e(\boldsymbol{G}) = 2f\frac{J_1(\boldsymbol{G}'R_b)}{\boldsymbol{G}'R_b} \tag{4.4}$$

式中，J_1 是一阶贝塞尔函数；R_a 和 R_b 是椭圆的主轴长度；$\boldsymbol{G}'$和 $\boldsymbol{G}$ 的关系是：

$$\begin{cases} G'_x = G_x \dfrac{R_a}{R_b} \\ G'_y = G_y \end{cases} \tag{4.5}$$

如果是长方形介质柱（正方形柱是长方形柱的一种特例），I 的表示式为：

$$I_r(\boldsymbol{G}) = fF(G_x, L_a)F(G_y, L_b) \tag{4.6}$$

式中，L_a 和 L_b 是长方形的长和宽。$F(K, X)$ 定义为：

$$F(K,X) = \begin{cases} 1 & K = 0 \\ \dfrac{\sin(KX/2)}{KX/2} & K \neq 0 \end{cases} \tag{4.7}$$

当椭圆的主轴或长方形的边和晶格的基矢方向不平行时，只要将式（4.4）和式（4.6）中的 $\boldsymbol{G}$ 进行坐标变换，变化的结果用 $\boldsymbol{G}_c$ 来表示，$\boldsymbol{G}_c$ 可以由 $\boldsymbol{G}$，经过下列变换得到：

$$\begin{pmatrix} G_{x,c} \\ G_{y,c} \end{pmatrix} = \begin{pmatrix} \cos\theta & \sin\theta \\ -\sin\theta & \cos\theta \end{pmatrix} \begin{pmatrix} G_x \\ G_y \end{pmatrix} \tag{4.8}$$

角度 θ 的取法，如图 4.6 所示。

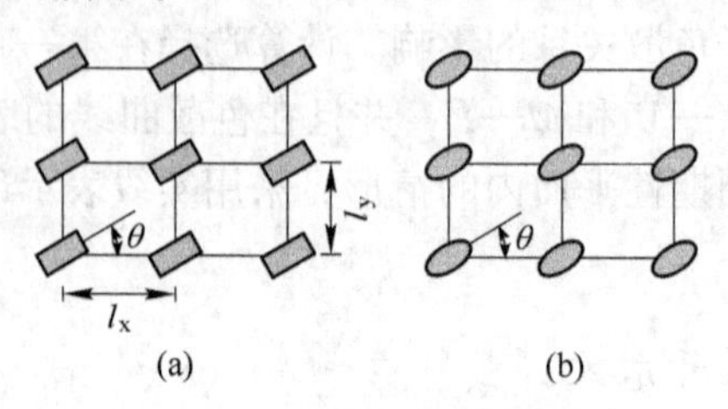

图 4.6　正方晶格中角度 q 的定义

（a）长方形介质柱；（b）椭圆形的介质柱

（二）正方晶格圆形介质柱的色散曲线

当波矢在周期性平面内和离开周期性平面两种情况下，圆形介质柱构成的正方格子的色散关系，如图 4.7 所示。图 4.7 的参数为：$R = 0.2a$，R 是介质柱的半径，a 是晶格常数。其中波矢离开周期性平面时，取 $k_z = 0.4\pi/a$。由于是圆形介质柱，所以不存在取向问题。

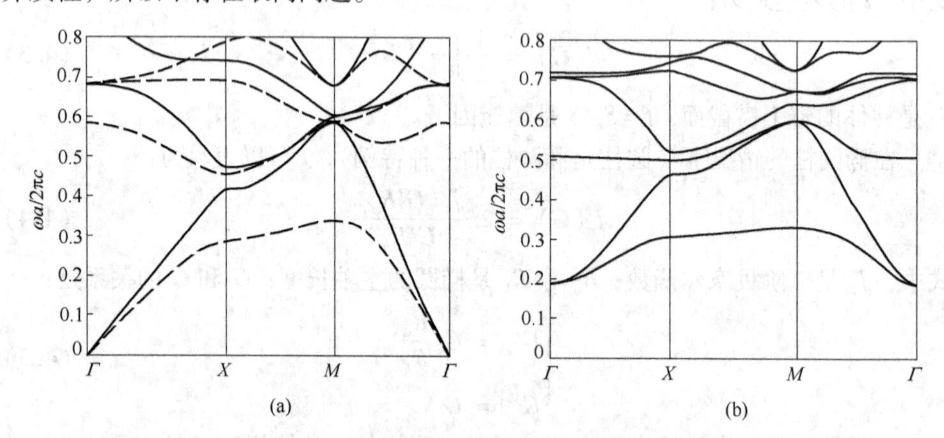

图 4.7　圆形介质柱正方晶格的能带结构

（a）波矢在周期性平面内；（b）波矢不在周期性平面内

由图 4.7 可见，在给定参数情况下，图 4.7（a）不存在完全禁带，图 4.7（b）在归一化频率大于一定值时也不存在完全禁带。这里需要指出：由于预先设定了 k_z 值，所以最低频率并不等于零，并且最低频率随 k_z 的减小而减小，当

$k_z=0$ 时，其能带图就转化为波矢在周期性平面内的能带图。

（三）格点取向对色散曲线的影响

这里先看椭圆形介质柱情况，通过调整椭圆的长短半轴之比发现，当 $a/R_a=1/0.45$；$R_a/R_b=0.45/0.3$（a 为晶格常数，R_a 是椭圆长半轴，R_b 是椭圆短半轴），$f=0.4241$，$\theta=0°$时，波矢在周期性平面内的能带图出现了一个完全禁带，此时 $\Delta\omega/\omega_0=0.97\%$（$\Delta\omega$ 是禁带宽度，ω_0 是禁带中心频率）。然后增加 θ，这一禁带将逐渐变小，当 $\theta=45°$这一禁带将完全消失。但在 $10°\leqslant\theta\leqslant30°$时，在更高频率处出现了另一个完全禁带，这一禁带比 $\theta=0°$时出现的完全禁带要大得多。由调整 θ 可知，当 $\theta=20°$时，这一禁带达到最大，其 $\Delta\omega/\omega_0=2.72\%$，能带图如图 4.8 所示。与图 4.7（a）对比可见，介质柱的形状和取向对正方格的能带图的影响，还是比较明显的。

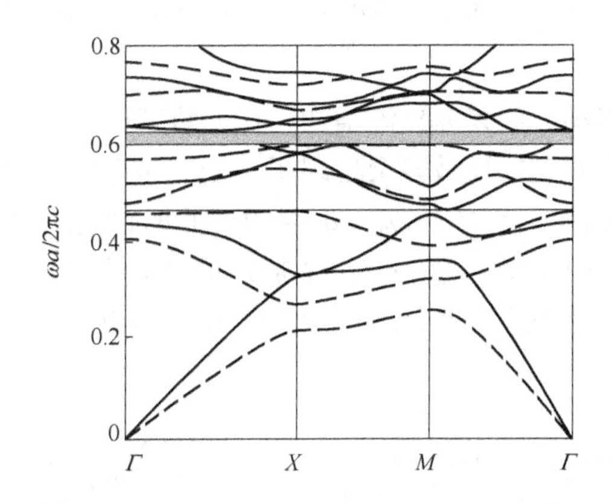

图 4.8　波矢在周期性平面内，椭圆形介质柱正方晶格的能带结构（$\theta=20°$）

取 $k_z=0.4\pi/a$，其他参数保持不变：$f=0.4241$，$R_a/R_b=0.45/0.3$（R_a 是椭圆长半轴，R_b 是椭圆短半轴）。在 $\theta=0°$时，不存在完全禁带；但当 θ 逐渐增加时，出现了一个完全禁带，并且缓慢增加。当 $\theta=20°$时，这一禁带达到最大值，此时 $\Delta\omega/\omega_0=1.75\%$，如图 4.9（a）所示。然后，随着 θ 增加到 30°，在更高的频率处，又出现了另一个完全禁带，如图 4.9（b）所示，其 $\Delta\omega/\omega_0=1.02\%$。如果再增加 θ，当 $\theta=40°$，两个禁带均消失。将图 4.8 和图 4.9 对比，可见：在高对称点的一些简并的能级，在入射波矢偏离周期性平面时，简并开始解除；当波矢在周期性平面时，形成的是完全禁带，当波矢不在周期性平面时，其实形成的是允带。

下面介绍正方形介质柱的情形，参数为：填充比 $f=0.4241$；当 $\theta=0°$时，此时也出现了一个较高的完全禁带，$\Delta\omega/\omega_0=2.67\%$，$\omega_0=0.7463$，能带图如图 4.10（a）所示。对比图 4.10（a）和图 4.8，可见：用正方形介质柱，完全禁带

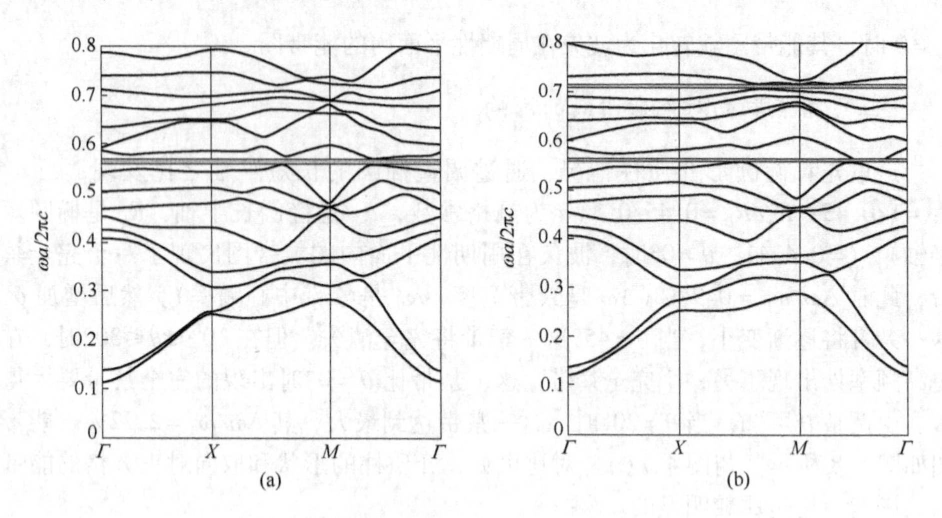

图 4.9 波矢不在周期性平面内，椭圆形介质柱正方晶格的能带图

（a）$\theta=20°$；（b）$\theta=30°$

向短波方向发生了移动。如果 θ 逐渐增加，这一禁带也将会逐渐减小，在 $\theta=30°$ 时，将完全消失。但同时在低波段又出现了一个完全禁带，这一禁带在角度 $\theta=45°$ 达到最大，$\Delta\omega/\omega_0=8.57\%$，$\omega_0=0.4419$，此时的能带图如图 4.10（b）所示。但角度增加到 $\theta=60°$ 时，这一完全禁带几乎完全消失，当 θ 再增加时，变化的情况和 $\theta\leqslant30°$ 完全相同。之所以发生这种变化，是由于正方形格点本身的对称性引起的。

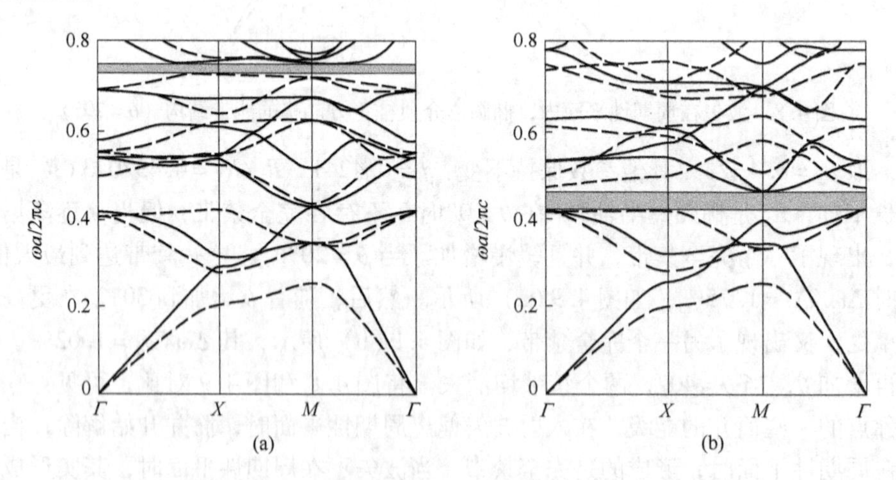

图 4.10 波矢在周期性平面内，正方形介质柱正方晶格的能带图

（a）$\theta=0°$；（b）$\theta=45°$

取 $k_z=0.4\pi/a$，其他参数保持不变：填充比 $f=0.4241$。当 $\theta=0°$ 时，能带图如图 4.11（a）所示，此时 $\Delta\omega/\omega_0=3.52\%$，$\omega_0=0.7492$。当 θ 逐渐增加时，

这一禁带将会减小，在 $\theta \approx 30°$时，将完全消失，但同时在低波段又出现了一个完全禁带，这一禁带在角度 $\theta = 45°$达到最大，能带图如图 4.11（b）所示，此时的 $\Delta\omega/\omega_0 = 8.42\%$，禁带中央的 $\omega_0 = 0.4572$。但如果将角度增加到 $\theta \approx 60°$时，这一能带也几乎完全消失，再增加 θ 时，所发生的情况和 $\theta \leqslant 30°$完全相同。对比图 4.10 和图 4.11 可以发现，在正方介质柱，波矢在周期性平面和波矢不在周期性平面（但 $k_z = 0.4\pi/a$）的条件下，可以形成公共的禁带。

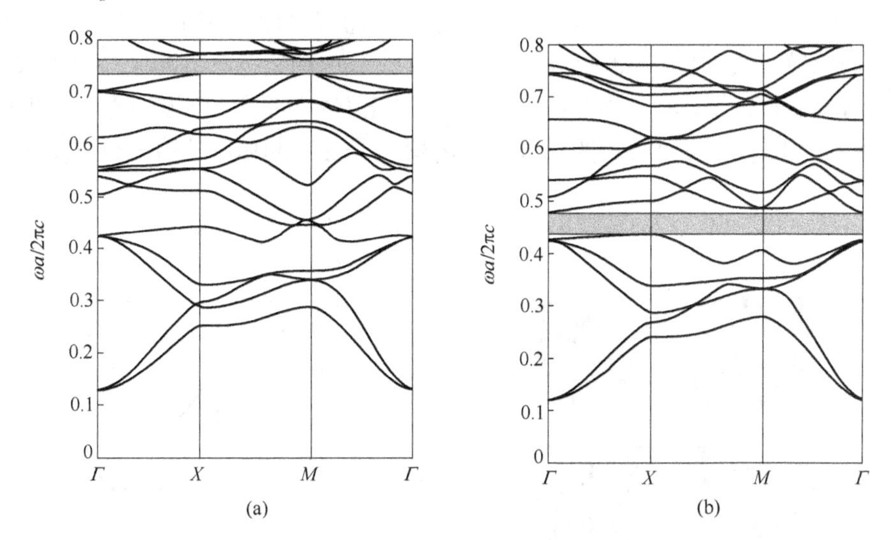

图 4.11　波矢不在周期性平面内，正方形介质柱正方晶格的能带图

（a）$\theta = 0°$；（b）$\theta = 45°$

另外，对于波矢不在周期性平面内椭圆介质柱的图 4.9，与波矢不在周期性平面内正方形介质柱的图 4.11，对比它们能带在 Γ 点的变化行为，可以发现：由椭圆形介质柱和正方形介质柱的对称性质不同，格点形状和取向发生变化，对能带在高对称点的影响不同。椭圆形柱时，在 Γ 的简并能级退简并现象表现得十分明显，而正方形介质柱并不十分明显。另外对于椭圆形介质柱（见图 4.8 和图 4.9）和方形介质柱（见图 4.10 和图 4.11），在入射波矢的两种情况下，考察垂直于周期性平面波矢的影响时，可以发现：垂直波矢对椭圆形介质柱组成的正方晶格比对由正方形介质柱构成的正方晶格完全禁带位置的影响要大得多。

三、复式格点的色散曲线特点

以上讨论了在正方晶格的单位圆胞中，通过改变格点形状来改变散射源的对称性，从而获得完全的光子禁带。由于这种改变未改变晶格本身的对称性质，而且在晶格结构确定以后，它的点群对称性就是确定的，所以下面看如果改变晶格的平移对称性，正方晶格能带结构的变化情况。

（一）平移对称性的改变对正方晶格能带结构的影响

以正方晶格为例，来说明平移对称性的改变对正方晶格能带结构的影响。这里我们采用超原胞法来计算它的能带结构，选择两种介质的介电常数分别为8.9和1，先看由四个规则的正方形介质柱构成的正方晶格，此超原胞如图4.12（a）所示，它的第一布里渊区的构成形式如图4.12（b）所示，介质柱的边长为0.3428a，a为超原胞的晶格常数。这一由四个正方形格点构成一个原胞的正方晶格的色散曲线如图4.13所示。在图4.12（b）中的第一布里渊区与图4.12（a）中已经画出的部分对应。划线表示的区域A是正方晶格的单位原胞的第一布里渊区（仅含一个正方形介质柱）；实线表示的区域B是这一超原胞的第一布里渊区；点

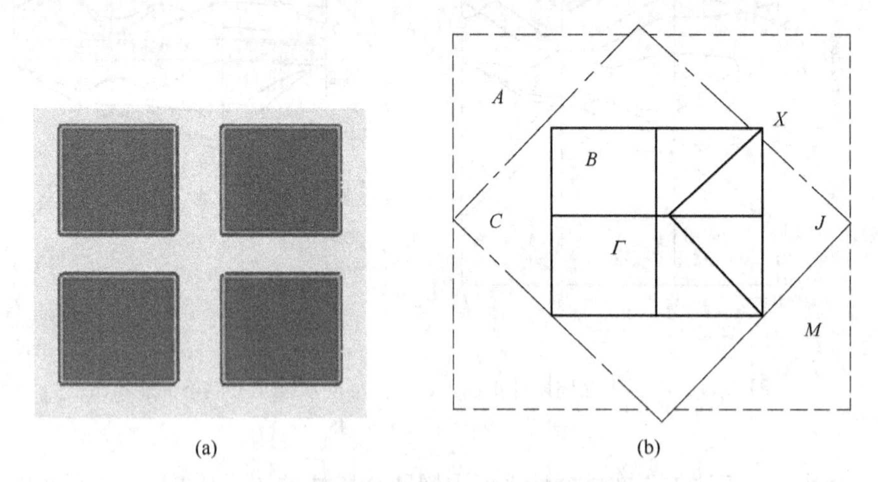

图4.12 正方形格点构成的正方晶格构成的超原胞
（a）超原胞结构；（b）布里渊区形式

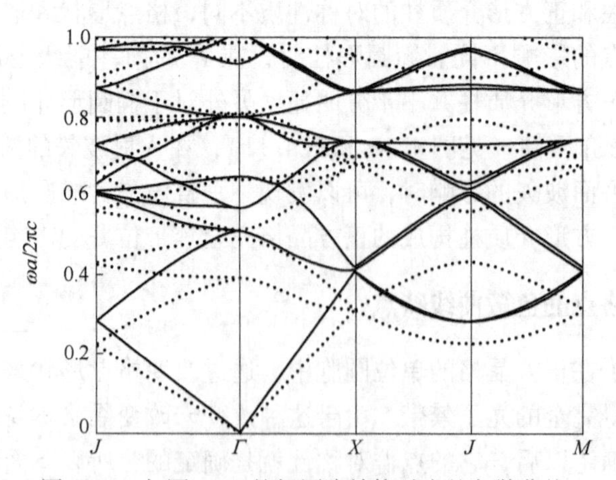

图4.13 与图4.12的超原胞结构对应的色散曲线

划线表示的区域 C 表示的是由两个正方性格点形成正方形晶格的第一布里渊区。

从图 4.13 可见，这个由四个规则的正方形格点构成的正方晶格不存在绝对禁带。这里选择四个规则的正方形格点来构成正方晶格，这样的变换本身并未改变正方晶格的任何对称性质，也未改变初基原胞中已存的能带性质（宽度和位置）。二者间的差别是，超原胞的能带是初基圆胞的能带通过平移到超原胞的第一布里渊区获得的，所以超原胞的能带较初基原胞的能带数多（这与超原胞所包含的初基原胞的个数有关），而且在称点的位置的简并能级数增加。

下面看平移对称性对由四个正方形介质柱组成的正方晶格色散曲线的影响。如果将其对角两个介质柱变小，如图 4.14(a) 所示，或者将对角的两个介质柱去掉，如图 4.15(a) 所示，这种改变破坏了初基原胞本身的对称性，即：在基

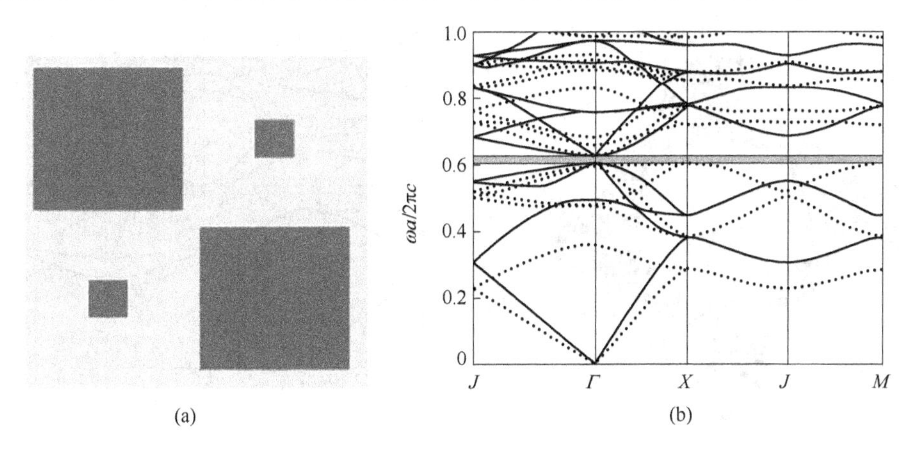

图 4.14　超原胞对角介质柱变小对色散曲线的影响

（a）变化后的超原胞结构；（b）变化后的色散曲线

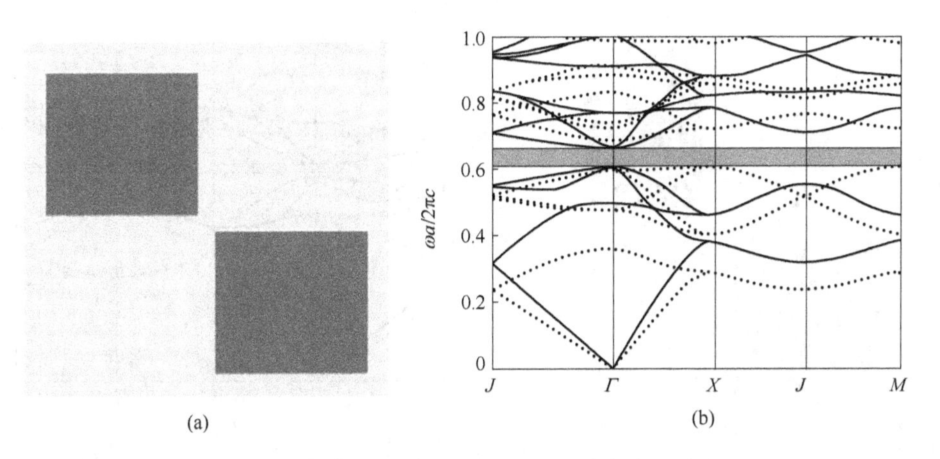

图 4.15　超原胞对角介质柱去掉对色散曲线的影响

（a）去掉对角介质柱的原胞结构；（b）色散曲线

矢方向，原晶格结构平移一个初基原胞基矢的距离，将得到一个与原晶格结构完全相同晶格结构的结论不再成立。这时的色散曲线出现了完全禁带，如图 4. 14（b）和图 4. 15（b）所示。此时，沿超原胞初基矢量方向平移的距离是图 4. 12 划线所含原胞基矢的两倍。图 4. 14 中，大正方形介质柱的边长为 0. 3428a，小正方形介质柱的边长为大介质柱的 1/8。图 4. 15 中，介质柱的边长为 0. 3428a。

当然还可以采用其他方法来打破图 4. 12 所示正方晶格的对称性，如图 4. 16 ~ 图 4. 18 所示。图 4. 16 是两个初基原胞组成的超原胞形式，在其超原胞中放入了一个圆形介质柱和一个方形介质柱，并且方形介质柱正方形边与超原胞的初基矢量方向成一角度。这里正方形介质柱的边长为 0. 7013a，圆柱的半径为 0. 2244a，其中正方形的边长与正方形晶格的基矢方向成 30°或 60°。图 4. 17 是在

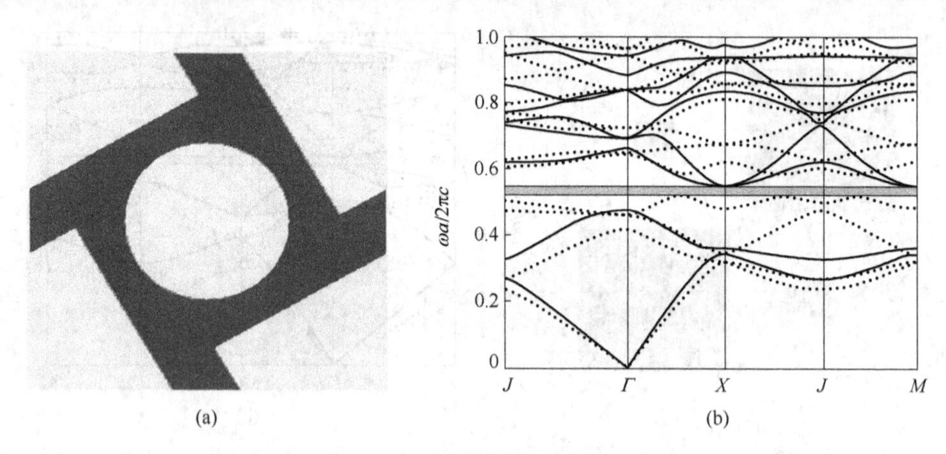

图 4. 16 正方形空气柱和圆形空气柱组成的复式正方晶格的色散曲线
（a）原胞的结构；（b）色散曲线

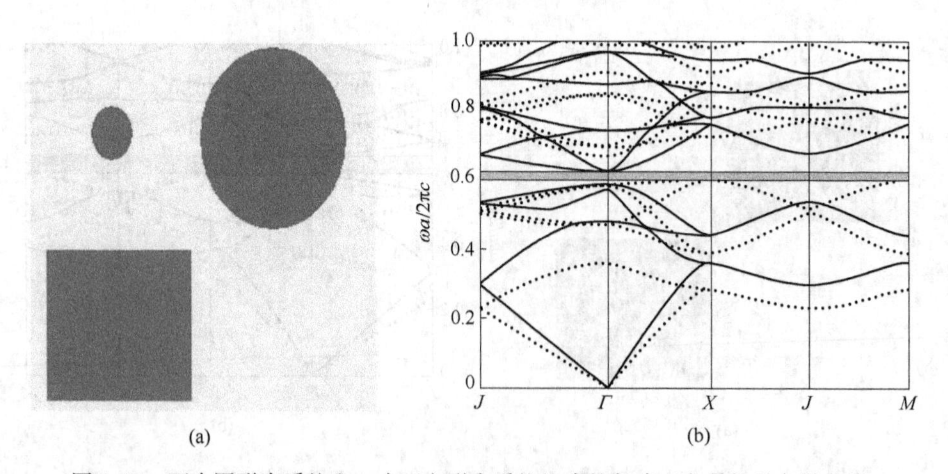

图 4. 17 两个圆形介质柱和一个正方形介质柱组成的复式正方晶格的色散曲线
（a）原胞的结构；（b）色散曲线

图4.12结构的基础上，去掉一个正方形介质柱，并且将剩余的三个介质柱中的两个由正方形，改为圆形。其中两圆形介质柱半径分别为0.24a和0.8a，正方形介质柱的边长为0.48a。图4.18也是在图4.12结构的基础上，通过去掉三个正方形介质柱，而将剩余的一个介质柱移到超原胞的中心，然后在超原胞的边界插入8个较小正方形介质柱（边长为原正方形介质柱边长的0.75）得到。

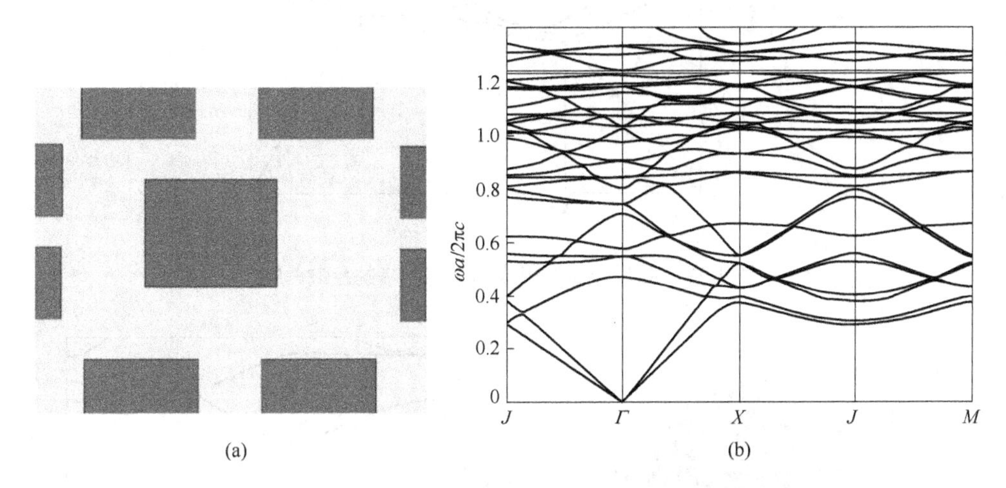

图4.18 移动介质柱填充小型介质柱组成的复式正方晶格
（a）原胞的结构；（b）色散曲线

对比图4.16的超原胞包含两个初基原胞的情形和其他超原胞的情形，可见：二者完全禁带是在不同的简并能带间形成的。而对比超原胞中包含四个初级原胞的情形，可见：尽管介质柱的形状发生了变化，但只要介质柱的数量不多于所选超原胞所含有的初级原胞数量，且介质柱的中心位置仍保持和原初基原胞介质柱的中心位置相同，那么超原胞简并能级解除简并的位置就相同；但如果改了介质柱的数量和中心位置，如图4.18所示，可以形成高阶禁带。

（二）打开局部简并能带

下面研究如何打开二维正方晶格的局部能带，采用的方法是先将正方晶格的原胞划分为$N\times N$个小的正方形区域，选择两种介质的介电常数为ε_1和ε_2，然后使两种质分别填充到不同的小区域中。计算时，选择$\varepsilon_1=11.4$，$\varepsilon_2=1$，初基原胞被划分为100×100个小正方形。在图4.19的初基原胞中，仅含有一个圆形介质柱的正方晶格的色散曲线。点线为TM模，实线为TE模。先看着这一正方晶格TM模和TE模局部能带打开的优化结果，如图4.19~图4.28所示。从计算结果可见，运用复式晶格有助于获得良好的禁带结构和获得需要的光子晶体性质，但图4.19~图4.28中超原胞的结构趋于复杂，增加了制作的难度。

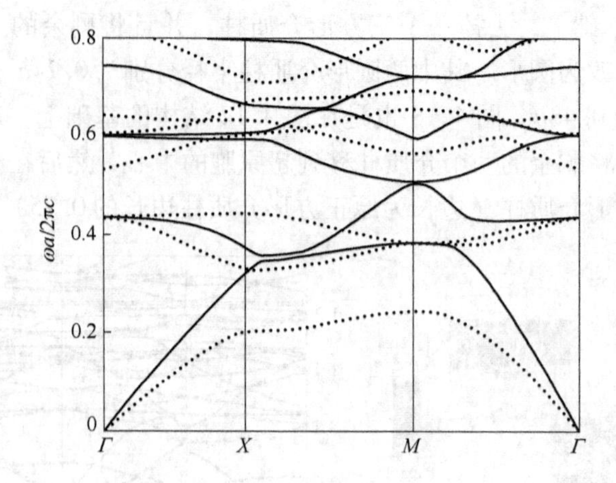

图 4.19 圆形介质柱组成的正方晶格的色散曲线

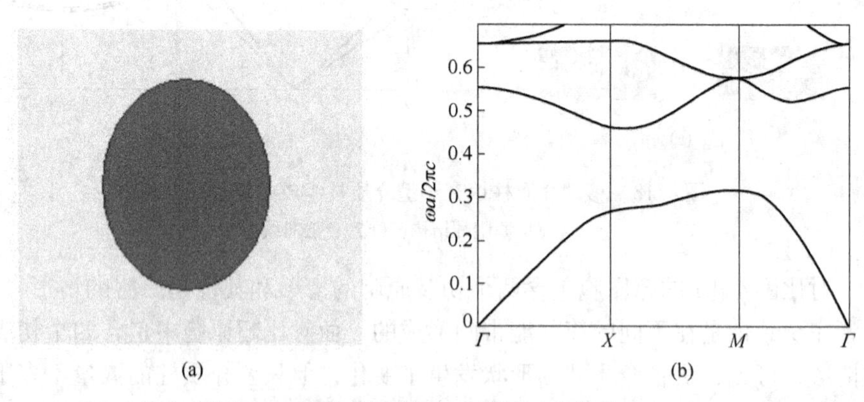

图 4.20 打开正方晶格 TM 模第一个禁带

（a）初基原胞的形式；（b）色散曲线

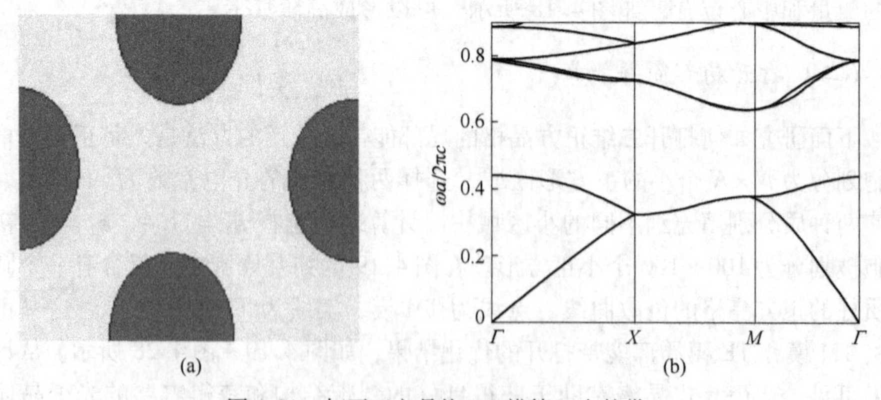

图 4.21 打开正方晶格 TM 模第二个禁带

（a）初基原胞的形式；（b）色散曲线

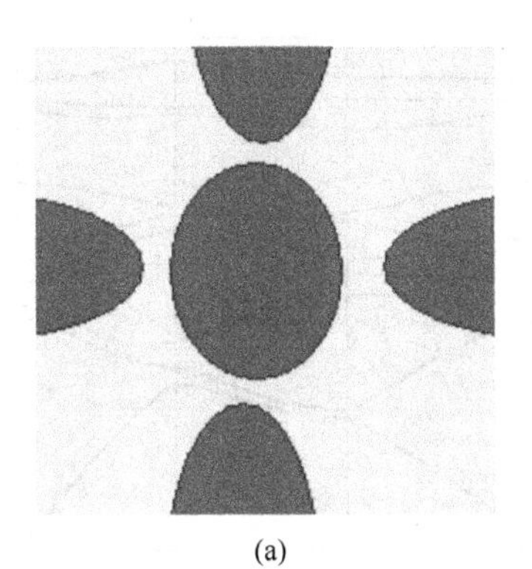

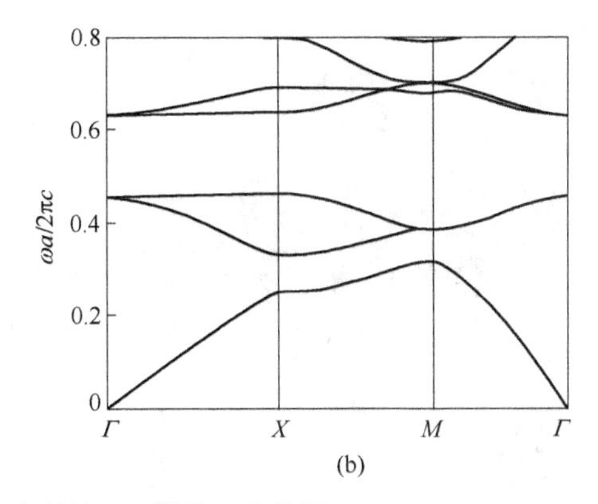

(a)　　(b)

图 4.22　打开正方晶格 TM 模第三个禁带

（a）初基原胞的形式；（b）色散曲线

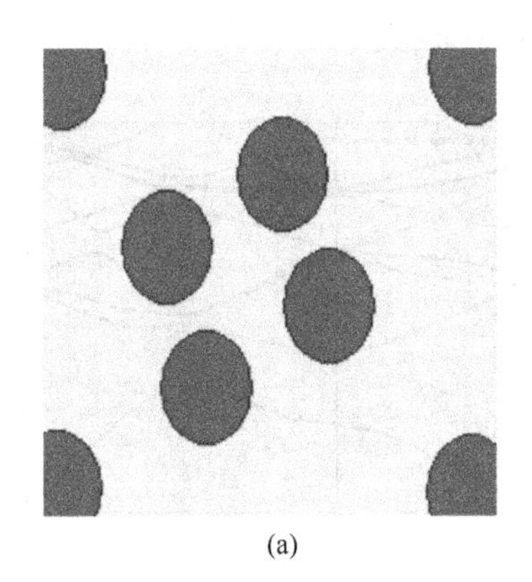

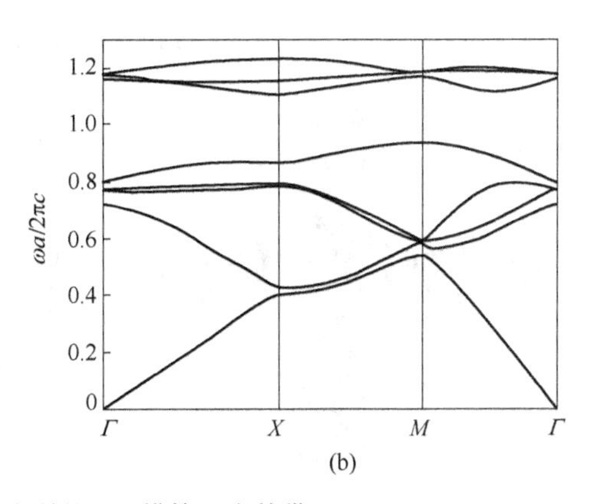

(a)　　(b)

图 4.23　打开正方晶格 TM 模第五个禁带

（a）初基原胞的形式；（b）色散曲线

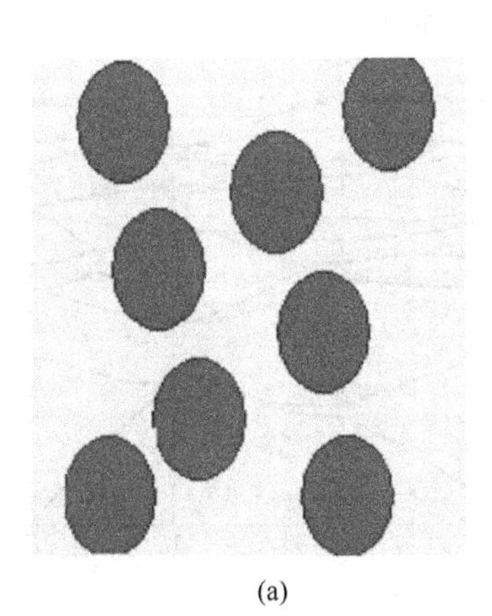

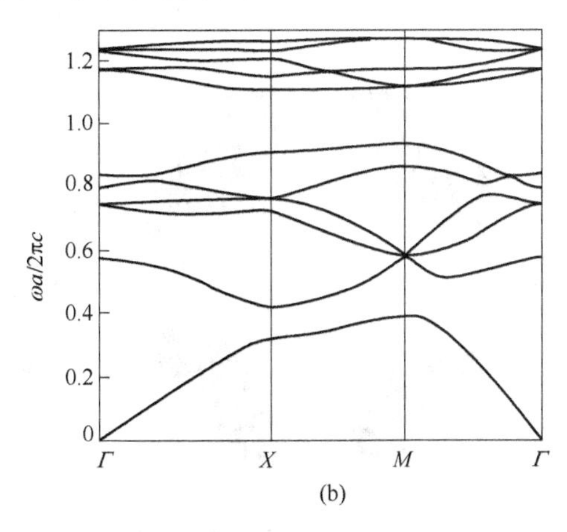

(a)　　(b)

图 4.24　打开正方晶格 TM 模第六个禁带

（a）初基原胞的形式；（b）色散曲线

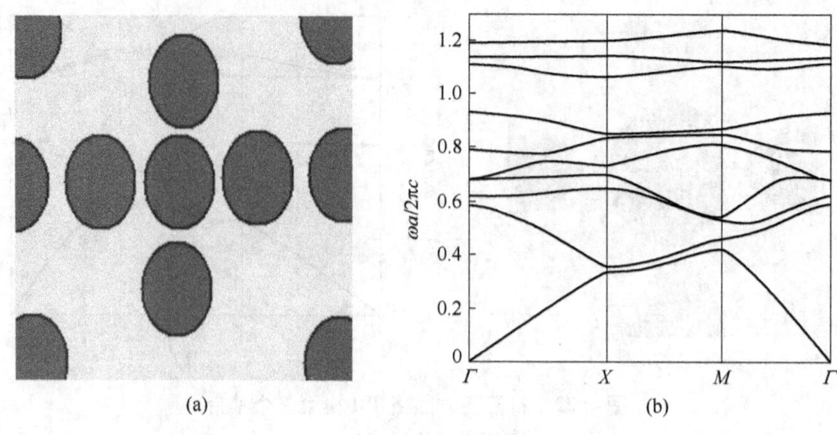

图 4. 25 打开正方晶格 TM 模第七个禁带

（a）初基原胞的形式；（b）色散曲线

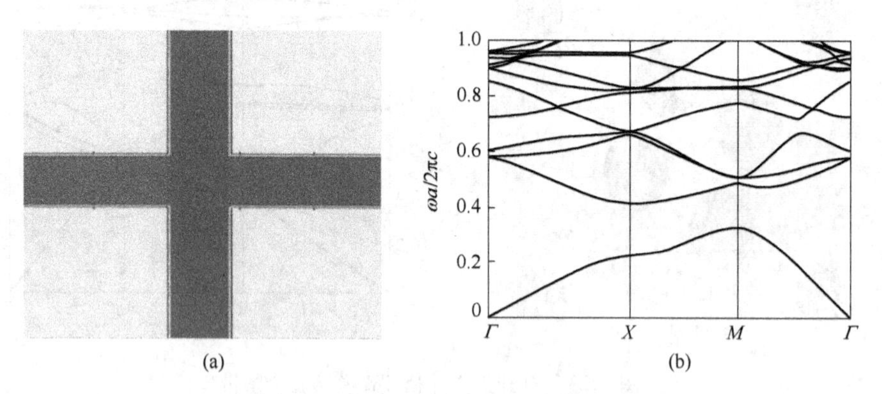

图 4. 26 打开正方晶格 TE 模第一个禁带

（a）初基原胞的形式；（b）色散曲线

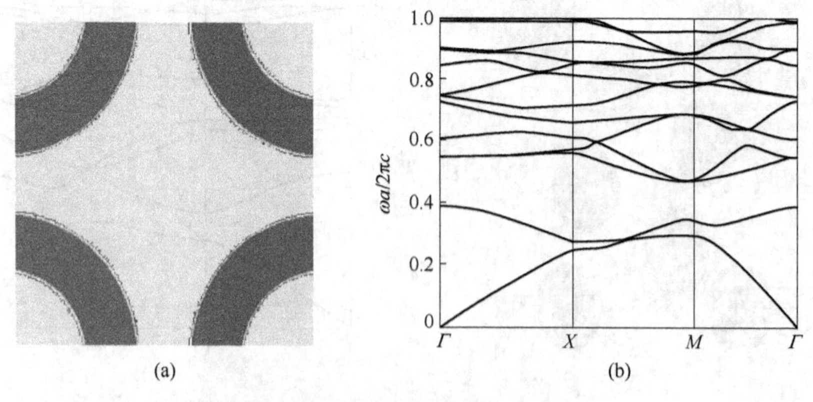

图 4. 27 打开正方晶格 TE 模第二个禁带

（a）初基原胞的形式；（b）色散曲线

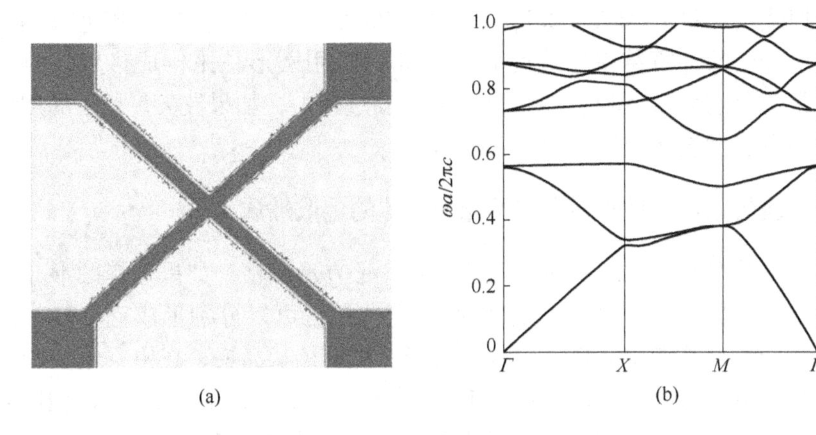

图 4.28　打开正方晶格 TE 模第三个禁带
（a）初基原胞的形式；（b）色散曲线

第二节　电磁场传输方向与二维光子晶体能带间的关系

这里主要讨论两方面的问题：波矢方向偏离二维周期平面，对二维光子晶体色散曲线和所形成禁带的影响；如果波矢方向位于二维周期平面内，二维光子晶体结构如何控制体内的光传输方向，以及二维光子晶体控制体内的光传输方向所带来的新的物理现象。

由于二维光子晶体色散关系曲线中能否出现禁带，影响的因素较多，如填充比、介电函数反差、晶格结构、格点形状和取向、波矢的方向等。所以在讨论波矢在周期性平面内的情况时，先将介电常数固定，格点形状选择圆形，调节填充比，看其色散曲线的变化。当波矢不在周期性平面内时，主要看波矢偏离周期性平面，对波矢在周期性平面内形成的 TE 波和 TM 波形成的公共禁带的影响。采用这种处理的原因是：在利用 TE 波和 TM 波的公共禁带时，一般是先计算波矢在周期性平面内的情况，然后获得 TE 波和 TM 波的公共禁带的最大值，但 TE 波和 TM 波的公共禁带的宽度要受波矢对周期性平面偏离的很大限制，这就对利用二维光子晶体来抑制自发发射的应用产生很大的限制。这里我们关注的是波矢在多大范围内偏离周期性平面，TE 波和 TM 波形成的公共禁带依然存在，以及是否有新禁带出现等情况。

为了讨论波矢偏离周期性平面的影响，先对波矢在周期性平面内，三角晶格、蜂巢状晶格和正方晶格形成的禁带情况进行简单的讨论，然后研究三种晶格形成的最大禁带（波矢在周期性平面内时）、色散曲线及其态密度，随波矢偏离周期性平面分量增加的变化规律，最后讨论在不同填充比条件下，偏离周期性平面波矢分量的变化，对三角晶格和蜂巢状晶格形成绝对禁带的影响。

利用式（2.14）和式（2.15），采用625个平面波对介电常数进行展开，使平面波展开法的计算结果精确度大于99%，且用圆形柱来构成格点，两种介质的介电常数分别为13和1。在绘制色散曲线过程中，如果波矢量处于周期性平面内，采用点线代表TE模，实线代表TM模。

一、波矢在周期性平面内二维光子晶体的色散性质

通过调整填充比发现：对于三角晶格、正方形晶格，如果选择圆形介质柱和空气为背景，虽然对于TE波和TM波而言，各自可以分别形成完全禁带，但是二者的完全禁带不发生交叠，没有公共禁带；蜂巢状晶格，在由空气柱和介质背景组成时，也不会出现TE波和TM波的公共禁带；长方晶格（长宽比为1.2/1），无论是介质柱和空气为背景组成的二维光子晶体或是由空气柱和介质背景组成的二维光子晶体，都不存在TE波和TM波的公共禁带。但是由空气柱和介质为背景的三角晶格和正方晶格以及由介质柱和空气为背景的蜂巢状晶格，当圆柱半径和晶格长度的比值在一定范围内时，存在TE波和TM波的公共禁带。

图4.29所示为空气圆柱和介质背景组成的三角晶格和正方晶格及由介质圆柱和空气为背景组成的蜂巢状晶格形成的最大公共禁带情况。对于三角晶格，计算时是沿简约布里渊区的高对称点 $\Gamma-P-Q-\Gamma$ 方向进行的，其中 $\Gamma=(0,\ 0)$，$P=2\pi/a(2/3,\ 0)$，$Q=2\pi/a(1/2,\ -\sqrt{3}/6)$。当 $R/a\geqslant0.47$（R 是圆柱的半径，a 为晶格常数）时，三角晶格的TE波和TM波存在公共禁带，且 $R/a=0.48$ 时，TE波和TM波的公共禁带达到最大值，此时 $\Delta\omega/\omega_0=18.97\%$，$\omega_0 a/2\pi c=0.4747$，其中 $\Delta\omega$ 是公共禁带的宽度，$\omega_0 a/2\pi c$ 是禁带的中心频率，如图4.29（a）所示。蜂巢状晶格时，当 $0.18\leqslant R/a\leqslant0.43$ 时，TE波和TM波存在公共禁带，且 $R/a=0.23$ 时，TE波和TM波的公共禁带达到最大值，此时 $\Delta\omega/\omega_0=10.90\%$，$\omega_0 a/2\pi c=0.5549$，如图4.29（b）所示。正方晶格时，计算时，沿简约布里渊区的 $\Gamma-X-M-\Gamma$ 方向进行，其中 $\Gamma=(0,\ 0)$，$X=(0,\ \pi/a)$，$M=(\pi/a,\ \pi/a)$。当 $0.45\leqslant R/a\leqslant0.48$ 时，正方晶格的TE波和TM波存在公共禁带，且 $R/a=0.462$ 时，TE波和TM波的公共禁带达到最大值，此时 $\Delta\omega/\omega_0=3.14\%$，$\omega_0 a/2\pi c=0.4035$，如图4.29（c）所示。从图4.29所示可以清楚地看出：三角晶格和蜂巢状晶格的TE波和TM波的公共禁带较宽，而正方晶格形成的TE波和TM波的公共禁带很窄。

对二维光子晶体而言，布里渊区的形状对能否形成TE波和TM波的公共禁带有重要的影响。为了获得完全禁带，应该使二维光子晶体的第一布里渊区接近圆形，因为这样才能使第一布里渊区的中心 Γ 点到布里渊区边界处点的距离接近，从而使局部能隙开启的位置接近。从晶格结构对称性来看，由于三角晶格和蜂巢状晶格比正方晶格和长方形晶格的第一布里渊区更接近于圆形，这样的第一

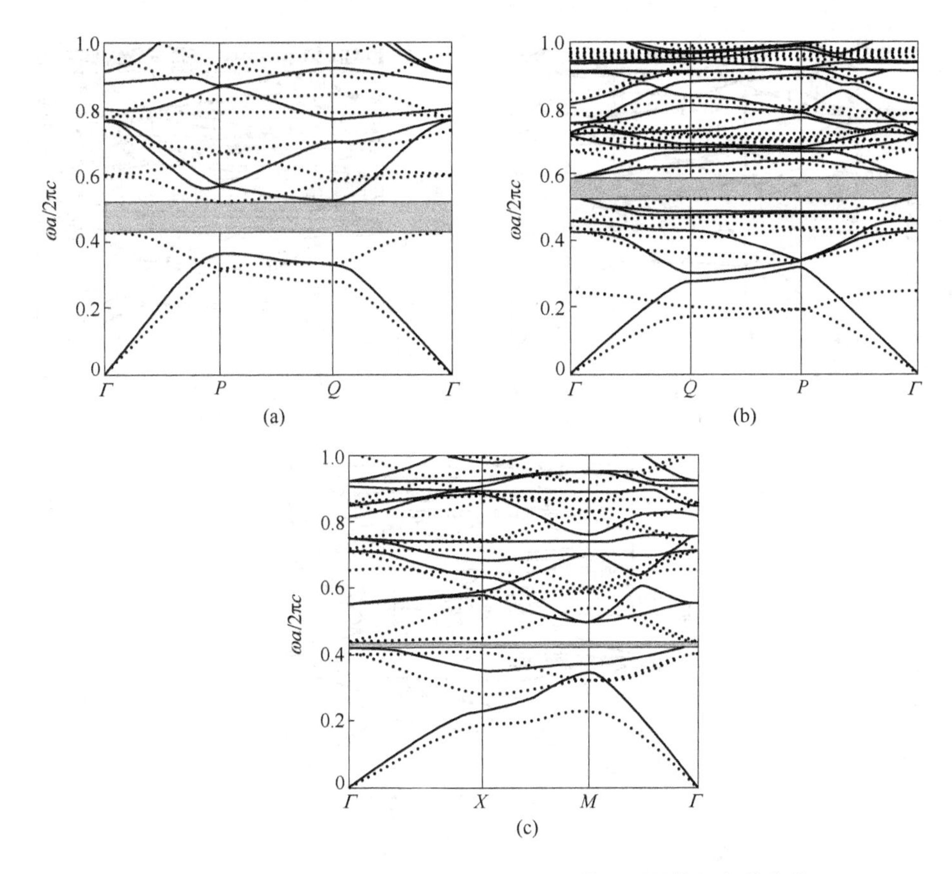

图 4.29　波矢在周期性平面内时，几种二维光子晶体的色散曲线

（a）三角晶格；（b）蜂巢状晶格；（c）正方晶格

布里渊区结构有助于 TE 波和 TM 波各自形成很宽的完全禁带，进而有助于 TE 波和 TM 波公共禁带的形成，这也是实际应用中常采用三角晶格和蜂巢状晶格的一个重要原因。但形成 TE 波和 TM 波各自的完全禁带只是形成 TE 波和 TM 公共禁带的第一步，要想形成二者的公共禁带，就需要对介电函数反差和填充比进行合理的设置。

二、波矢偏离周期性平面对二维光子晶体色散曲线的影响

采用与图 4.29 相同的参数：三角晶格 $R/a=0.48$（圆形空气柱），蜂巢状晶格 $R/a=0.23$（圆形介质柱），正方晶格 $R/a=0.462$（圆形空气柱）。当波矢偏离周期性平面分量为 $0.1\times2\pi/a$ 时，三角晶格、蜂巢状晶格和正方晶格的色散曲线分别为图 4.30（a）、（b）和（c）。当波矢偏离周期性平面时，本征模式不能再分解为 TE 模和 TM 模，从图 4.30 可见，此时二维光子晶体色散曲线表现出一个明显特点：低频端出现一个不存在模式的区域。

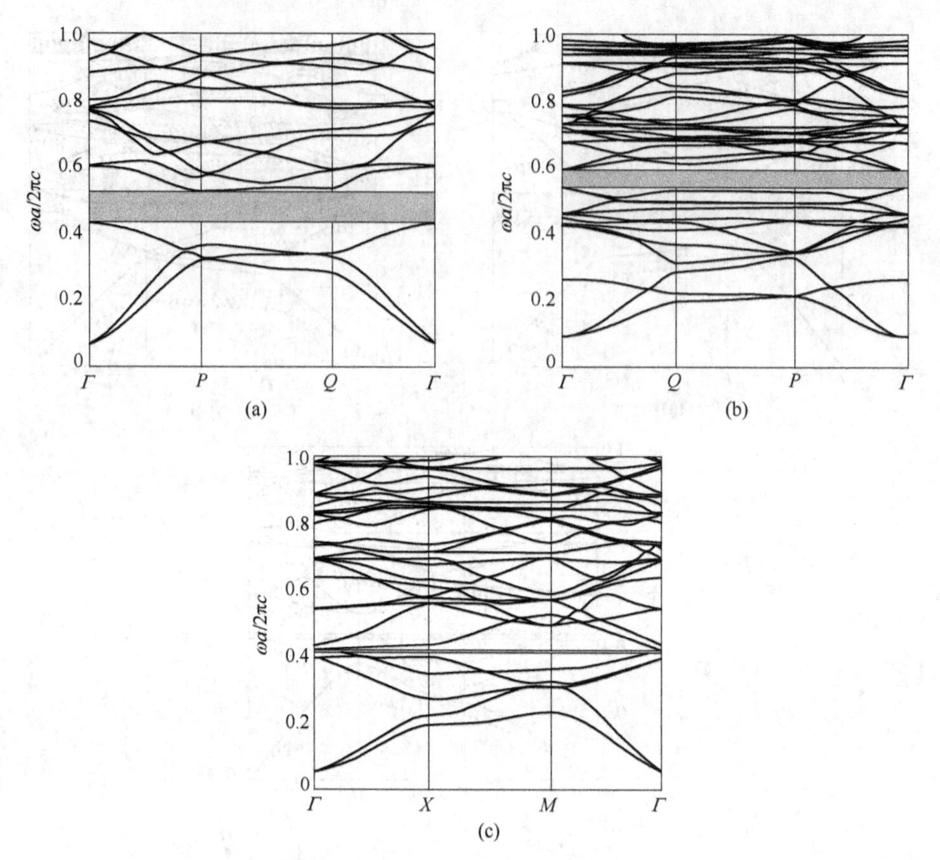

图 4.30　波矢偏离周期性平面时，几种二维光子晶体的色散曲线

(a) 三角晶格；(b) 蜂巢状晶格；(c) 正方晶格

如果令波矢偏离周期性平面分量为 k_z，将图 4.30 中三角晶格、蜂巢状晶格和正方晶格所形成的禁带称为绝对禁带，其随 k_z 的变化如图 4.31(a) 所示。在图 4.31(a) 中，线①，②，③分别是以蜂巢状晶格、三角晶格和正方晶格为等效介质的等效介质中的光线；线④，⑤，⑥是蜂巢状晶格、三角晶格和正方晶格的最低阶模式频率随 k_z 的变化。可见：随 k_z 增加，最低阶模式的频率非线性增大。

由于实际制作的二维光子晶体不可能是无限的，但当二维光子晶体纵向（垂直于周期性平面方向）长度 $L \gg a$（L 是纵向长度，a 晶格常数），横向（周期性平面内两个基本矢量方向）包括足够多周期，可以将有限的二维光子晶体近似视为无限的，这时的二维光子晶体色散曲线可用无限大二维光子晶体色散曲线近似描述。图 4.31 蜂巢状晶格、三角晶格和正方晶格的禁带随 k_z 的变化。在图 4.31(a) 中，还利用自由空间中的光线和等效介质中的光线（如直线①，②和③所示，直线①，②和③的差别是填充比不同），对这样的二维光子晶体模式进行简单分类。等效介质的等效折射率定义为：$n_{\mathrm{eff}}=[f\varepsilon_{\mathrm{a}}+(1-f)\ \varepsilon_{\mathrm{b}}]^{1/2}$，其中 f 是填充

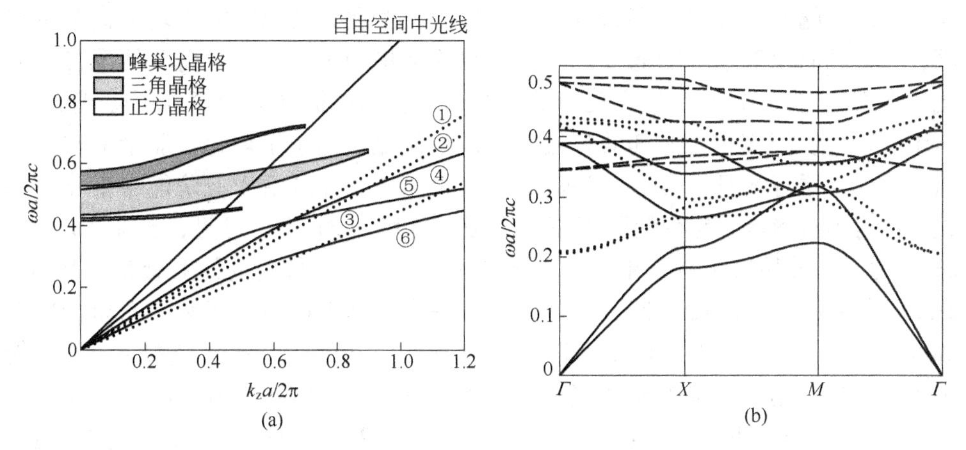

图 4.31　蜂巢状晶格、三角晶格和正方晶格的禁带随 k_z 的变化

（a）绝对禁带的变化；（b）最低五个能级的变化

比，ε_a 是圆形柱的介电常数，ε_b 是背景的介电常数。自由空间中光线是直线$\omega = ck_z$（c 是真空中的光速）；等效介质中光线①，②和③是直线 $\omega = \nu k_z$（$\nu = c/n_{eff}$是等效介质中的光速）。对某一填充比和某一晶格而言，线 $\omega = ck_z$ 和线 $\omega = \nu k_z$ 将能带图分成了三个区域。波矢偏离周期性平面时，二维光子晶体色散关系必须满足：$\omega \geqslant vk_z$，所以直线 $\omega = vk_z$ 以下的区域是模式的禁区；在自由空间中任何存在的模式都必须满足 $\omega \geqslant ck_z$，所以线 $\omega = ck_z$ 以上区域存在的模式可同时存在于自由空间和二维光子晶体内部，这些模式对介质而言是泄漏模；线 $\omega = \nu k_z$ 和线$\omega = ck_z$ 间的区域是二维光子晶体非泄漏模区域。由于禁带是态密度为零的区域，所以图 4.31（a）中，线 $\omega = ck_z$ 以上的绝对禁带适合做反射镜应用，而线 $\omega = \nu k_z$ 以上的公共禁带，都可对晶体内发生的自发发射过程产生重要的影响，有减弱自发发射的作用。

从图 4.31（a）可见，三角晶格、蜂巢状晶格和正方晶格形成的绝对禁带宽度，随 k_z 增加逐渐变小，而禁带中心频率逐渐变大，达到一定值时消失。三角晶格和蜂巢状晶格形成的绝对禁带较宽，并且这种宽的禁带，能够在线 $\omega = \nu k_z$ 上方保持很大的 k_z 范围。虽然正方晶格也能在线 $\omega = \nu k_z$ 上方保持很大的范围，但是它的禁带宽度直至消失都很窄。从绝对禁带影响二维光子晶体自发发射的角度看，在一定 k_z 范围内保持较大宽度的绝对禁带更有助于减小自发发射，所以三角晶格和蜂巢状晶格比正方晶格更利于减小自发发射几率和提高发光器件的输出功率。

实际上，由于 k_z 的作用，使光子能带间发生了相对移动，进而引起绝对禁带发生变化。图 4.31（b）给出了正方晶格当 $R/a = 0.462$（圆形空气柱）时，前五个能带在 k_z 值分别为 0、$0.4 \times 2\pi/a$ 和 $0.8 \times 2\pi/a$ 时的分布情况。从图 4.31

(b) 可见，随 k_z 的增加，能带分布表现出了几个明显特点：能带均向高频端移动，处于不同频率范围的能带，向高频端移动快慢不同；能级简并情况发生变化，在某些 (k_x, k_y) 位置出现新的能级简并，而原简并能级简并解除或消失；能带的走势发生变化，尤其低频端能带改变明显，趋于平坦化。能带的这些变化，会引起原有绝对禁带消失和新绝对禁带生成，并且由于低阶能带变化更明显，使得绝对禁带更易在低阶能带间形成，从图 4.31 (b) 可见，当 $k_z = 0.8 \times 2\pi/a$ 时，正方晶格在第二和第三个能带间出现了一个较宽的绝对禁带，其 $\omega a/2\pi c$ 值介于 0.37 ~ 0.42 之间，此外，因每一个能带中都包含了第一布里渊区全部的 k 状态，即每一能带的 ω 值和 (k_x, k_y) 组合间存在一一对应关系，所以能带平坦化将引起二维能态密度增加。三种 k_z 值的态密度，如图 4.32 所示。图 4.32 中，$R/a = 0.462$，k_z 的取值分别为 0，$0.4 \times 2\pi/a$ 和 $0.8 \times 2\pi/a$。如果定义角度：$\theta = \cos^{-1} k_z/k$（k 是总的波矢量），那么不同频段光辐射沿不同空间角 θ 方向态密度不同，从而引起发生自发发射的难易程度与频率及空间角有很大关系。所以为了更好地控制自发发射，考虑 k_z 对光子晶体色散曲线和禁带的影响是十分必要的。

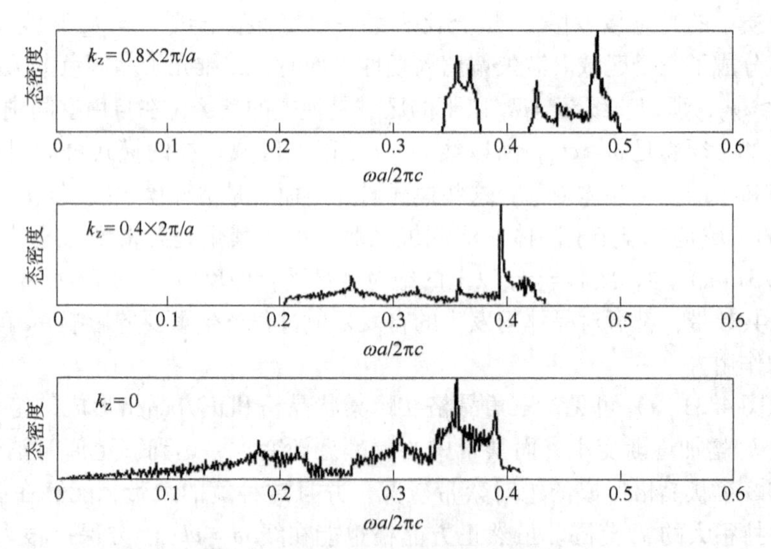

图 4.32 圆形空气柱组成的正方晶格的态密度随 k_z 的变化

三、波矢偏离周期性平面对不同填充比二维光子晶体的禁带影响

对于给定的材料和晶格结构，填充比是影响色散曲线图中能带分布的重要因素，所以下面讨论填充比变化的情况下，波矢偏离周期性平面对二维光子晶体禁带的影响。由于当波矢在周期性平面内时，三角晶格和蜂巢状晶格所形成的禁带较宽，所以下面讨论三角晶格（圆形空气柱）和蜂巢状晶格（圆形介质柱），前

11个能带形成绝对禁带的情况（见图4.29），其中选择三角晶格的f分别为0.9，0.8，0.65和0.4，蜂巢状晶格的f分别为0.2，0.4和0.6。

从图4.33和图4.34可见，当波矢偏离周期性平面且填充比不同时，三角晶格和蜂巢状晶格绝对禁带的位置和个数也不同。对三角晶格而言，填充比较小时，虽然波矢偏离周期性平面也能出现绝对禁带，但绝对禁带宽度很窄，并且随k_z增加消失很快。当填充比很大时，绝对禁带变宽，随k_z增加，在很大k_z范围内存在绝对禁带。对蜂巢状晶格而言，反映出的规律刚好相反。这是因为对三角晶格采用的是空气柱，而蜂巢状晶格采用的是介质柱缘故。从三角晶格和蜂巢状晶格绝对禁带分布来看，三角晶格在填充比较大时和蜂巢状晶格填充比较小时，

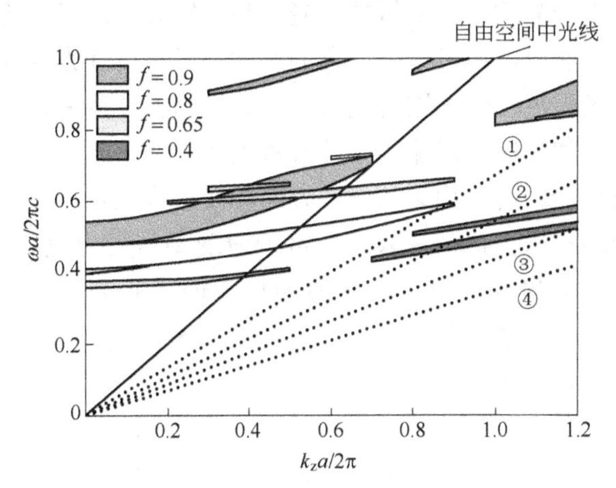

图4.33　三角晶格（空气圆柱）不同填充比时禁带分布，
直线①，②，③，④分别是填充比为0.9，0.8，0.65，0.4时等效介质中的光线

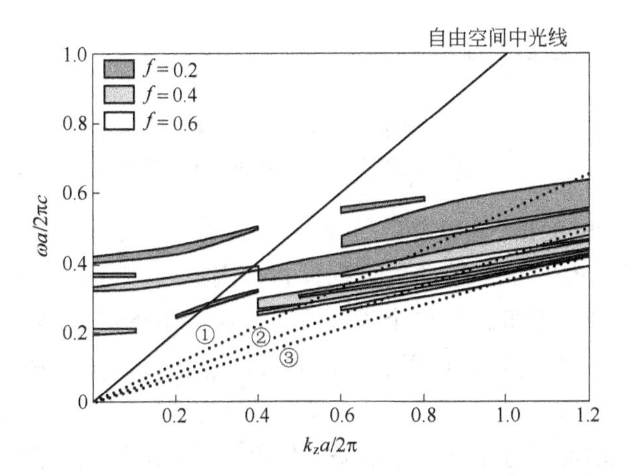

图4.34 蜂巢状晶格（介质圆柱）不同填充比时禁带分布，
直线①，②，③是填充比分别为0.2，0.4，0.6时等效介质中的光线

形成的绝对禁带很宽，但是三角晶格在泄漏模和非泄漏模区域都保持了很宽的绝对禁带，所以三角晶格作为反射镜和在更大的空间角范围内减小自发发射的性能要好于蜂巢状晶格。蜂巢状晶格在非泄漏模区域的禁带分布相对集中，这一特点使得它更有利于应用在更宽的频谱范围内来减小自发发射。

四、色散曲线对光在光子晶体中传输方向的影响

理论和实验分析都表明，描述光在光子晶体中传输行为，可以通过对等频率曲线的分析来完成。等频率曲线决定了光子晶体布洛赫模的群速度 $v_g = \nabla_k \omega(k)$ 的方向（群速度平行于等频率曲线的法向量，指向频率增加的方向），从而可以确定光是如何在光子晶体内部偏折的。光子晶体等频率曲线的走势与其能带分布有着密切的关系，所以可通过光子晶体的色散关系来设计光在光子晶体中的偏折过程。按照光在光子晶体中不同的偏折过程，可以将这些偏折过程分为两类：一类为电磁场的相速和群速方向相同，即日常生活中常见的折射现象，又称为正折射现象；另一类是电磁场的相速和群速方向相反，这就是近年来有关光子晶体研究的一个热点问题——负折射现象。正负折射现象是光通过正负折射率介质时，产生的主要现象。这里我们以正负介质薄板为例，来说明正负折射现象，如图 4.35 所示。

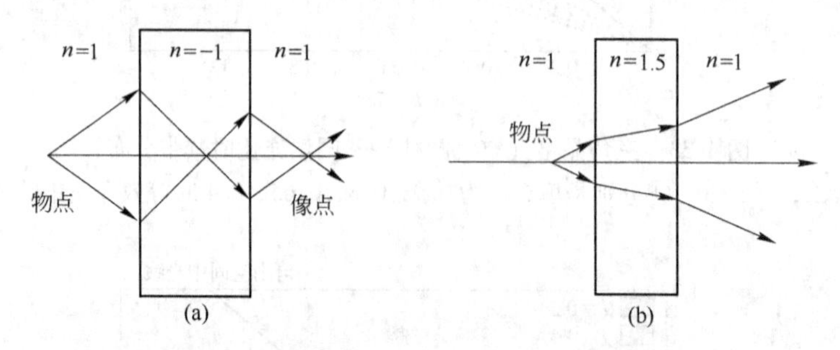

图 4.35 正折射现象和负折射现象对比示意图

（a）负折射现象；（b）传统的正折射现象

图 4.35(a) 中负介质的折射率为 $n = -1$，点光源发出的球面光波经过负折射介质平板的第一个界面，波向负方向偏折，因而在透镜中汇聚成第一个像点，然后经过负折射介质平板的第二个界面后，再次因负折射而会聚成第二个像点。图 4.35(b) 是正折射材料，可以看到电磁波经过正折射介质平板的第一和第二个界面时都变得发散。

从色散曲线的能带分布来看，容易发生负折射效应的频率范围是处于光子晶体近禁带附近的区域，而且一般频率要低于 $0.5 \times 2\pi c / a_s$，其中 a_s 是指出射面的周期，c 是真空中光速。从色散曲线某一能带的等频率曲线走势角度看，负折射

效应对应的等频率曲线应具有负的有效光子质量。根据等频率曲线理论，光子晶体负折射效应可分为两类：（1）介质有效折射率小于零，此时色散关系和等频率曲线决定所有光场的群速度和相速度始终反向平行；（2）介质有效折射率大于零，此时当电磁波入射到某一等频率曲线时，波矢平行分量相等条件要求电磁波向负方向偏折，此时，群速度和介质有效折射率都大于零，但仍表现为负折射现象。实际上，光子晶体色散曲线的能带分布形式受到很多因素的影响，如：填充比、各组分的介电函数差、晶格结构对称性等等，这些因素使得光子晶体色散曲线和某一能带的等频率曲线的表现形式多样，这也为人们利用光子晶体负折射效应提供了多种选择。目前人们对二维和三维光子晶体的研究表明：在一定条件下，二、三维常见晶格结构的光子晶体都存在负折射效应。

下面用 Luo 等人的理论工作来说明有效折射率大于零，但光子晶体依然表现出负折射效应的情况，如图 4.36 所示。图 4.36(a) 是一以高介电常数材料为背景，由空气柱排列成的二维正方晶格 TE 偏振模式的能带结构，其中空气孔半径为 $r=0.35a$，介质的介电常数为 $\varepsilon=12$。图 4.36(a) 的阴影区域是正方晶格 TE 波发生负折射的频率范围。利用图 4.36(a) 阴影区域给出的频率，并由等频率曲线和平行波矢分量相等条件可以推断出折射波矢的偏折方向沿负向。此时，群速度和介质的有效折射率都是正值，但入射波表现出负的偏折，如图 4.36 的 (b) 所示。

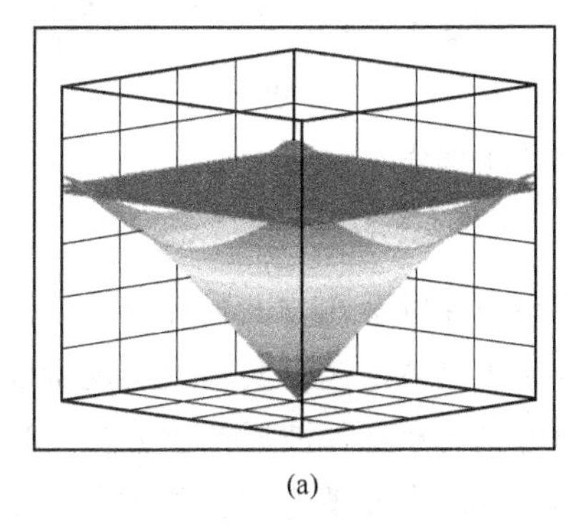

(a)

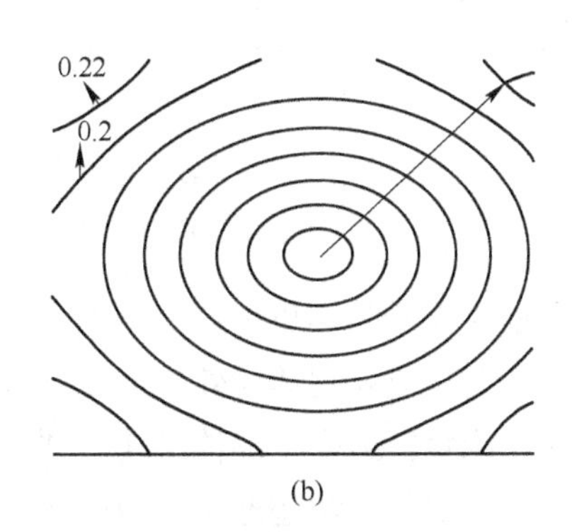

(b)

图 4.36 正方晶格光子晶体的色散曲线及等频率曲线

(a) 色散关系；(b) 等频率曲线

利用 Luo 等人给出的参数和 FDTD 方法，模拟了这一光子晶体平板的负折射效应和超透镜效应，其中面法线指向晶体的 (11) 方向，点光源的辐射频率为 $\omega=0.192(2\pi c/a)$。图 4.37(a) 是模拟时光场分布未达稳定时，典型光场分布图。可见：右行入射光在正、负折射率介质界面间折射时，入射光和折射光位于界面法线同侧，此时折射角为负，这种现象正是负折射概念的由来，同时这种现象也是负折射效应的明显特征。因负折射过程中折射角为负，所以点光源发出的球面波经负折射介质平板的第一个界面后，波向负方向偏折，这会使光在透镜中汇聚成一个像点，光波再经过负折射介质平板的第二个界面时再次负折射，在负折射介质平板的另一侧将会聚成另一个像点，这就是所谓光子晶体负折射的超透镜效应，有时又称为子光子晶体负折射的自聚焦效应。超透镜效应是光子晶体负折射效应的必然结果。虽然此时二维正方晶格光子晶体的有效折射率大于零，但光在光子晶体内部传输仍然可以表现出负折射效应，并且光在通过光子晶体过程中，在晶体内部和晶体近表面成两个像点，这一结果与图 4.35 (a) 中光在负折射介质中的折射现象相同。图 4.37 (b) 是稳态光场分布图，从中可清晰地看到在光子晶体边缘近场处所成的像点。

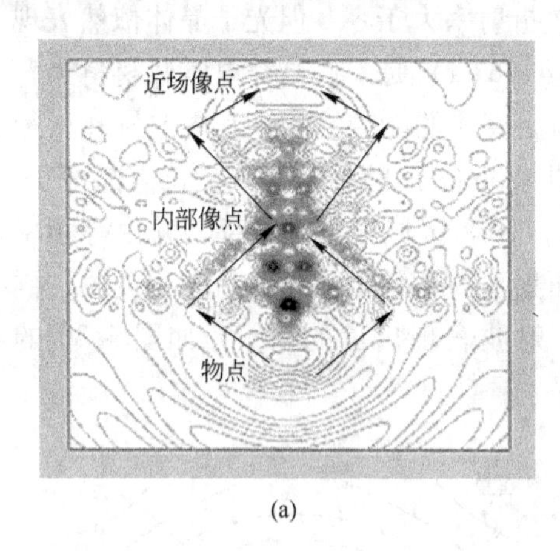

(a)

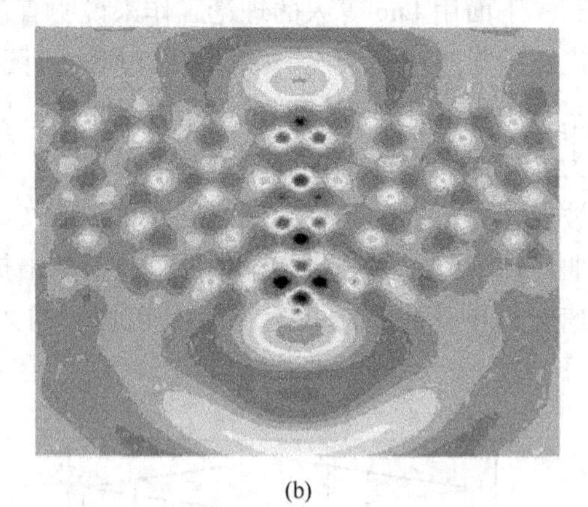
(b)

图 4.37　负折射现象的光场分布
(a) 反常折射现象；(b) 自聚焦效应

目前对光子晶体负折射效应的研究主要集中在以下几方面：理论上设计具有优良负折射效应和超透镜效应的二维和三维光子晶体结构；实验上实现所设计的二维和三维负折射光子晶体结构，并不断向可见光和红外波段推进；探索光子晶体产生负折射效应和超透镜效应的物理机制，从而指导理论和实验研究工作；挖掘和开发负折射光子晶体的在各个方面的应用前景。

本章第一节比较系统的优化了二维正方晶格光子晶体的能带的结构。通过本章的讨论可以得到：改变格点形状和取向，以及运用复式晶格，有助于对禁带结构的优化和得到我们需要的禁带性质。

本章第二节利用波矢偏离周期性平面时，三角晶格、蜂巢状晶格和正方晶格色散曲线的变化，详细讨论了偏离周期性平面的波矢分量对三种晶格色散曲线和禁带的影响。随 k_z 增加，能带的表现为：所有能带均向高频端移动，低阶能带移动明显，且趋于平坦化。低阶能带的明显变化，使原来没有禁带的能带间出现禁带，能带间已存的禁带变小或消失，这些变化将会对利用光子晶体抑制自发发射和作为反射镜应用产生影响。在禁带的一些应用中，三种晶格性能的比较结果为：三角晶格、蜂巢状晶格比正方晶格更能有效地减少自发发射几率，三角晶格比蜂巢状晶格更能有效地发挥反射镜作用的结论。

本章还讨论了对于给定的能带结构，光子晶体如何通过自己的周期结构控制晶格中光的传输方向，以及深入讨论了光子晶体周期结构决定的负折射效应。

第五章　光子晶体制作方法

在前几章中，给出了多种一维和二维光子晶体的结构形式，并对一维、二维光子晶体的性质进行了较深入的讨论。对于光子晶体材料而言，理论设计固然重要，但更为重要的是如何实现设计的光子晶体结构。自从光子晶体概念提出以来，科学家们已利用多种光子晶体制作技术制作出具有不同结构形式的光子晶体，且有些技术已经比较成熟。

实际上，自然界就存在着天然的光子晶体结构，如蛋白石和蝴蝶翅膀等。由于这些天然的周期性结构对不同方向、不同频率的光具有不同的散射和透射特性，所以我们可以看到它们在日光下会呈现出美丽的色彩。尽管存在着这些天然的光子晶体材料，但这些材料除了不存在完全光子晶体禁带外，也很难用于基于半导体材料的光集成和光电集成领域。因此，人工制造具有特定性质的光子晶体结构，就成为光子晶体材料能被广泛应用的基础。

目前，人们已开发出多种光子晶体加工技术，且研制的光子晶体器件已经从微波波段推进到近红外波段。总体而言，这些光子晶体制备方法可以分为两大类：自上而下的精密加工法和自下而上的自组装法。其中自上而下的加工方法主要采用光刻手段在不同材料上制作光子晶体图形，所以这种加工方法取决于光刻技术的分辨能力，而自下而上加工技术主要是采用现代化学加工工艺制备光子晶体结构，包括自组装方式、原子层外延、化学气相淀积和分子束外延等技术。自上而下的加工方法优点是器件加工过程可控，缺点是加工成本很高，而自下而上的加工方法优点是加工成本低，缺点是器件加工过程的控制能力较差。

第一节　精密加工法

一、机械加工法

由于微波波段光子晶体的晶格常数在厘米至毫米量级，所以制作起来比较容易，用机械方法就可以实现。早期的光子晶体结构多是采用这种方法制备的。1991 年，Yablonovitch 利用机械打孔的方法，成功制作出了世界上第一个具有完全禁带的三维光子晶体结构，如图 5.1 所示。该光子晶体是在 GaAs 基片上，先覆一层呈三角阵列排布的圆孔图案掩模板，如图 5.1(a) 所示，然后利用机械打孔的办法，对每个圆孔沿偏离法线35.26°的角度向平板基片内打孔三次，三次打孔的夹角为120°，于是就在基片上形成了近椭球圆柱形的“空气原子”，构成金刚石结构，如图5.1(b)所示。理论计算表明：该结构具有完全的光子禁带，其禁带位置在微波波段，禁带宽度达19%。尽管Yablonovitch等人制作的这一光子晶体的禁带宽度处于微波波段，但其取得了理论计算与实验结果的完美吻合，实现了对三维光子晶体存在完全禁带的首次验证，其实验结果在光子晶体研究过程中具有里程碑的意义。因加工精度的限制，机械加工方法仅能制备微波波段的光子晶体，要得到可见光和近红外波段的光子晶体结构，必须采用更为精细的加工手段。

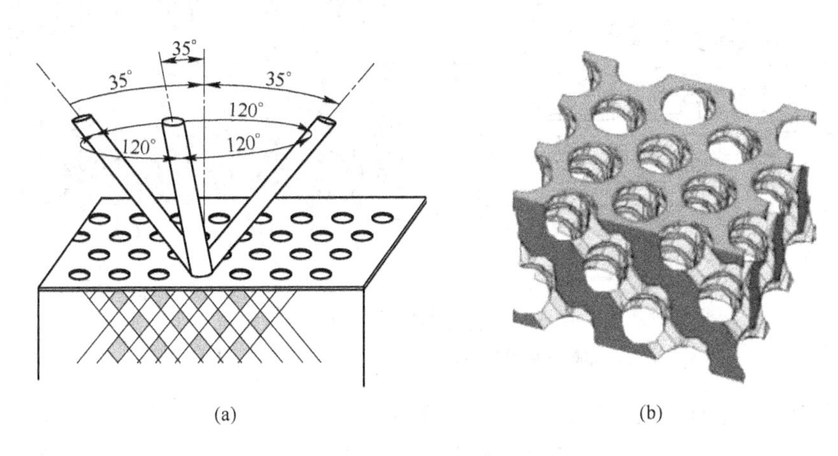

图5.1 机械加工法制备金刚石结构的三维光子晶体
(a) 打孔方位；(b) 形成的三维结构

二、层层叠加技术 (Layer - by - layer)

层层叠加技术是以介质棒为基本单元构成的三维光子晶体结构。在制作三维光子晶体的过程中，先将数个介质棒排列成二维光子晶体，然后通过层叠数个二维光子晶体层实现所设计的三维光子晶体结构，如：相邻二维光子晶体层的介质棒的排列方向相互垂直，第三层二维光子晶体相对于第一层二维光子晶体存在0.5个晶格长度的位移，所以每四层便构成了一个重复周期，如图5.2(a)所示。S. Y. Lin等人将外延生长技术与离子束刻蚀技术结合在一起，在硅衬底上制作出了多晶硅棒层层叠加的三维光子晶体结构，如图5.2(b)所示。该光子晶体在10~14μm的红外波段出现完全光子禁带。S. Y. Lin等人的制作方法为先在硅衬底上生长SiO_2层，再利用刻蚀技术在SiO_2层上刻蚀出周期性的沟槽结构，然后再往沟槽中沉积多晶硅，并对其进行表面抛光，从而制作出单层周期性排列的多晶硅沟槽结构。重复上述生长SiO_2层、刻蚀SiO_2层、多晶硅沉积和表面抛光步骤，可形成多晶硅棒周期性堆积在 SiO_2 背景中的光子晶体结构，最后利用 HF 溶液腐蚀掉背景中的 SiO_2。但由于刻蚀中存在对准工艺偏差，导致这一光子晶体结构存在制作偏差，所以其光子禁带的效果并不明显。许多研究者详细论述了从微波到远红外波段的几种层叠结构构成的三维光子晶体的制作方法，如干法刻蚀、晶片键合、晶片融合和激光束衍射刻膜技术等，其可在 11.7 ~ 13.5GHz 的频率范围获得光子禁带。

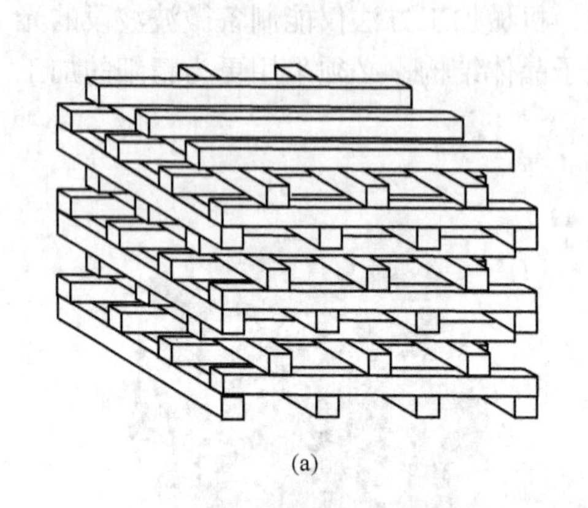

(a)

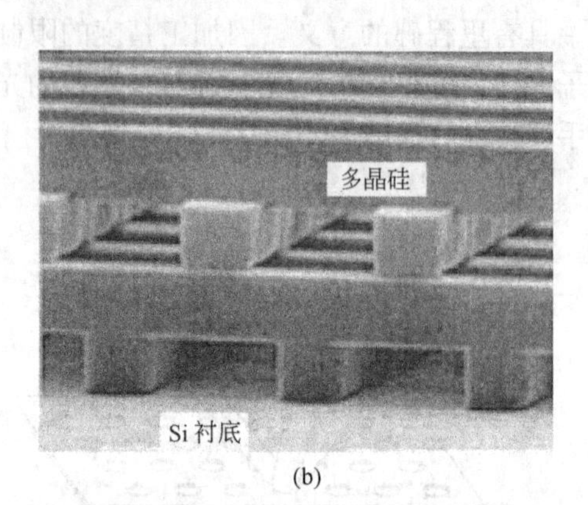

(b)

图 5.2 层层叠加技术示意图
(a) 层层叠加技术层叠效果图；(b) 多晶硅三维光子晶体结构

由于层层叠加技术可精确控制介质棒的排列位置，且其刻蚀过程中可方便地植入缺陷，所以在制作光子晶体结构中的点缺陷和线缺陷时，这种技术显示出特别的优势。但这种技术的不足之处是需要镀膜、光刻、刻蚀以及高级显微机械系统的配合，所以工艺较繁琐，造价十分昂贵。

三、光刻技术

光刻技术直接决定了集成电路中单个器件的临界尺寸，所以在集成电路的迅速发展中，光刻技术的发展起到了极为关键的作用。在制作光子晶体的“自上而下”的加工技术中，光刻工艺的作用尤其显著。光刻技术的基本原理是利用光致抗蚀剂（或称光刻胶）感光后因光化学反应而形成耐蚀性的特点，将掩模板上的图形转移到被加工的表面上，如图 5.3 所示。光刻技术主要受限于工艺因子、光源波长和数值孔径，即著名的瑞利公式：

$$R = \frac{k_1 \lambda}{NA} \tag{5.1}$$

式中，k_1 为工艺因子；λ 为入射光的最小波长；NA 为数值孔径。光源从早期的 g (436nm) 和 i (365nm) 谱线光源到 KrF（远紫外线 248nm）、ArF（深紫外线 193nm）和 F_2 (157nm) 等准分子激光光源，更有采用缩短入射波长的新型浸润

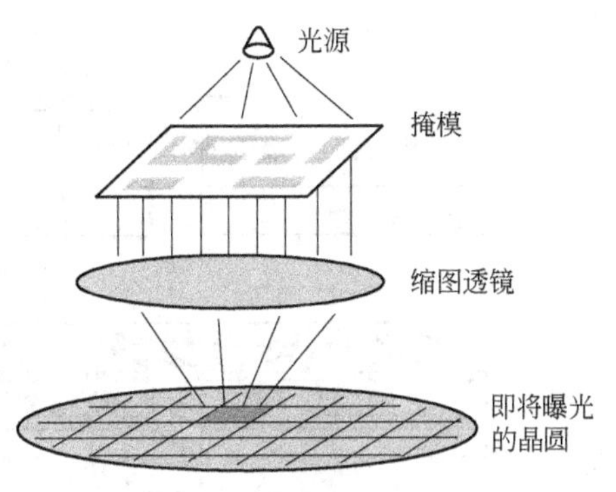

图5.3 光刻技术的基本原理

光刻机出现，且已经形成45nm精度的产能。数值孔径从早期的0.28nm提高到最新报道的1.6nm。数值孔径也不宜过大，因成像景深随数值孔径的减小呈平方减小，数值孔径过大，景深会大幅度减小。通过改善照明条件和改进掩模设计，如光学临近效应校正、移相掩模和离轴照明等，可使工艺因子 k_1 缩小，甚至可使 k_1 值接近0.25nm的极限。目前主流光刻技术为：248nm的深紫外（DUV）光刻技术（光源为KrF准分子激光），其特征尺寸为0.10μm；193nm DUV光刻技术（光源为ArF准分子激光），其特征尺寸为90nm和193nm的浸润式光刻技术（光源为ArF准分子激光），其特征尺寸为65nm。随着新型光刻技术的不断出现，如EUV光刻、紫外线光刻、电子束投影光刻、X射线光刻、离子束光刻和纳米印制光刻等，目前光刻技术的加工能力正朝着几十纳米乃至几个纳米特征尺寸的方向快速发展。

在利用光刻技术制备光子晶体过程中，光刻技术主要借助于光刻胶进行图形转移（将掩模板上设计好的光子晶体微结构，转移到光刻胶上，经显影形成光子晶体微结构），然后利用不同的刻蚀技术刻蚀材料完成光子晶体的成型，如图5.4所示。图5.4是利用光刻技术与刻蚀技术结合，在SOI材料（Silicon－On－Insulator，绝缘衬底上的硅）制备二维光子晶体薄板的流程图。这种准三维光子晶体结构是平板波导与二维光子晶体的复合结构，其在平面内借助于二维光子晶体限制光和在垂直方向借助平板波导约束光，从而在一定程度上实现了三维光子晶体的性质。无疑，利用光刻技术制备的光子晶体性质，取决于刻蚀后图形的分辨力和陡直度，而这又与曝光显影后光刻胶上图形的分辨力和陡直度息息相关。制作过程中，曝光、显影工艺过程的分辨力和均匀性，以及掩模板的精度以及掩模板到光刻胶图形传递过程，都是产生加工误差重要因素。

重点对光子晶体加工的两种先进光刻技术，即极紫外光刻和电子束光刻技术存在问题、发展趋势、应用前景进行一简单介绍。

（一）极紫外光刻技术

极紫外光刻技术（Extreme Ultraviolet Lithography），常称作EUV光刻，它是以波长为10～14nm的极紫外光作为光源的光刻技术，其可使曝光波长一下子降到13.5nm，它能够把光刻技术扩展到32nm特征尺寸以下。这种技术是目前可见－近紫外投影光刻技术向软X射线波段（1～30nm）的延伸，因此其有可能成

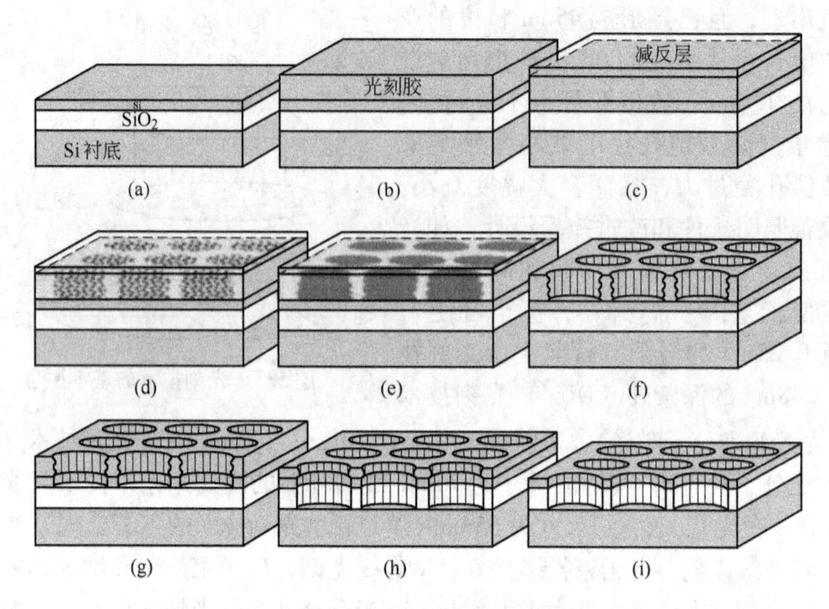

图 5.4　SOI 材料制作二维光子晶体薄板示意图

（a）裸硅；（b）涂覆光刻胶；（c）涂覆上表面减反层；（d）曝光；
（e）烘焙；（f）显影；（g）刻蚀；（h）氧化物刻蚀；（i）光刻胶剥离

为未来纳米集成电路制造的较佳候选者。另一方面，这种技术的设备价格昂贵，维护成本极高，同时极紫外光在介质中的吸收，决定了其需要在真空环境下才能进行光刻，而光刻所需的掩模必须为无缺陷反射式多层膜结构，制作成本相当高，因此该技术的普及还存在一定的困难。

（二）电子束光刻技术

电子束光刻技术（Electron Beam Lithography，EBL）采用高能电子束对光刻胶进行曝光从而获得结构图形，由于其德布罗意波长为 0.004nm 左右，电子束光刻不受衍射极限的影响，可获得接近原子尺度的分辨率和光刻分辨力。电子束光刻由于可以获得极高的分辨率并能直接产生图形，不但在 VLSI 制作中已成为不可缺少的掩模制作工具，也是加工用于特殊目的的器件和结构的主要方法。

光学光刻目前所达到的分辨力用电子束在多年以前就已达到。电子束曝光利用电磁场将电子束聚焦成微细束，辐照在电子束光刻胶上。由于电子束可方便地由电磁场偏转扫描，复杂的电路可直接写在硅片上而无需使用掩模板。由电子束曝光制作的最小器件尺寸可达 10nm 以下。电子束曝光的缺点是：

（1）生产效率低。由于电子束采用把电路图形依据像素点位置逐个地扫描曝光到硅片上，速度极慢，无法适应大工业批量生产的需要。

（2）电子的散射易造成邻近效应。由于电子质量极轻，在光刻胶中的散射范围很大，这些散射电子会影响邻近电路图形的曝光质量，导致曝光在芯片上的图形尺寸与掩模板上的图形尺寸没有简单的对应关系。因此，如何克服邻近效应和提高生产效率，一直是电束曝光技术中的一个重要研究课题。

四、纳米压印技术

纳米压印技术（Nanoimprint Technology）的定义为：不使用光线或者辐照使光刻胶感光成形，而是直接在硅衬底或者其他衬底上利用物理作用机理构造纳米尺寸图形。纳米压印技术是美国普林斯顿大学华裔科学家周郁在1995年首先提出的。传统纳米压印技术主要有三种：热塑纳米压印技术、紫外固化压印技术和微接触纳米压印技术。纳米压印技术具有生产效率高、成本低、工艺过程简单等优点，已被证实是纳米尺寸大面积结构复制最具发展前途的下一代光刻技术之一。

（一）热塑纳米压印技术

Si(air | Si)$_8$ 结构主要的工艺流程。如图5.5所示：制备高精度掩模板（一般采用硬度大和化学性质稳定的SiC、Si_3N_4、SiO_2），然后利用电子束刻蚀技术或反应离子蚀刻技术来产生图案；利用旋涂的方式在基板上涂覆光刻胶（常见的是PMMA和PS），加热至光刻胶的玻璃化转换温度（Tg）之上50～100℃，然后加压（500～1000kPa）于模板并保持温度和压力一段时间，液态光刻胶填充掩模板图形空隙；降低温度至Tg以下后脱模，将图形从模板转移到基片光刻胶上，采用反应离子刻蚀去除残留光刻胶，完成图形向基板上转移。为了减小空气泡对转移图案质量的影响，整个工艺过程都要在小于1Pa的真空环境中进行。热塑纳米压印技术一个最主要的特点是需要将光刻胶加热到玻璃化温度之上，常采用加热板加热，此方法在加热的过程中会造成热量的散失；加热和降温的过程，会浪费大量的时间，不利于批量生产的需求。

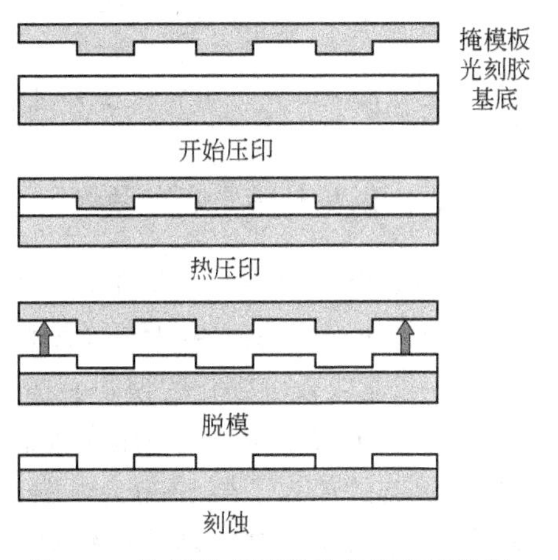

图5.5　热塑纳米压印技术流程示意图

（二）紫外固化纳米压印技术

紫外固化纳米压印技术由德州大学C. G. Willson教授提出。主要工艺过程：先制备高精度掩模板，而且要求掩模板对紫外光是透明的，一般采用SiO_2材质作为掩模板；在基板上旋涂一层液态光刻胶，光刻胶的厚度为 600 ~ 700nm，光刻胶要求黏度低，对紫外光敏感；利用较低压力将模板压在光刻胶之上，液态光刻胶填满模板空隙，从模板背面用紫外光照射，紫外光使光刻胶固化；脱模后用反应离子蚀刻方式除去残留光刻胶，将图案从模板转移到基板上。压印过程如图 5.6 所示。紫外固化纳米压印技术与热塑压印技术相比不需要加热，可以在常温下进行，避免了热膨胀因素，也缩短了压印的时间；掩模板透明，易于实现层与层之间对准，层与层之间的对准精度可以达到 50nm，适合半导体产业的要求。但紫外固化纳米压印技术设备昂贵，对工艺和环境的要求也非常高，没有加热的过程，光刻胶中的气泡难以排出，会对细微结构造成缺陷。

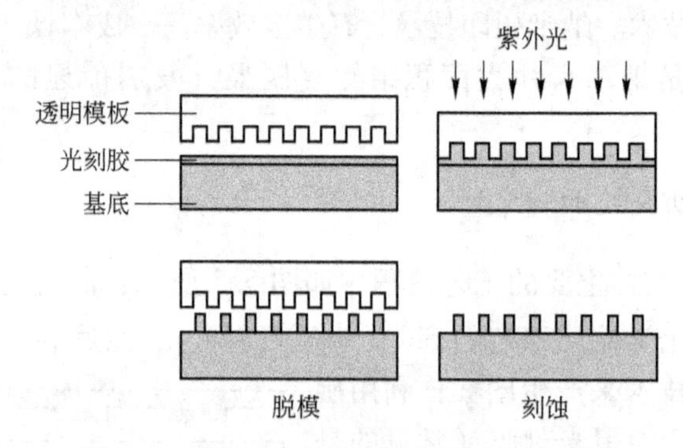

图 5.6　紫外固化纳米压印技术流程示意图

（三）微接触纳米压印技术

微接触纳米压印技术由哈佛大学的 G. M. Whitesides 等人提出，工艺过程如图 5.7 所示：用光学或电子束光刻技术制得掩模板，用一种高分子材料（一般是 PDMS）在掩模板中固化脱模得到微接触压印所需的模板；将模板浸没到含硫醇的试剂中；再将 PDMS 模板压在镀金的衬底上 10 ~ 20s 后移开，硫醇会与金反应生成自组装的单分子层 SAM，将图形由模板转移到衬底上。后续处理工艺有两种：一种是湿法蚀刻，将衬底浸没在氰化物溶液中，氰化物使未被 SAM 单分子层覆盖的金溶解，这样就实现了图案的转移；另一种是通过金膜上自组装的硫醇

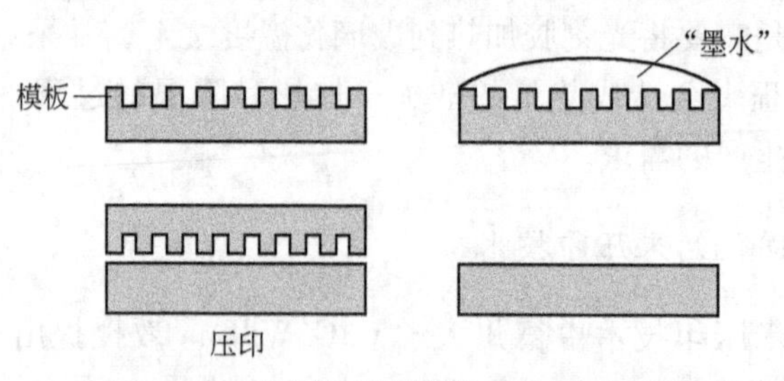

图 5.7　微接触纳米压印技术流程示意图

单分子层来链接某些有机分子，实现自组装，此方法最小分辨率可以达到35nm，主要用于制造生物传感器和表面性质研究等方面。

在纳米压印技术的发展历程中，近年出现了一些新的实现方法，或者是在传统技术上进行改进，如激光辅助纳米压印技术、静电辅助纳米压印技术、气压辅助纳米压印技术、金属薄膜直接压印技术、超声波辅助熔融纳米压印技术、弹性掩模板压印技术和滚轴式纳米压印技术等。

目前的纳米压印技术也存在着一定的技术难题。由于纳米压印的压印模板通常需要其他纳米光刻手段，如电子束光刻等进行制备，因此对其他的纳米光刻技术有着很强的依赖性。同时在纳米压印的效果对所使用的压力等有较大的依赖，因此从模板制备和压印难度的角度看，实现大面积压印的难度较高，同时纳米压印的套刻技术也存在着较大的困难，因此目前纳米压印的研究仍然仅限于实验室研究，如制造量子磁碟、DNA 电泳芯片、生物细胞培养膜、GaAs 光检测器、波导起偏器、硅场效应管、纳米机电系统、微波集成电路、亚波长器件、纳米电子器件、纳米集成电路、量子存储器件、光子晶体阵列和 OLED 平板显示阵列等，很少用于集成电路制造。从其发展趋势来看，纳米压印技术的应用领域将不限于集成电路制造业行业，其会逐渐成为微纳加工技术的一种重要方式。

五、光学方法

（一）激光直写光刻技术

激光直写技术是将计算机产生的图形数据与微细加工技术结合起来，由计算机控制聚焦短波长激光直接在光刻胶和其他材料上，通过物理或化学反应形成图形。激光直写技术具有扫描速度快、扫描范围广、材料选择范围大等特点，所以其已经成为加工包括光子晶体在内的微纳光学器件的基本技术。

（二）激光全息技术

自激光全息技术发明以来，激光全息技术的应用领域和范围不断拓展，对相关技术和行业的影响越来越大，尤其是近年来随着激光全息技术与其他学科技术的综合运用，激光全息技术更展现了它的巨大应用前景。激光全息法实现光子晶体的基本原理是：当几束相干光叠加时相干区域会形成类似晶格结构的干涉图案。理论上已经证明，14 种三维布拉菲格子，甚至具有最大光子禁带的金刚石结构都可以通过四束光的全息干涉实现。牛津大学、剑桥大学、加拿大 Toronto 大学、德国 Karlsruhe 大学等研究小组用群论理论分析了所需光子禁带结构的光束参数，给出了对实验有指导意义的结论。

图 5. 8 给出了这种全息光刻装置的示意图。半导体样品浸在腐蚀液中，当激

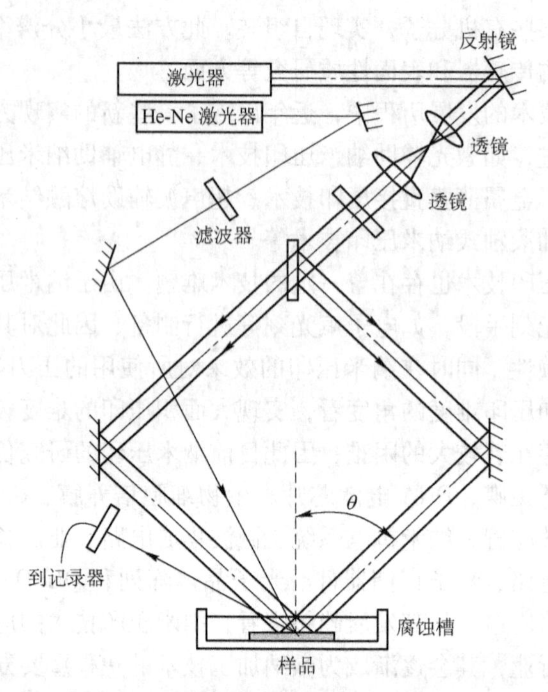

图 5.8　全息激光光刻与光诱导湿法化学腐蚀工艺示意图

光束在半导体晶片表面形成光栅图样时，由于激光光诱导液相腐蚀作用，在半导体表面形成光栅图形，其周期为：

$$S = \lambda/(2n\sin\theta) \tag{5.2}$$

式中，λ 是入射激光波长；n 是腐蚀液的折射率；θ 为光束的入射角。改变相干激光束的入射角，能制备各种尺寸的二维光子晶体光栅结构，满足 DFB 激光器 0.1 ~ 0.3μm 周期光栅的要求。为能实时监测光刻过程，光刻装置中增加了一个 He - Ne 激光器（632.8nm）。这束激光在形成的光栅结构上反射，方便监测腐蚀结果。

相对于其他制作方法，用激光全息术制备光子晶体有许多优点，如易于制作大面积均匀的周期性结构，晶格结构设计灵活，造价低，方便快捷等。值得一提的是，国内外虽然已经可以用激光全息技术制作出高质量的三维光子晶体，并且 Janusz Murakowski 等人提出了用电子束刻蚀的方法引入缺陷，但是这仅仅局限于实验室中，制作出的光子晶体的面积仍然较小。激光全息技术的实用化还需要克服以下几点困难：

（1）消除光源的不均匀在干涉图样上引起的不均匀性。

（2）找出一种高折射率的填充物。

（3）设计出引入缺陷的方法。只有这样才能有效地实现光子晶体器件集成化，最终实现光子晶体的产业化。

六、其他方法

除以上方法外，制作光子晶体的其他精确加工法多需基于光刻技术进行，如干法刻蚀技术和湿法刻蚀技术。

第二节 自组装法

所谓自组装（Self - assembly），是指基本结构单元（分子、纳米材料、微米或更大尺度的物质）自发形成有序结构的一种技术。在自组装的过程中，基本结构单元在基于非共价键的相互作用下自发的组织或聚集为一个稳定、具有一定规则几何外观的结构，如图5.9所示。图5.9是在烧杯中组装SiO_2面心立方三维光子晶体结构示意图。组装过程中，溶液中的SiO_2胶体颗粒，会在衬底上自发的形成面心立方结构。

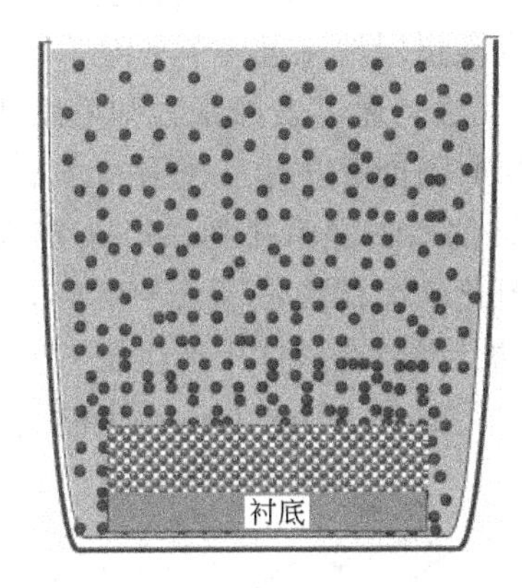

图5.9 用自组装方法制备SiO_2面心立方三维光子晶体结构示意图

一、常用自组装方法

自组装法主要利用亚微米或微米球体的胶体（Colloids）或悬浮液（Suspensions）通过自组装过程制备蛋白石类（Opal）光子晶体（也称为Colloidal crystals，胶体晶体），用其他物质渗透，移走模板，就得到蛋白石的反相结构，如图5.10所示。

目前，自组装方法有：重力沉积、电泳辅助沉积、垂直沉积（Vetical deposition，VD）等方法。常用的渗透技术包括液体浸泡（Soaking）、化学气相沉积法（Chemical vapor deposition，CVD）、电沉积等。沉积法是一种自组装过程，在这一过程中胶体微粒在溶液中散开，由于重力和非共价力的相互作用，沉向容器底部，形成接近密堆积的结构。通过精确控制胶体微粒的沉积速度，可以得到单一

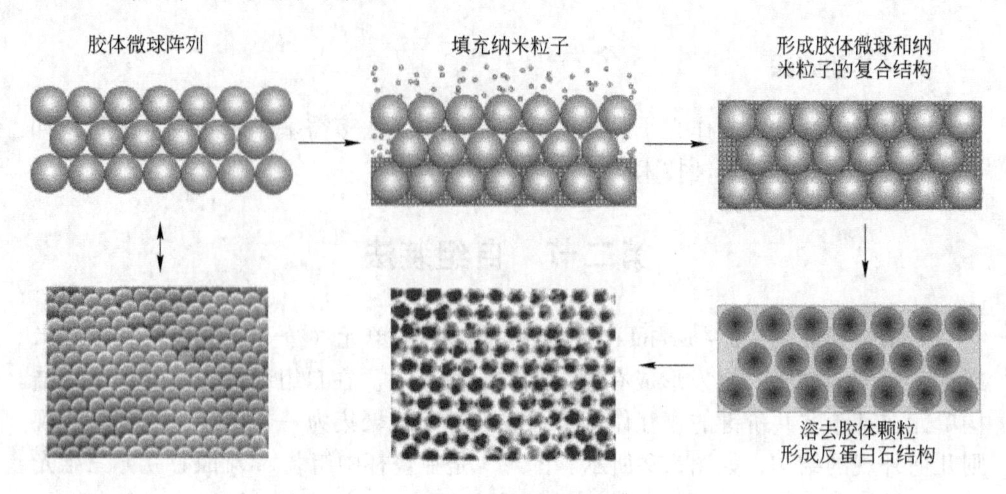

图 5.10 蛋白石的反相结构的制作过程

的材料，如图 5.11(a) 和图 5.11(f) 所示。自组装的另一种方法是狭缝过滤法，即通过使用外力，将悬浮乳液慢慢地流过一个平滑、带有窄孔的膜进行过滤，如图 5.11(e) 所示。溶液蒸发法是通过表面张力和毛细作用导致粒子靠近，两相邻的粒子在其沉积在衬底层时可能存在相互作用。许多研究小组能够用溶液蒸发方法将胶体微球制作成二维的六方晶系排列，Jiang 等人还制作出多层的不同颗粒大小的三维晶体结构。电化学沉积法是将悬浮液放在电场中，电流通过悬浮液时加速了粒子向电极的运动，导致在液体中产生压力梯度，使胶体粒子在电极附近沉淀，如图 5.12 所示。利用这一方法，Trau 等人制成了 SiO_2 球（直径 0.9μm）

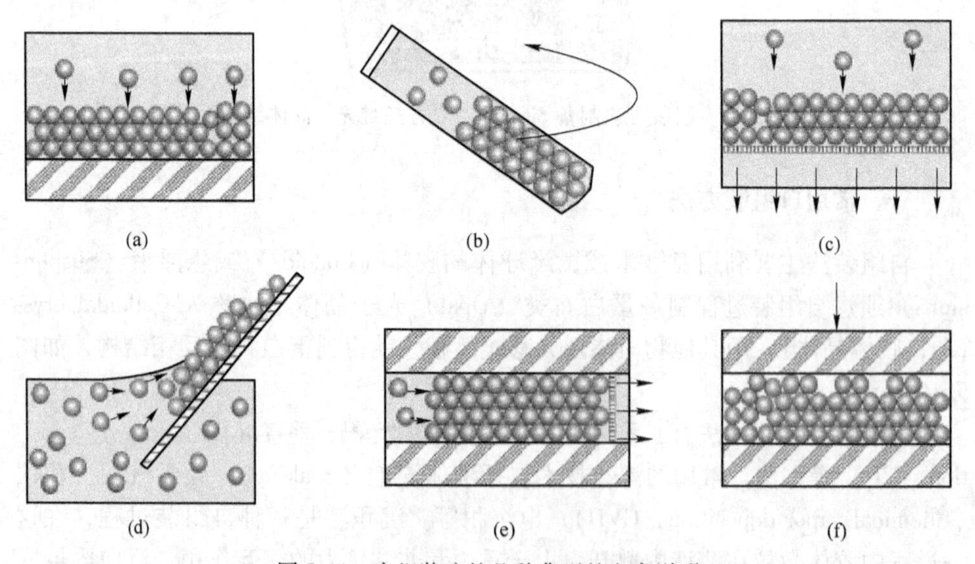

图 5.11 自组装法的几种典型的方案说明

(a) 沉降；(b) 离心力；(c) 过滤筛选；(d) 2D 沉积；(e) 狭缝过滤；(f) 加压

和 PS 球（直径为 2μm）的有序晶层。另外，漂浮堆积法（Float packing method）和乳液液滴法（Emulsion droplets method）也可以制备光子晶体。

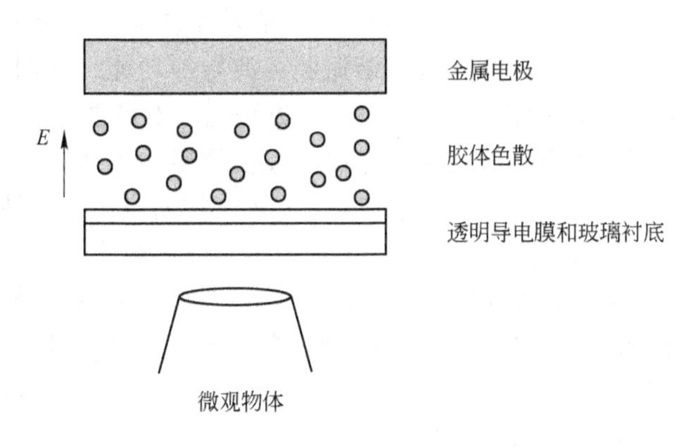

图 5.12　电场辅助下的自组装过程

二、自组装方法的一般过程

自组装方法的一般步骤如下：

（1）合成胶体微球：单分散性好的 PS 或 SiO_2 微球，既可以在实验室合成，也可以商业购买。

（2）自组装人工蛋白石：通过自组织生长，胶体微粒能够自发排列成有序结构，即人工蛋白石结构。

（3）人工晶体的烧结：烧结温度以略高于玻璃化转变温度为宜，烧结还可以增加球体颗粒之间的相互作用，而轻度熔解的球体表面会形成隘口，也提供了蛋白石力学稳定的条件。

（4）充填高折射系数材料：在球体颗粒的空隙之间填入高折射系数的材料，常用的方法有：浸泡、过滤和化学气相沉积等方法。

（5）去除模板：煅烧对移走聚合物等有机物模板有效；湿法浸蚀则对有机物和无机的模板移除有效。

三、自组装的主要特点

自组装方法制备光子晶体主要有如下优点：

（1）容易制备三维体系：物理方法制备光子晶体的精度很高，在二维平板的制作中非常成功，但是在制作三维体系时却遇到刻蚀等方面的困难。由于自组装过程中，单分散性好、各向同性的 PS 或 SiO_2 胶体微球能够自动形成面心立方的三维结构，比较容易制作出高质量的蛋白石结构，从而解决了这一困难。

（2）光子晶体的禁带位置可以通过微球的尺寸大小进行控制。而胶体微球在一定尺度范围内容易合成，且制作成本非常低，不需要大型或昂贵的仪器。

(3) 在光子晶体反相结构中，可以填充不同的材料，如半导体、金属、聚合物和有机溶液等，从而实现不同的用途。

(4) 可以结合其他方法，如平面印刷、光刻等技术，在光子晶体内部植入点、线或面缺陷，这些缺陷可以起到谐振腔、波导等功能，如图 5. 13 所示。图 5. 13 是利用自组装方法制作的波导。自组装方法也有不足之处：

(1) 自组装方法所得到的胶体晶体往往存在很多的晶体缺陷，如球粒脱落、晶相位错等问题，质量远达不到实际应用的要求。如何避免这些缺陷，得到大面积、高质量的蛋白石光子晶体一直是很多研究的重点内容。

(2) 各种自组装方法都有自己的缺点，例如：尽管重力沉积和离心沉积被认为是目前最简单的组装方法，但却不能控制光子晶体结构的层数及上表面的形貌，在力场方向上的密度和有序性也不完全一致。另外，任何干扰都会导致胶体晶体的多相混合或者破坏晶体的形成。

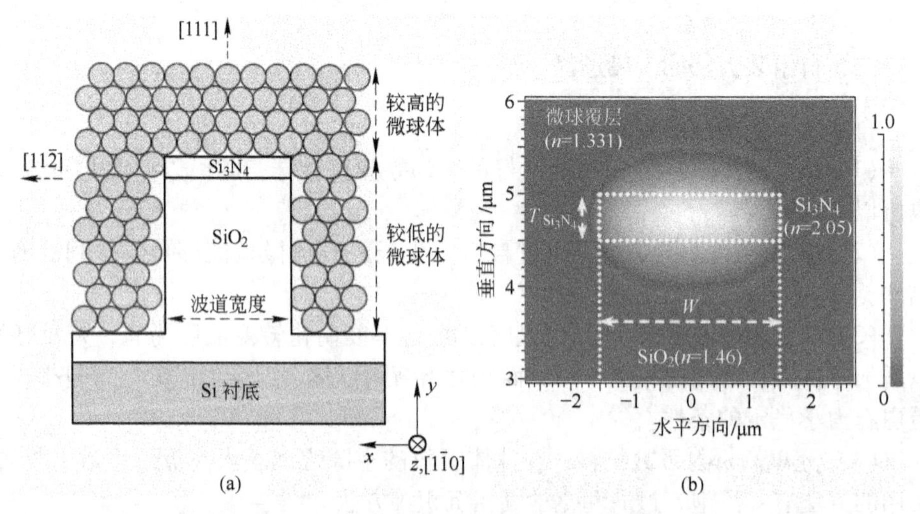

图 5. 13 利用自组装方法制作波导

(a) 结构示意图；(b) 光场分布

四、三维光子晶体中人工缺陷的制作

三维光子晶体体系潜在的应用很多，如低损耗波导、光学谐振腔、零阈值的微激光、发光二极管、光开关、可调滤波器等，但这些都需要在光子晶体内部精确地植入很好界定的人工缺陷。与晶体本身缺陷不同，这些人工缺陷是人为设计的，通常分为线缺陷、面缺陷和点缺陷等形式，以实现谐振腔和波导等功能。线缺陷作为波导，比传统的波导具有低损耗、可以大角度弯曲等优点。制作线缺陷波导的方法一般可以分为两类：

(1) 自组装方法结合激光扫描显微共焦 (Laser scanning confocal microscope)

或多光子聚合（Multiphoton polymerization）等方法，直接在胶体晶体上产生线缺陷。这一方法的优点是比较简单，但是不能在晶体内部很深的地方产生缺陷，而且由于分辨率的原因制作的最小缺陷只能在微米左右，如图 5. 14 所示。图 5. 14 是利用自组装方法制作的线缺陷波导。

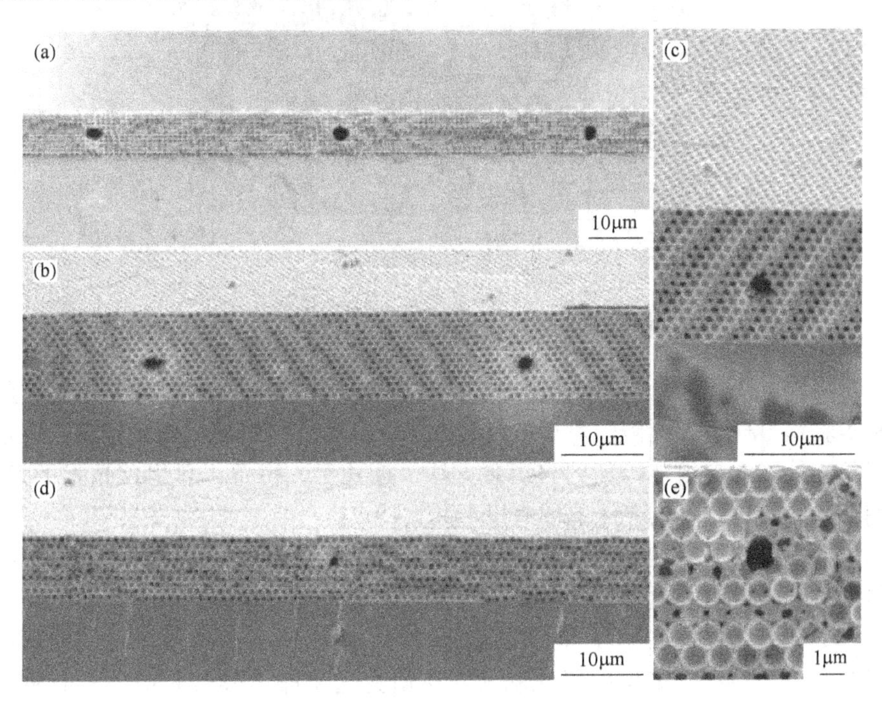

图 5. 14 利用自组装方法制作的波导

（2）自组装方法结合模板方法，可在胶体晶体中产生线缺陷。这一方法的优点是缺陷形状可以多样，并且可以通过控制光刻胶的类型、旋涂时间等来控制缺陷的尺寸。反过来，这些也是影响缺陷成功设置的因素。制作三维光子晶体的面缺陷多采用层 - 层（Layer - by - layer）沉积方法，完成嵌有面缺陷光子晶体的自组装。缺陷层可以是不同折射率的材料，也可以是不同尺寸的同种材料。为了精确研究缺陷层的性质，许多研究将缺陷层铺为单层，具体采用的方法有：Langmuir - Blodgett 方法、旋涂（Spin - coating）方法等。点缺陷可以作为微型谐振腔，对一定频率的光子局域或发射，如图 5. 15 所示。光子晶体微腔具有很高的品质因数，是制作微型激光器的理想材料。实验中可采用刻蚀、激光书写等物理方法，这些方法可以精确确定点缺陷的位置，但是具体的制作过程要借助电子束图形产生、制作掩膜、等离子体刻蚀等多种工艺，非常复杂。此外，制作点缺陷，也可以采用模板引导自组装与纳米压印光刻技术（Nanoimprint lithography）相结合的方法。

图 5.15　利用自组装方法制作的点缺陷构成谐振腔的两个模式

五、自组装方法的展望

自组装方法在近几年得到了迅速发展，无论利用这种方法制作光子晶体的理论和实验均出现重大突破。对于自组装方法本身而言，出现了电场辅助、磁场辅助以及红外辅助自组装等新的自组装方法。近几年，得益于自组装技术的发展，利用自组装方法制备的光子晶体有以下几大特点：

（1）材料多样化。除了常用的材料，比如 PS 和 SiO_2 等，硅和锗等高折射系数的材料适合自组装过程，为制备具有完全禁带的光子晶体奠定了基础。

（2）结构复杂化。除了球形的组成基元，还出现了椭圆形以及其他形状的组成基元。各种不同结构的组成基元对于研究光子晶体禁带和应用具有重要意义。此外，除了一元结构，二元甚至三元结构都已经可以制备。

（3）功能新颖化。各种具有特殊功能的光子晶体层出不穷，有的光子晶体的禁带可以被温度调节，有的可以被电场或者磁场调节，这些可以用作传感器。而带有缺陷的光子晶体，更是可以用作光波导以及微型谐振等。

尽管目前自组装方法制备的光子晶体已经能够满足光化学领域的某些实际应用，比如光催化、化学传感器和光伏电池等，但是其制作水平还远达不到光信息处理等领域的技术要求。化学自组装方法制备光子晶体的特点是容易制备三维体系，并且成本非常低。但是，单一化学法制作光子晶体，首先受到使用材料的限制，很难采用较高折射率的半导体材料；其次，受到制备结构的限制，通常只形成面心立方结构；最后，受到制作面积的限制，不能很大面积地制备。更重要的是制作的晶体常存在缺陷，质量达不到实际应用的要求。因此，大面积制作无缺陷的光子晶体将是今后自组装方法研究的重点和方向。这也是自组装方法制备的光子晶体能否得到应用的前提和关键。

对于制备高质量的光子晶体，人们虽然设计了不同的途径来提高胶体晶体的质量、控制晶体的结构，但这些方法过程复杂且重复性低。要改变这些因素，需要从以下几个方面不断进行探索：

（1）进一步研究自组装的机理。尽管有很多研究者对自组装的机理进行了研究，但是至今还未研究清楚。影响自组装的因素很多，从力学角度看，自组装过程关键是需要其他力来平衡重力和 vander waals 力，使微球均匀沉积，形成接近密堆积的结构。这些力可以是表面张力、静电力、毛细作用力等，因此产生了不同的自组装方法。从热力学上讲，原子或分子趋向形成吉布斯自由能最低的结构。自组装生长趋势接近面心立方结构和六方结构，由于两种结构的自由能差别很小，沉积法很难得到单相的晶体，需要对有关因素作进一步探索。

（2）需要解决一些技术层面的问题。当组成光子晶体的基元直径在十、百微米级时，会对具体自组装方法提出新的问题，如采用毛细辅助沉积法，需要总结重力和毛细作用力之间的竞争规律，而对于重力对晶体结构的影响，可以采用有机物修饰球的表面，或者使用比重较大、挥发性大的分散介质等。从溶剂角度来说，目前流行的方法不能随意选择溶剂，改变溶剂会影响所制备光子晶体薄膜的厚度和均匀性，甚至影响整个沉积过程而使得沉积无法完成，而光子晶体膜厚度的变化会影响薄膜中裂缝的形成和分布，使得不同溶剂条件下所得晶体薄膜的结构和性质不具可比性。另外，由于选用材料不同，填充过程也存在明显的区别，由于煅烧还会出现变形、裂缝等情况，这些因素也不利于采用自组装后再填充介质，制作反相蛋白石结构。

（3）要结合物理方法和化学自组装方法的各自优点，尤其是在制备带有各种缺陷的光子晶体时，这两种方法的结合尤为重要。物理方法在确保结构的精确和晶体材料的长程有序等方面具有优势，但是成本高、耗时，而且制备三维光子晶体比较困难。化学自组装虽然简单、方便、成本低，而且也比较容易实现三维结构的光子晶体，但是由于其本身的性质，经常带来某些缺陷或者位错。越来越多的研究表明，单纯应用一种方法很难制作复杂的光子晶体。除了继续改进自组装方法外，将“自下而上”的物理方法和“自上而下”的化学自组装方法相结合将是今后制备光子晶体，特别是功能化光子晶体器件的重要发展方向。

第六章　集成光学用光子晶体器件

目前，以“光波”为载体的信息传递方式和数据处理的方式都得到了极大的发展，但光器件的应用潜力仍远未挖掘出来。扩大光器件的应用潜力，以便使其在未来信息社会中发挥更大的作用，就必须使光器件向集成化方向发展，因为相对于传统分立的光电子器件，光集成器件优势明显：各功能模块可以集成在一个芯片上，这样就大大降低了器件的尺寸、制作工艺的难度和成本、器件互联的噪声，继而提高了器件的可靠性、灵敏度、成品率和高速度。

本章从介绍集成光学的现状和发展趋势入手，分析了集成光器件对制作材料的基本要求；阐述了一维光子晶体高阶禁带的性质和制作方法。最后用一维光子晶体高阶禁带制作了一维光子晶体反射式滤波器。

第一节　集成光学简介

集成光学的概念早在 1969 年就已被美国贝尔实验室的 Miller 博士提出。它是在光电子学和微电子学基础上，采用集成的方法研究和发展光学器件和混合光学 - 光电子学器件系统的一门新的学科。由于集成光学继承并发展了光学和微电子学的固有技术优势，将传统的由分立器件构成的庞大系统变革为集成光学系统，所以其不仅比离散元器件构成的光学系统具有巨大的优势，并且与微电子系统相比其具宽带、高速、高可靠、抗电磁干扰、体积小、质量轻、成批制备经济性好等优点。而这些特点也决定了其必会在未来的信息社会中起到基石和支柱的作用。目前集成光学主要是研究和开发光通讯、光学信息处理、光子计算机和光传感等所需的多功能、稳定、可靠的光集成体系和混合光电集成体系等。

一、集成光学的基本技术途径

由于光集成所涉及的内容和技术远比微电子器件集成复杂，所以尽管借助了微电子器件集成的基本技术和大量集成经验，但这门技术还远未达到成熟，其集成的器件个数最多仅能达到几百个，且实现的功能也相对简单。从集成电路飞速发展的历程来看，有理由期待，未来集成光学也会以迅猛的发展速度实现高集成度、小型化和多功能化的目标。从实现集成器件功能的技术角度看，光集成的技术途径可分为两类。途经一：只经过晶体生长、光刻、刻蚀及成膜等制作工艺，就能把所有的光/电子器件/电路集成在半导体衬底或光学晶体衬底上，称之为“单片光集成”。单片光集成，以 PIC（光集成）和 OEIC（光电集成）为典型例子，一旦技术途径确立，就可批量生产，因而易于实现集成器件低成本、高可靠性和小型化，这种集成方式的优点已在硅系微电子学里被很好地证实，所以它是一种很有前途的集成形式。在光电子学里，单片集成还处于初期研究开发阶段，如 DFB + EA 的单片集成光源只集成了 2 个器件，将来也很难达到微电子技术中的集成规模、高性能及市场规模，但作为 21 世纪信息社会的神经网络及光信息网络的关键元素，单片集成肯定会占据很重要的位置。途径二：采用不同的制作工艺制作出部分元器件以后，然后将这些器件安装在半导体衬底或光学晶体衬底的“光部分”上的“混合光集成”。混合集成的优点是可实现作为基础体系的光波导、无源器件和有源器件较自由的结合，所以可实现许多具有不同功能的光集成系统。目前混合集成的典型例子是在硅衬底上形成的石英系光波导回路（Planar Light - guide Circuit）上安装芯片，从而构成光器件单元。由于功能芯片等有源器件和搭载它的光波导基础回路完全用不同的工艺制作，因而可分别自由选择各自最适合的器件，分步优化，这是混合集成的最大特征。混合集成光路里，还可以附装一些其他电路，如在光回路上附装驱动光回路中的有源器件的电路，或附装经光电转换后的放大电信号的电路。有源器件和光波导间精密的位置调整和固定是混合集成低成本化的关键。

目前，集成光学研究的热点主要集中在如下几个主要方面：

（1）提高光集成器件的可靠性、稳定性和集成度。

（2）设计和制作出分立的、高性能、集成用的光有源和无源器件。

（3）用全光集成取代目前的“光 - 电 - 光”交换模式。

（4）开发新型光集成材料。

（5）提高光纤或激光器与波导高效耦合的关键技术等。

二、集成光学对材料的要求

从光器件进行集成的目的看，最佳的集成方法是把从光源到探测器的整个集成光路全部集成在同一衬底上，以形成一个紧凑、密集、体积小巧的单片集成光路，从而最大限度的实现集成光学的全部优点。但无论从单个功能器件的研发经验看，还是从整个光路的研制进展看，不同功能元件具有的功能不同，对材料性质的要求也就不同，甚至差别很大，要使某种材料的性质能同时满足各种功能器件的要求并非易事，所以要达到在同一衬底上实现类似于微电子集成回路的光集成回路的目标，还有很长的路要走。

集成光学器件包括无源器件和有源器件。无源器件主要包括：光波导、透镜、棱镜、光栅等，这些器件本身不包含光与电子体系相互作用，而导致的光增益和光电转换等功能，所以制作这些器件的材料被称为无源材料；与之对应，有源器件包括半导体激光器、光放大器、半导体探测器等，这些器件包含光与电子体系的相互作用，进而导致的光增益和光电转换等功能，所以制作这些器件使用的材料称为有源材料。一般而言，制作集成光学器件的材料，必须满足如下的一些基本要求：

（1）材料要易于形成质量良好的光波导，且形成的光波导能满足器件功能的要求。其中最重要的是在器件工作的波长范围内，光传输损耗要小，即材料的“透明度”要高，一般要求光波导的损耗在 1dB/cm 以下。此外，还要求材料不用过于复杂的制作方法，就能在相应的衬底及覆盖层之间形成具有较高折射率的、性能良好的波导层。

（2）材料要具有良好的集成性能，能在同一衬底上制备出尽量多的不同功能元件。这对实现单片集成是十分重要的。目前还没有找到能实现所有功能的高集成度的理想材料。不过Ⅲ－Ⅴ族化合物半导体（包括三元和四元化合物）材料，由于既可以制作光学有源器件，又可以制作光学无源器件，还可做成与光功能器件相配置的驱动、控制用的电子器件与集成电路。因此目前看来，这类材料是实现单片光集成和混合光电集成最有希望的材料。

（3）经济性。包括材料本身的经济性以及加工的经济性，在很大程度上决定了集成光学器件的实用性。玻璃光波导在这点上具有较突出的优势。

此外，不同器件对材料的某些特殊物理性质或参量有不同的要求。例如：对应光通讯工作波段，半导体有源器件要求半导体材料具有合适的禁带和较低的阈值；光开关、调制器等器件要求材料具有与器件工作原理相应的（光电、声光、磁光、热光等）高品质因数等。晶体芯片还要求纯度和切割的光轴取向等符合要求。

三、光集成的发展方向

按集成的组件数讲，光集成器件目前的集成规模有几个到几百个，不能和微电子上亿晶体管的集成相比；按集成的功能讲，能实现相对简单功能，也不能和 CPU 等复杂的功能集成相比。图 6.1 显示了光集成的两个方向。

功能集成：对于光电子学，所谓功能集成的方向就是通过把不同功能的组件集成在一起，制造出高功能、高性能的器件。比起分立器件的单纯组合，集成化更容易实现：小型化、低成本化、高可靠化、减少光连接点。比如，DFB 半导体激光器和 EA 调制器的单片集成光源 Transmitter，半导体激光器、光探测器及波导分束器构成的光收发模块 Transceiver 等等。

器件个数集成：通过把相同功能的器件阵列集成实现大规模，这就是个数集

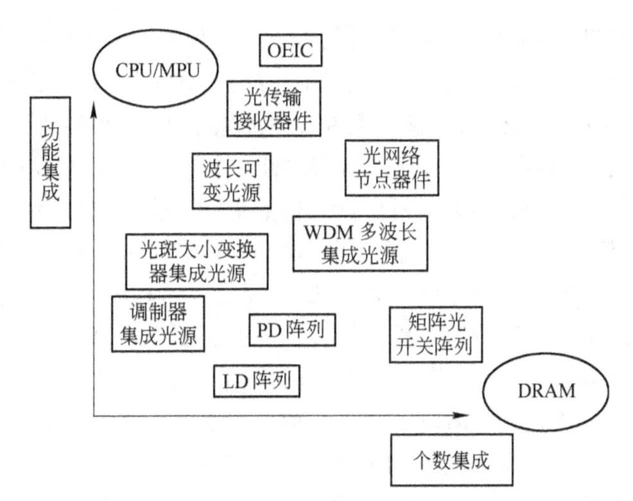

图 6.1　集成光学发展的两个方向

成，这样的集成可以是一维的也可以是二维的。比如，二维阵列器件中，作为光源，经常采用垂直腔面发射激光器（VCSEL）集成阵列实现大规模集成。这样的例子还有光网络中不可缺少的大规模光开关阵列，来实现多通道的转换。个数集成的最大优点是：把多个同样的器件集成在同一个半导体基片上，实现大幅度的小型化。

光集成的方式：光集成的方式可分为：集成光器件的“光—光集成”和集成光器件及电子器件的“光—电集成”。光—光集成（Photonic Integrated Circuit）可以追溯到 1969 年 S. E. Miller 提出的集成光路，主要思想是在一个光具座上排列透镜、反射镜、半透镜等光学组件，组成一个实现光信号分路、合成及转换的光学回路。Miller 的方案，是想在以光波导为中心的固体光学回路上实现这些功能。小型化和高稳定性是集成光路的目的。光—电集成（Optoelectronic Integrated Circuit）的构想，在 1972 年由 S. Somekh 和 A. Yariv 提出，主要思想是在同一半导体衬底上同时集成光器件和电子器件，一是光器件经常与电子器件一起使用，另一是光器件和电子器件动用化合物半导体实现。

第二节　高阶禁带的性质研究

在有关光子晶体平面光集成的应用中，目前主要是用半导体材料的有限高度二维薄板型光子晶体，通常采用的结构形式是以空气为背景周期性排列的介质柱或以介质为背景周期性排列的空气柱。它限制和控制光的方式是在二维周期性平面内是通过周期性结构实现，而在垂直于二维周期性平面方向上是通过薄板上下两侧的低折射率层对光进行全反射实现。

从目前研究进展来看，制作光通讯波段的二维光子晶体器件的难度还很大，主要困难是：首先，波段在 1.55μm 附近的光子晶体周期长度非常小（约 0.5μm），制作精度要求很高，且如果初基原胞格点轮廓和构成比较复杂时，制作所要求的精度会更高。其次，这样的周期尺度进行 Si 材料深刻蚀非常困难，而浅刻蚀以及不能准确的刻蚀出所设计的格点形貌，会使二维平板型光子晶体产生很大的衍射损耗。最后，用 Si 基 SOI（Silicon－on－Insulator）材料制备光子晶体波导，其基模要求的芯层厚度只有 0.3μm 左右，这样就会引起与光纤耦合时，模场失配较大，从而产生严重的耦合损耗。因此，尽管在理论上设计出了许多光通讯用光子晶体器件，但在工艺上制备出的高性能器件很少，达到实用化水平的器件则几乎没有，这就大大限制了光子晶体在平面光集成方面的应用。

基于上述制作光子晶体器件的困难，在三个方面作了大胆尝试：（1）开发高阶禁带。光子晶体归一化色散曲线的纵坐标通常用 $\omega a/2\pi c$（$=a/\lambda$）表示，可见在归一化色散曲线上，针对特定波长设计的光子禁带，其纵坐标值越大，所对应的周期长度越大。（2）在不影响器件性能条件下，尽可能降低光子晶体维数，且采用初级晶胞简单的晶体结构，方便加工制作。（3）仅把光子晶体用于实现具有特殊功能的器件上，但器件间光耦合仍采用传统的介质波导方式，以实现基于光子晶体的新型器件与传统光集成器件间新的集成模式。

一、实验方法

根据上述讨论，设计了一维光子晶体高阶禁带的掩模板，其中一维光子晶体的输入和输出采用脊形波导形式，用美国 GCA 3600F Pattern Generator、GCA 3696 Photorepeater 光学制版系统和日本电子 JEOL JBX6A11 电子束曝光系统，进行掩模板制备，其精度为 0.1μm。然后采用德国 Suss Microtec 公司生产的 MA6/BA6 双面光刻机（精度小于 1μm），在 SOI（Silicon－on－Insulator）材料的 Si 层上进行光刻，最后利用法国 Alcate 公司是 Alcate 601E 系统进行 ICP（Inductively Coupled Plasma，诱导耦合等离子体）5μm 的深 Si 刻蚀，得到不同刻蚀条件下，硅层和空气层交替排列的 $Si(air|Si)_n$ 一维光子晶体结构。一维光子晶体和输入、输出波导均制作在 SOI 片子的 5μm 厚的 Si 层上，输入和输出波导轴线重合。工艺步骤如图 6.2 所示。这里波导采用的是脊形波导，一维光子晶体部分在第二次刻蚀过程中，被保护起来。

对脊形波导而言，利用等效折射率法计算的单模条件可近似的表示为：

$$\frac{W}{H} \leqslant 0.3 + \frac{h/H}{\sqrt{1-(h/H)^2}} \qquad (h/H > 0.5) \tag{6.1}$$

式中，W、H、h 的意义如图 6.3 所示。对于 SOI 材料，实验中选择 $H=5\mu m$，$h/H>0.6$，则取 $h=3\mu m$；$W=5\mu m$ 满足单模条件。

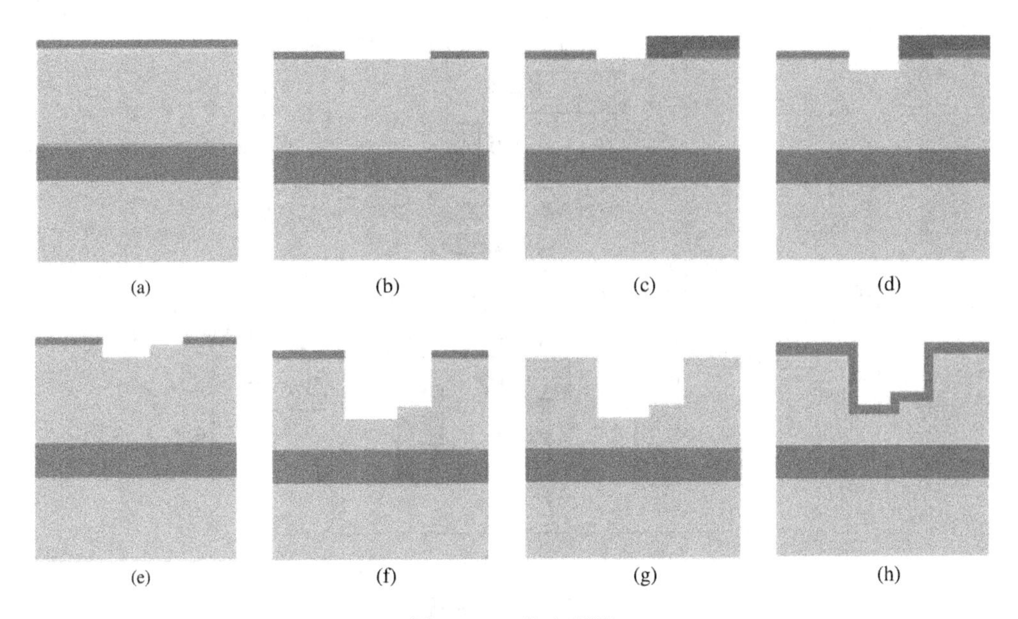

图 6.2　工艺流程图

(a) 热氧化 SOI 生成 SiO_2 层；(b) 形成器件图形；(c) 二次光刻掩蔽浅刻蚀区域；(d) ICP 刻蚀 2μm；(e) 去除光刻胶掩模；(f) ICP 刻蚀硅 3μm；(g) 去除 SiO_2 掩模；(h) 热氧化生成 SiO_2 外包层

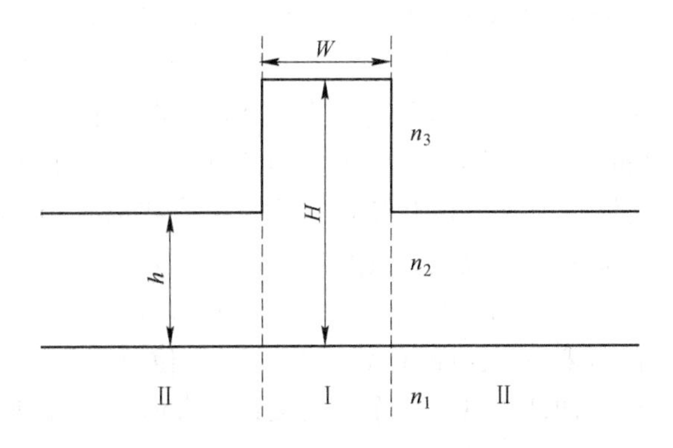

图 6.3　脊形波导结构示意图

本节中所有实验谱线均为利用图 6.4 所示的测试系统获得。图 6.4 中，Newport 公司的自动对准系统来实现一维光子晶体器件的输入输出波导与光纤的耦合对准，其自动控制的六维微调架可实现 0.1μm 的平移精度和 0.01°的角度调整精度。自动对准系统通常由以下七部分组成：调芯部分、光学观察系统、红外观察系统、控制系统、平台和仪器架、光源和功率计以及 UV 光和点胶机等。

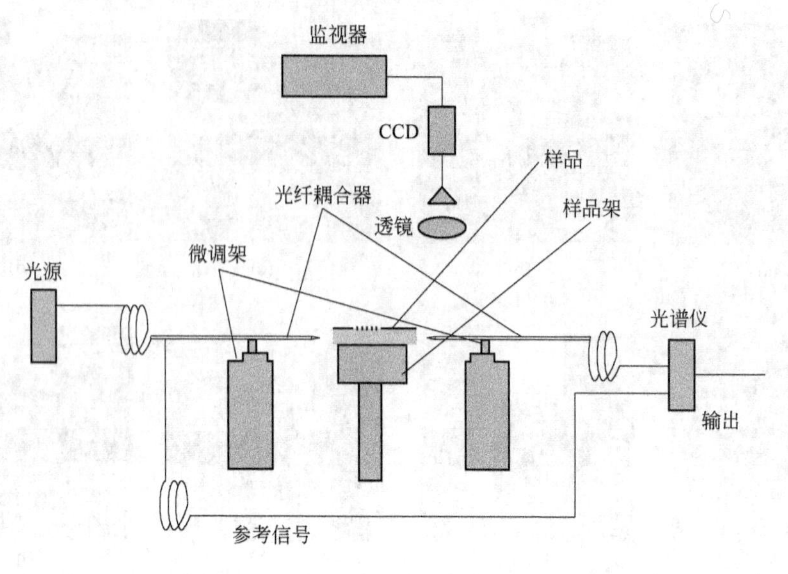

图 6.4 测试系统

二、高阶禁带性质

首先微调参数，使一维光子晶体 Si(air | Si)$_8$ 结构的高阶禁带尽可能多的出现在测试的范围内，这时 Si(air | Si)$_8$ 结构中 Si 层的厚度为 18.04μm，空气层的厚度为 7.95μm，如图 6.5(a) 所示。尽管 Si(air | Si)$_8$ 结构的 Si 层厚度比我们讨论时所用的参数略大，但其禁带仍具有讨论的特点，且在 1.55μm 附近，是 Si(air | Si)$_8$结构允带的中间位置，使 Si(air | Si)$_8$ 结构具有最大的透射率。图 6.5(b) 给出了不同波长情况下脊形波导的插损曲线和加入 Si(air | Si)$_8$ 结构后总的插损曲线。由于插损表示光通过此结构后的损耗大小，而频率处于光子禁带内的光不能通过光子晶体，对应损耗最大，所以图 6.5(b) 中加入 Si(air | Si)$_8$ 结构后插损曲线上的损耗极大值的位置与高阶禁带位置对应。从图 6.5(b) 可见，随波长的增大插损曲线出现的 5 个宽的损耗极大值峰，分别对应 5 个高阶禁带的位置，其中 4 个宽的损耗极大值分别位于波长为 1528nm、1542nm、1556nm、1570nm 处，峰宽均为 6nm，其间隔为 8nm，最窄的一个损耗极大值位于 1583.5nm 处，峰宽 1nm，其与最近的宽损耗极大值间的间隔为 10nm。可见除了临近简并能带的禁带外，与禁带对应的插损极大值近似是等宽、等间距分布的（间距为 14nm）。从图 6.5(b) 的脊形波导的插损曲线可以看出，在没有 Si(air | Si)$_8$ 结构的情况下，脊形波导的插损值接近 20dB，其主要来源于刻蚀工艺造成波导侧壁不光滑，造成光沿脊形波导传输过程的侧向散射损耗过大。加入 Si(air | Si)$_8$ 结构后插损曲线的损耗最小值近 30dB，最大值为 100dB，此结构的

插损除了由脊形波导的散射损耗引起外，还与 Si(air | Si)$_8$ 结构缺少侧向光限制有关。

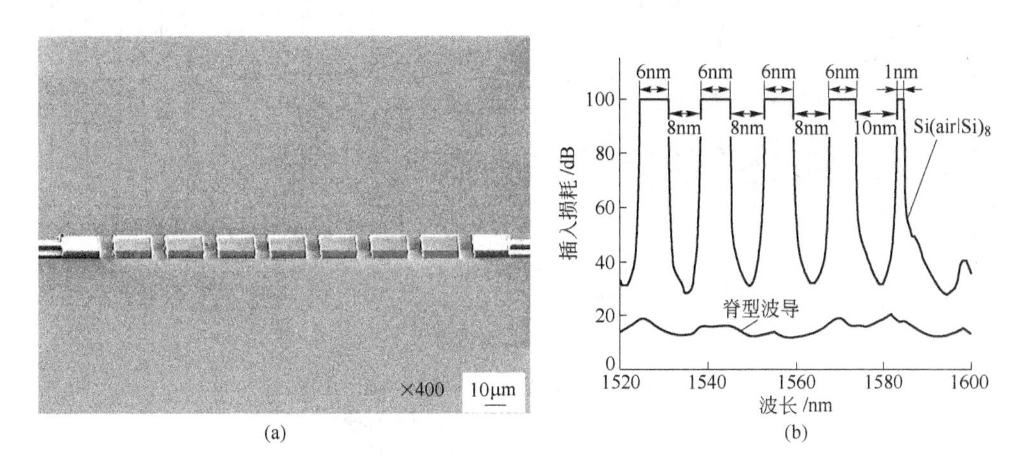

图 6.5 Si(air | Si)$_8$ 光子晶体结构及插入损耗谱

(a) 扫描电镜照片；(b) 插入损耗谱

再微调参数，使 Si(air | Si)$_8$ 结构的 Si 层厚度为 22.5μm，空气层的厚度为 7.76μm，图 6.6(a) 所示为其扫描电镜图片，通过脊形输入、输出波导测量的插入损耗如图 6.6(b) 所示。从图 6.6(b) 可见，这时在 1.55μm 的一个禁带已经简并，且临近简并禁带的两个窄禁带宽度非常小，带宽分别为 1nm 和 0.6nm。并且这两个禁带与较宽禁带间的间隔分别为 9nm 和 10.5nm，出现了禁带间隔不规则现象。此外，这里的插损最小值为近 40dB，比图 6.5 结构的插损最小值要大，因为这里 Si(air | Si)$_8$ 结构的侧向扩展远大于脊形波导的宽度，这样使光的侧向束缚变弱，从而使插入损耗进一步增大所致。

在上面的讨论中，在 Si(air | Si)$_8$ 结构中采用宽 Si 层和窄的空气隙，如果反过来采用窄 Si 层和宽的空气隙 Si(air | Si)$_8$ 结构的简并情况如何变化呢？为此调整结构参数，使 Si(air | Si)$_8$ 结构的 Si 层厚度 2.95μm，而使空气层的厚度为 14.11μm，这时的填充比为 17.29%。此时 Si(air | Si)$_8$ 结构的扫描电镜照片如图 6.7(a) 所示，而不同波长通过此结构的插损如图 6.7(b) 所示，这时在 1.56μm 处存在一个简并能带。从图 6.7(b) 可见，由于能带的简并，使得 Si(air | Si)$_8$ 结构出现了一个很宽的损耗极小值带，此带的宽度为 69nm，禁带中心频率的间隔近似为 34.5nm，与图 6.5 中的能带间隔相比，要大很多。此外，从图 6.7(b) 可见，这时插损的平均极小值为 50dB 左右，比图 6.5 和图 6.6 的最小插损值大，这是由于这种结构中，空气层的宽度很大，对光侧向限制能力很弱造成的。

通过上面的讨论可知，Si(air | Si)$_8$ 结构的横向长度以及 Si 在 Si(air | Si)$_8$ 结构中的填充比对设计系统的损耗有很大影响，为了降低损耗，提高以一维光子

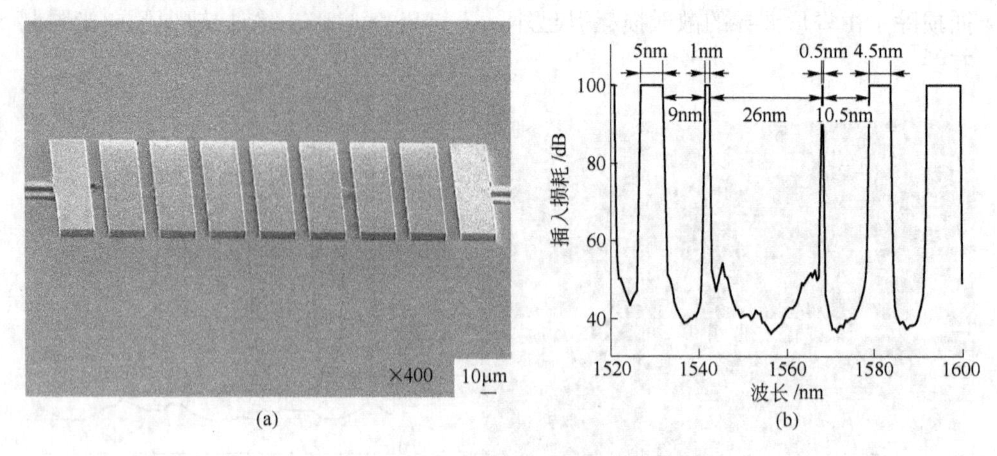

图 6.6 Si(air | Si)$_8$ 光子晶体结构及插入损耗谱

(a) 扫描电镜照片；(b) 插入损耗谱

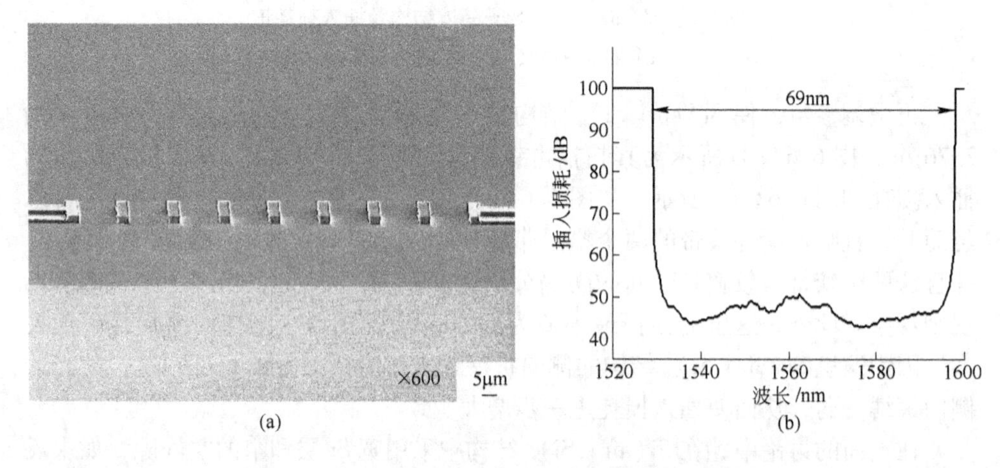

图 6.7 Si(air | Si)$_8$ 光子晶体结构及插入损耗谱

(a) 扫描电镜照片；(b) 插入损耗谱

晶体高阶禁带为基础的器件性能，必须对一维光子晶体侧向加以限制。

第三节 高阶禁带宽带滤波器设计

一、高阶禁带设计

从光平面集成角度看，设计的长周期光子晶体结构需满足一定的条件：

(1) 为了比较精确地实现光子晶体的性质，设计的晶体结构征尺寸不能过小。

（2）为了提高与其他平面器件集成时光的耦合效率，要求平面内的光子晶体区域，刻蚀深度不能太小。

（3）在感兴趣的波段，禁带宽度不能过窄，以利于禁带的利用。

色散曲线是研究光子晶体性质的重要工具，它可以直接提供禁带位置和禁带宽度信息。本节先采用平面波法（PWM）设计一维光子晶体禁带，然后利用传递矩阵法（TTM）获得其透射谱信息。一维光子晶体是由硅层和空气层交替排列成 $Si(air \mid Si)_n$ 形式构成，其中 Si 的折射率是 3.45，空气的折射率是 1。计算时采用 3000 个平面波，通过调整参数发现当 Si 层厚度为 3.79μm，空气层厚度为 13.27μm 时，这一结构的光子晶体在 $\omega a/2\pi c \approx 11$ 附近有一禁带，其位于第 34 和 35 个能带间，宽度为 $\Delta\omega a/2\pi c = 0.0848$，它的边缘分别位于 $\lambda = 1.556\mu m$ 和 $\lambda = 1.544\mu m$ 的位置。设计的结构基本满足光集成的三个条件：它的轮廓由直线条组成，利用目前的平版工艺可方便的制作；由于禁带的位置位于归一化频率 11 附近，大幅提高了晶格周期尺寸（$a = 17.06\mu m$），可获得很大的刻蚀深度，便于与其他光器件进行耦合；禁带中心波长位于 1.55μm 附近，禁带宽度达 12nm，可在近红外通讯波段应用。图 6.8（a）所示为利用 PWM 计算这一结构光子晶体色散曲线的结果，其中阴影部分为所利用禁带的位置。图 6.8（b）所示为此结构一维光子晶体的第 34 个和 35 个能带收敛情况与所用平面波数间的关系。从图 6.8（b）可见，计算此结构一维光子晶体色散曲线中的第 34 个和 35 个能带，只要平面波数大于 500 就可获得很准确的结果，这也是一维光子晶体禁带设计的优势之一。

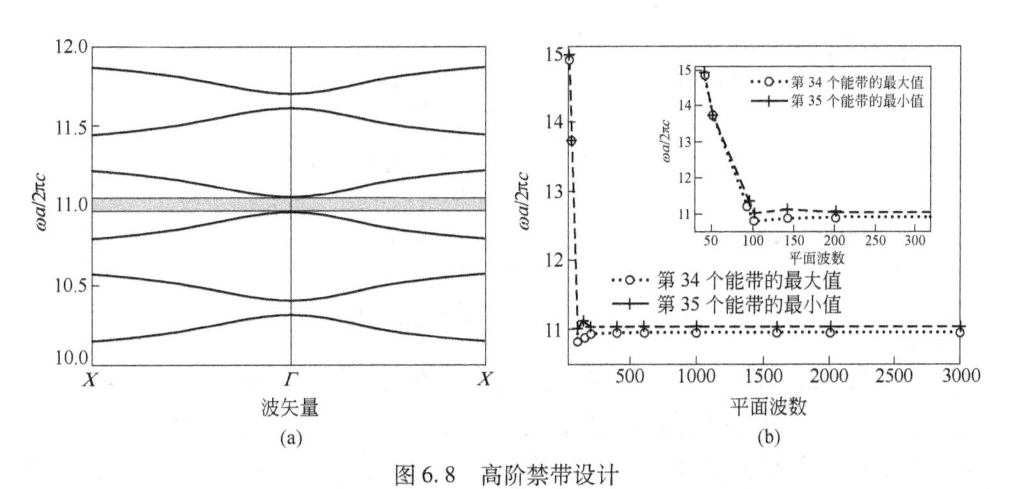

图 6.8　高阶禁带设计

（a）一维光子晶体色散曲线；（b）高阶禁带的收敛性与平面波数的关系

二、实验方法

本工作的掩模板是由中国科学院微电子研究所完成，采用的设备是美国 GCA

3600F Pattern Generator 和 GCA 3696 Photorepeater 光学制版系统和日本电子 JEOL JBX6A11 电子束曝光系统，掩模板图的精度为 0.25μm。然后在 SOI（Silicon - on - Insulator）材料的 Si 层上进行光刻和 ICP（Inductively Coupled Plasma，诱导耦合等离子体）深 Si 刻蚀，最后制作出硅层和空气层交替排列的 Si(air | Si)$_n$ 一维光子晶体结构，这一部分是在中科院半导体所集成中心完成。其中光刻设备采用的是德国 Suss Microtec 公司生产的 MA6/BA6 双面光刻机（精度小于 1μm），ICP 深 Si 刻蚀的设备是法国 Alcate 公司的 Alcate 601E 系统。

一维光子晶体和输入输出波导的组成形式如图 6.9 所示。周期数 n 为 5，周期排列的 Si 层厚度为 3.79μm，空气层的厚度为 13.27μm，输入和输出均通过矩形波导进行耦合，矩形波导的宽和高都是 5μm，且输入和输出波导轴线重合，一维光子晶体和输入、输出波导均制作在 SOI 片子的 5μm 厚的 Si 层上。为了研究长周期一维光子晶体高阶禁带的光学响应，实验上先通过矩形波导与高折射率层接触实现光波基本垂直入射，研究一维光子晶体透射谱的特点；然后通过改变输入矩形波导端面形状实现光波倾斜入，研究其透射谱的变化；最后讨论长周期一维光子晶体高阶禁带容差的特点，并与低阶禁带容差的特点进行了对比。

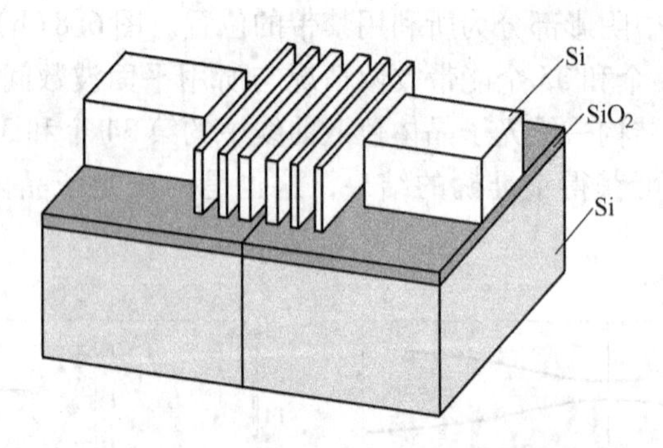

图 6.9 一维光子晶体和波导耦合结构示意图

三、结果和分析

（一）光波垂直入射时长周期一维光子晶体的透射谱

图 6.10(a) 所示为（air | Si)$_5$ 结构的一维光子晶体结构的扫描电镜图片，图 6.10(b) 所示为实验测量这一结构的透射谱与理论计算的透射谱对比，其中实线是实验测得的透射谱，输入、输出波导和高折射率层接触；点线是应用 TMM 方法计算得到的透射谱，未用输入输出波导对光进行耦合。从图 6.10(b) 可见，实验测得的透射谱和理论模拟的透射谱结果能很好地符合：

（1）实验测得的透射谱中心和理论计算的透射谱中心基本一致。

（2）禁带宽度基本相同。

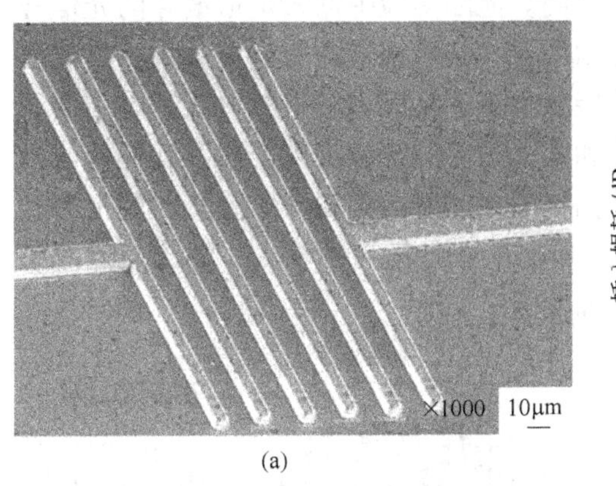

(a)

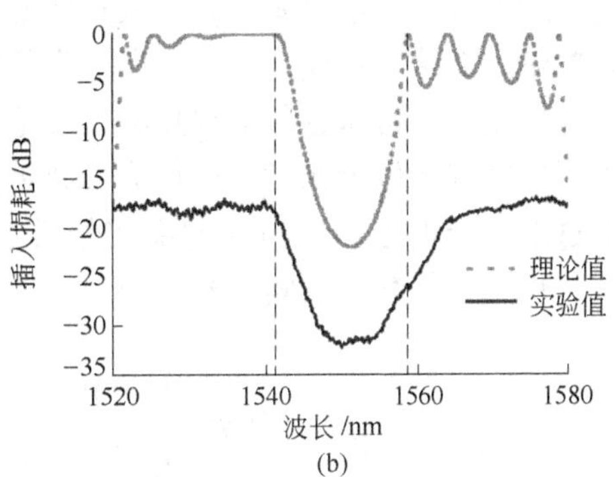

(b)

图 6.10　一维光子晶体及插入损耗谱

（a）扫描电镜图片；（b）理论计算和实验测量的插入损耗谱

（3）在靠近禁带边缘的禁带外侧的短波区域，理论计算的透射谱是一个透射率为 100% 的平坦区域，实验测得的透射谱的透射率也接近 100%。

实验测量的透射谱与理论计算结果也有一些不同：

（1）在禁带边缘处，实验测量投射谱的透射率小于理论计算值，并且这种差别在短波区表现不明显，在长波区表现明显。

（2）在禁带中央部分，实验测量透射率大于理论计算的透射率，这是因为透射率与所选用的层数 n 有关。

在禁带边缘处，理论计算和实验测量的透射谱间的差别可以通过矩形波导的模式特性和矩形输出波导的数值孔径对大于一定角度入射光具有滤波作用进行解释。由于输入波导是宽、高都为 5μm 的矩形波导，所以输入波导输入的光波为多模形式。除基模外，其他模式的传输方向与波导轴线方向存在一定的角度，且模式阶数越高角度越大。这一角度的最大值可通过式（6.2）近似描述：

$$\theta < 90^\circ - \arcsin(n_{air}/n_{Si}) \tag{6.2}$$

式中，θ 是光偏离输入波导轴线的角度；n_{air} 是空气的折射率；n_{Si} 是 Si 的折射率。当 Si 的折射率是 3.45，空气的折射率是 1 时，$\theta_{max} = 90^\circ - 16.849^\circ = 73.151^\circ$。其他模式对基模透射谱的影响，可通过光斜入射一维光子晶体时透射谱的变化情况来说明，如图 6.11 所示。图 6.11 所示为选择上述一维光子晶体的结构参数，当入射光以不同倾角入射时，$Si(air \mid Si)_5$ 结构光子晶体的透射谱，每幅图中均用点线标出垂直入射时透射谱的情况，其中图 6.11(a) 倾角为 5°；图 6.11(b) 倾角为 10°；图 6.11(c) 倾角为 30°；图 6.11(d) 倾角为 45°。从图 6.11 可见，光的倾斜入射可以使原有的光子禁带向短波方向移动，并且倾斜角越大，向短波方向移动得越多。此外，当倾斜角较大时，TE 波和 TM 波的简并会被解除，且二者光子禁带的中心频率和禁带宽度都不相同。但因实验中输入矩形波导的光信号是通过单模光纤耦合实现，从模式匹配角度看，基模携带的能量要远大于其他模式携带的能量，且模式越高，所携带的能量越小，所以透射谱的形状基本由低阶模式决定，这可从透射谱在短波区理论和实验很好的符合得到证明。其他低阶模式形成的禁带位置相对基模形成的禁带位置向短波方向偏离，这使得实验上测量的透射谱与理论计算的透射谱在禁带边缘处的差别表现明显，并且这些低阶模式，也具有使禁带中间的光波透射率增加的效应。

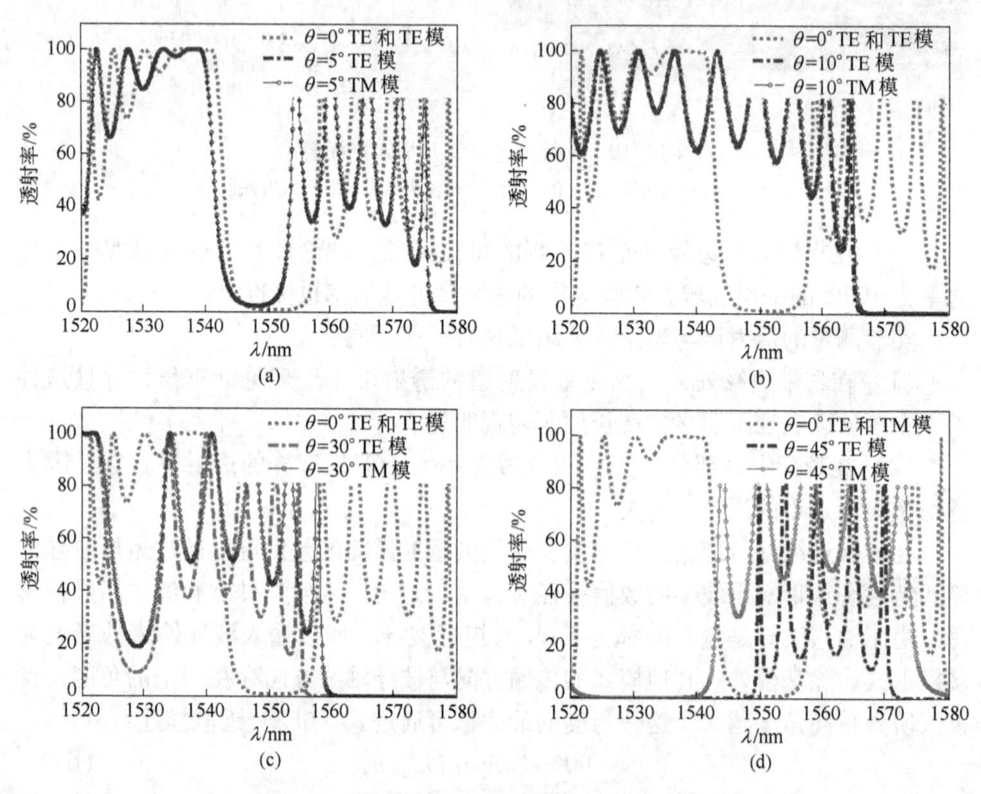

图 6.11 当入射光以不同倾角入射时的透射谱

（a）倾角为5°；（b）倾角为10°；（c）倾角为30°；（d）倾角为45°

（二）光波倾斜入射时长周期一维光子晶体的透射谱

若实验中将矩形输入波导端面由与波导轴线垂直的平面改为圆弧状，且使输入波导末端与光子晶体高折射率层间存在一个小间隙，保持波导和一维光子晶体其他参数不变，实验中测量的透射谱形状将如图 6.12 所示。从图 6.12 可见，改变矩形输入波导端面形状后，实验所测透射谱的平均损耗比图 6.10 中实验所测透射谱的平均损耗要大很多，且透射谱的禁带位置向短波方向漂移，大损耗的波长范围比理论预测的波长范围要宽很多。可从两方面来解释禁带位置和宽度的这些变化，首先，圆弧状的波导端面，使基模在离开波导进入光子晶体时，光的传输方向以斜入射为主，如图 6.12 所示，这会引起一维光子禁带位置会向短波方向漂移。其次由于矩形波导数值孔径的限制，只有小角度的入射的光波才能被输出波导接收。不同小角度的光波入射到光子晶体后，禁带中心波长向短波方向的漂移量，随入射角的不同而不同，且角度差别很小的入射光，光强度差别也很小，在输出波导端面接收的正是这些小角度光波的叠加，所以从光谱图上一方面禁带的损耗增大，另一方面禁带被展宽。

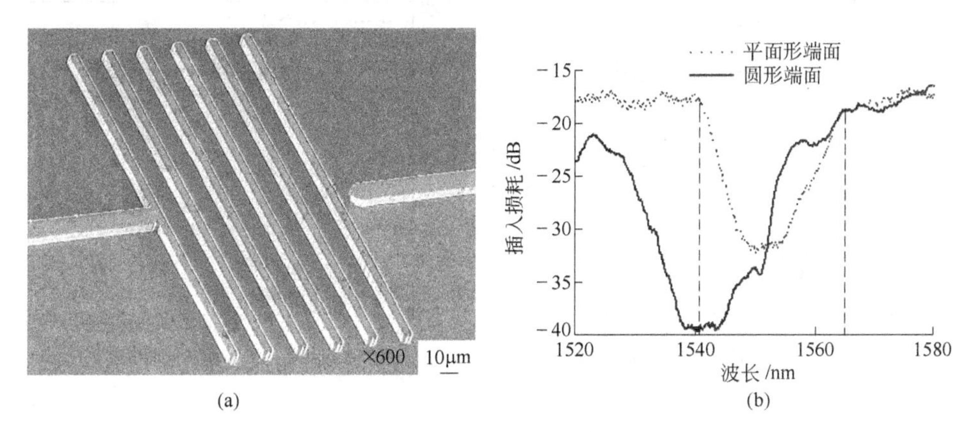

图 6.12 一维光子晶体及插入损耗谱

（a）扫描电镜图片；（b）一维光子晶体插入损耗谱对比

（三）长周期光子晶体高阶禁带容差的特点及其与低阶禁带容差的对比

对 $Si(air|Si)_5$ 结构的一维光子晶体，由于实验过程采用 ICP 工艺加工，所以光子晶体晶格周期长度基本不变，但高低折射率介质所占的比例（即填充比）因刻蚀过程的不同而不同，会引起光子晶体结构发生与原设计参数的偏差，从而对禁带宽度和禁带中心频率产生一定影响。利用 PWM 方法来评价这一偏差的影响，平面波数为 800。图 6.13 用 PWM 方法模拟周期长度不变时，$Si(air|Si)_5$ 结构高折射率层厚的变化对第 1 和第 34 个禁带的影响。图 6.13(a) 所示为禁带宽度随高折射率层厚的变化；图 6.13(b) 所示为禁带中心波长随高折射率层厚的变化。图 6.13 中实线是第 34 个禁带，点线是第 1 个禁带，图中的圈点是原设计的晶格结构所对应的禁带宽度和禁带的中心波长点。从图 6.13 可见，$Si(air|Si)_5$ 结构的一维光子晶体的第 34 个光子禁带的宽度随 Si 层厚度变化呈现震荡的形式，禁带的中心波长随厚度增加而增大，这说明可以通过调整参数来调整 $Si(air|Si)_5$结构的一维光子晶体禁带的宽度和中心波长的位置。同样从图 6.13 可见，第 1 个禁带的宽度随高折射率层厚度的增加而线形减小，但禁带的中心波

长却以很快的速度增大。从图 12 第 34 个禁带和第 1 个禁带的禁带宽度和禁带的中心波长的对比可见，调整结构参数可使 Si(air | Si)$_5$ 结构的一维长周期光子晶体的第 34 个高阶禁带宽度达到与第 1 个禁带相同的大小，并且第 34 个高阶禁带的中心波长比第 1 个禁带具有更大的容差。图 6.14 是利用与图 6.10 同样的结构形式，保持周期长度不变，但通过延长 ICP 刻蚀 Si 层的时间，使 Si 层厚度变小约 20nm 时的透射谱。从图 6.14 和图 6.10 的对比可见，图 6.14 的禁带中心向短波方向发生了移动，同时禁带宽度也略有增加。

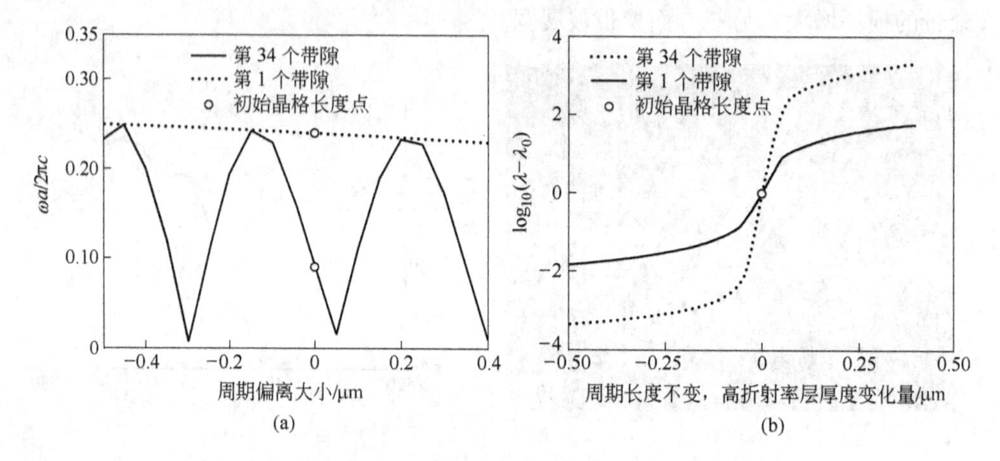

图 6.13 高折射率层厚的变化对第 1 和第 34 个禁带的影响
（a）禁带宽度的变化；（b）禁带中心波长的变化

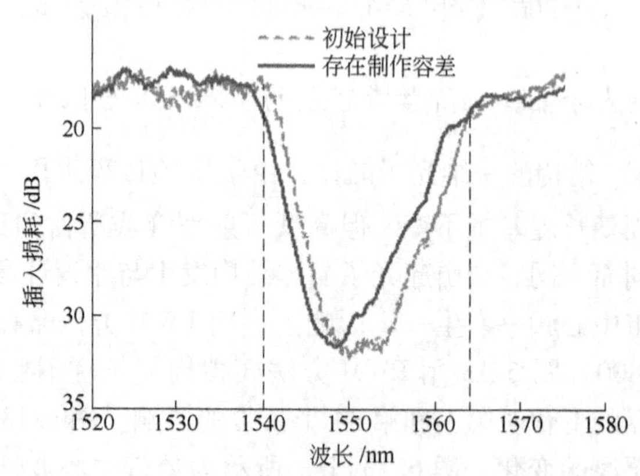

图 6.14 禁带向短波方向移动

第四节 反射式窄带滤波器设计

宽度仅几个埃或更窄的窄带光学滤波器，可通过与其他的微型有源和无源光学器件的集成，实现光波波长的提取、波长的稳定和输出波谱的改善等，因此在多通道光通讯系统中有着重要的应用，同时它也是光集成领域研究的热点问题之一。窄带滤波的实现方式很多，如 Mach - Zehnder 干涉滤波型、环形谐振器型、阵列波导光栅型和基于光子晶体性质设计窄带滤波器型等。与其他实现方式相比，以一维光子晶体性质为基础设计的窄带滤波器具有制作加工简单、集成形式紧凑和通常可获得单一波长滤波等优点获得了广泛的应用。

从禁带在归一化色散曲线上的位置来看，这种滤波器大致可分为两类，一类基于一维光子晶体低阶禁带开发的透射式滤波器；另一类是基于一位光子晶体高阶禁带开发的反射式滤波器。这两类窄带滤波器都获得了重要的应用，但二者形成机理不同，以低阶禁带为基础开发的滤波器，是通过在周期结构引入缺陷形成单重或多重 F - P 腔结构，利用的是禁带的缺陷态性质，而以高阶禁带为基础的窄带滤波器是利用高阶禁带宽度在某种条件下能够收缩的性质制成，且由于高阶禁带的宽度和间隔都变得很小，易于设计成多通道窄带滤波器。

从利用平面加工工艺制作一维光子晶体的难易程度看，通讯波段的高阶禁带具有比低阶禁带大几十甚至上百倍的周期长度，所以高阶禁带比低阶禁带加工制作容易得多，但由于周期很大，一维周期性方向低介电常数材料的长度绝对值就很大，所以在垂直于周期性方向上还应该采取有效的限制措施，来降低光在光子晶体这一方向上的损耗。

这里用硅层和空气层交替排列构成一维光子晶体，空气层和硅层的厚度均只有几个微米，但形成的反射峰值位于 1.55μm 附近。在归一化频率曲线上，这时光子晶体形成的禁带在约5 附近（即 $\omega a/2\pi c = a/\lambda \approx 5$），属于高阶禁带范围。在这样的频率范围内，反射谱的反射窄带峰是能带近简并状态的反映，其简并禁带的特点是禁带数量和不同窄禁带间的间隔不易控制。为了使这一频率范围内的禁带数量和窄禁带的间隔可控，基于一维光子晶体结构的周期性，提出了一种新的窄带滤波器的设计方法。这种方法可以能使一维光子晶体能带结构朝着需要的某种形式改变，同时也可作为多层堆叠窄带滤波器的一种设计方法。

采用的多层结构是由 Si 层和 air 层构成，其中 Si 层的折射率为 3.45，air 层的折射率为 1，多层结构的外侧为两个半无限大的 air 介质。从式（2.40）可见，一旦多层介质的介电常数分布确定，反射谱分布只由各层的光学厚度决定，所以先固定 Si 层和 air 层的相厚，然后根据三角函数的性质，通过一定方式把正弦函数的影响叠加在 Si 层和 air 层的相厚，从而使反射谱向需要的方向变化。这里以正弦函数为例说明，通过两种方式将正弦函数的影响叠加在 Si 层和 air 层的光学厚度上，并且通过 ICP 刻蚀工艺，在 SOI 材料 5μm 厚的 Si 层上制作出设计的多层结构，而输入输出均采用脊形波导。考虑单模条件，设计的脊形波导只有单模传输。

一、正弦振荡以微扰的形式叠加在多层结构中各层的光学厚度上

将正弦函数定义域限定在（0.1，π/2）区间上，然后在此区间等间距抽样出 M 个点，将各点的正弦函数值加到多层结构对应层的光学厚度上。这里选择 $\lambda_0=1.55\mu m$，叠加前 Si 层的光学厚度为 9.7，空气层的光学厚度厚与 Si 层的光学厚度的比值为 1∶3.45。Si 层和 air 层的层数均为 4 个，相应的抽样点个数亦为 4 个，则各层的实际厚度为 4.4199μm、4.4512μm、4.4821μm、4.5125μm、4.5422μm、4.5711μm、4.5990μm 和 4.6259μm，相应的多层形式为 Si | air | Si | air | Si | air | Si | air，输入波导和输出脊形波导与 Si 层相连。图 6.15(a) 采用 TMM 方法计算的多层结构 Si | air | Si | air | Si | air | Si | air 的各层叠加了正弦振荡后的反射谱。图 6.15(b) 通过脊形输入和输出波导测量叠加了正弦振荡后的多层结构 Si | air | Si | air | Si | air | Si | air 的插损情况。图 6.15(b) 已减去了输入输出脊形波导的插入损耗。从图 6.15(a) 可见，反射损耗主要集中在 1.58μm 附近宽度约 1.3nm 的范围内，相应的在图 6.15(b) 中的这一波长范围内，也是整个插入损耗谱中损耗最大的位置，其值约为 80dB。而插入损耗谱的最低损耗值约 5dB，这部分插入损耗主要来自于光在垂直于多层结构界面方向的泄漏、脊形波导和光纤的端面耦合损耗和数值孔径对输出波导接收光波能力的限制。从图 6.15(a) 和图 6.15(b) 的对比可见，插入损耗谱能很好地反映出反射谱的特点。图 6.16 是为未受微扰时，利用 TMM 方法计算的多层结构 Si | air | Si | air | Si | air | Si | air 的反射谱。从图 6.15 和图 6.16 的对比可见，利用微扰的方法可以使多层结构宽的反射峰变窄，形成窄带滤波器。事实上，由于选择了有限层的多层结构，与一维光子晶体结构对比可见，这种结构类似于原胞结构为 Si | air | Si | air | Si | air | Si | air 的一维光子晶体。只不过这里的周期数为 1。

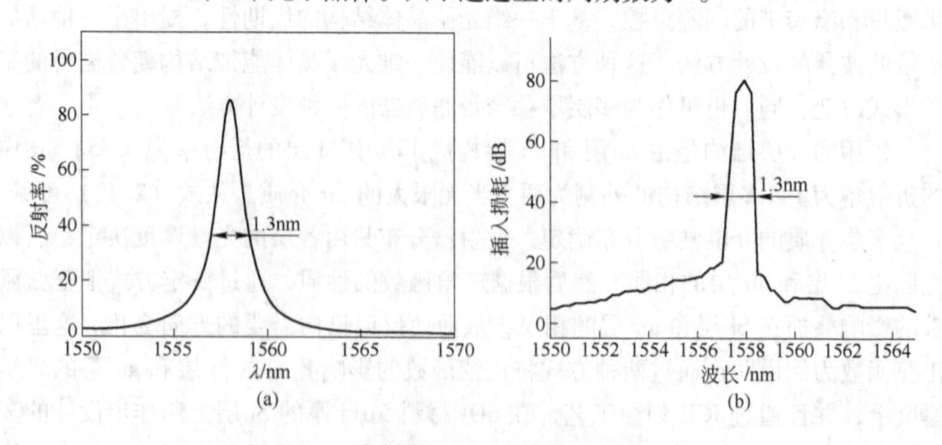

图 6.15 多层结构的反射谱和插入损耗谱

（a）反射谱；（b）插入损耗谱

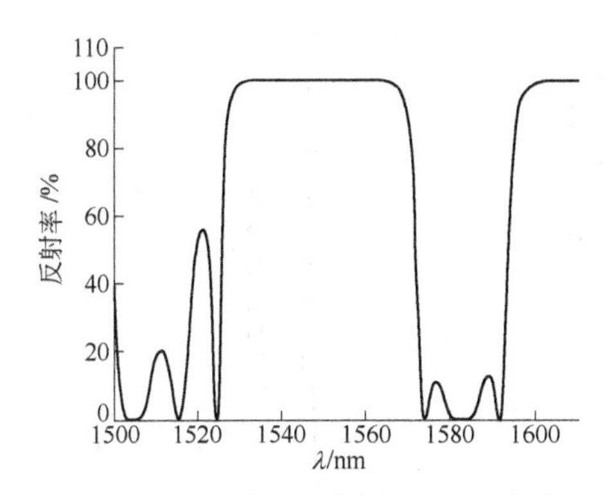

图 6.16　无微扰时多层结构的反射谱

二、正弦振荡对多层结构中各层的光学厚度进行调制

这里将正弦函数定义域限定在（0.1，0.7728π）区间上，然后在此区间等间距抽样出 6 个样品点，使正弦函数的振幅为 13.2，按样品点由小到大的顺序计算各样品点的正弦函数值作为对应多层结构各层的光学厚度，这时获得的多层结构形式为 Si | air | Si | air | Si | air。实际上，这一过程等价于对 Si | air | Si | air | Si | air 形式的一维光子晶体（一维光子晶体中的 Si 层和 air 层的光学厚度均为 13.2），通过调制使其 Si 层和 air 层的光学厚度缩小，缩小的倍数等于所对应样品点正弦函数值，这里的 $\lambda_0 = 1.598\mu m$。为了减小空气层的实际厚度，最终选择空气层的光学厚度为原空气层光学厚度的 1/3.45，这时多层结构各层的实际厚度，按 Si | air | Si | air | Si | air 结构从左到右的顺序依次为：0.6108μm、3.2784μm、5.2483μm、6.1011μm、5.6553μm 和 4.0058μm。为了获得具有窄通道间隔的双通道强反射形式的反射谱，我们最终采用的多层堆叠形式为：| L | L | L |，这里 L 表示已设计的 Si | air | Si | air | Si | air 多层结构，输入、输出脊形波导与多层结构的 Si 层相连。这种排列形式是一种具有复杂初基原胞形式的一维光子晶体，它的禁带情况与初基原胞中高低介质仅有两层的一维光子晶体不同，能带宽度、分布及简并情况更为复杂。图 6.17 采用 TMM 方法计算的多层结构 L | L | L 在 1.40～1.70μm 范围内的反射谱，其中 L 的构成形式为 Si | air | Si | air | Si | air。从图 6.17 可见，该结构在 1.555μm 的两侧存在两个锐利反射峰，二者的宽度均只有 0.8nm 左右，反射峰间的间隔约为 2nm。图 6.18（a）是这一多层结构 L | L | L 的扫描电镜图片，图 6.18（b）实验测量的多层结构 L | L | L 的插入损耗谱，其中 L 的构成形式为 Si | air | Si | air | Si | air。从图 6.17 和图 6.18（b）对比可见，实验测量的插入损耗谱与理论计算的反射谱符合得非常好，但是图 6.18（b）的最小插入损耗值近 20dB，这是由于多层结构的空气层很多，侧向缺少限制引起了较大的光损耗所致。

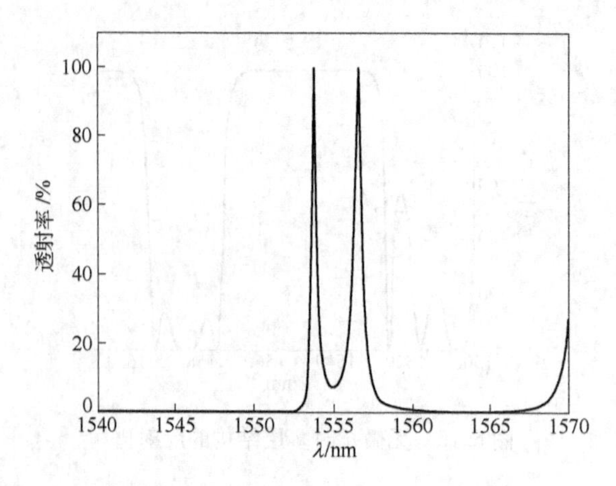

图6.17 多层结构 L | L | L 的反射谱

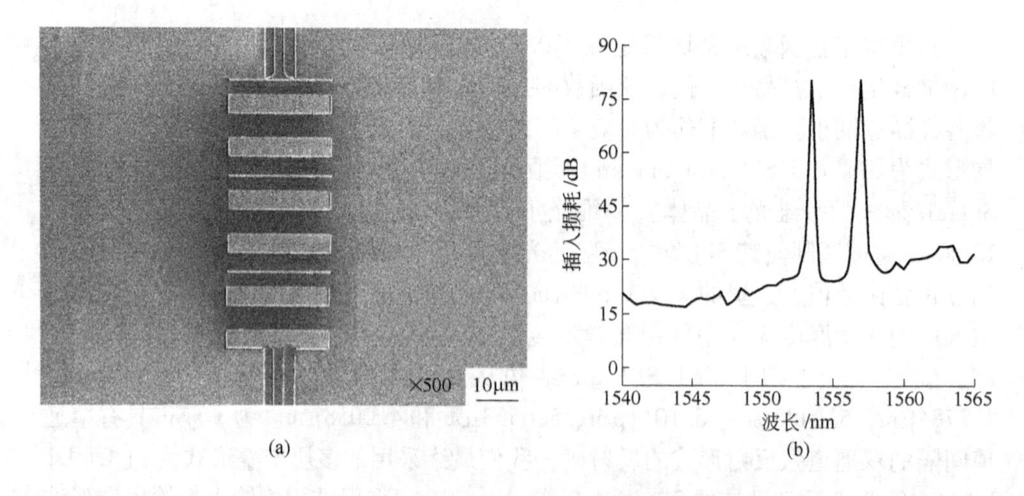

(a) (b)

图6.18 一维光子晶体及插入损耗谱

(a) 扫描电镜图片；(b) 一维光子晶体插入损耗谱

下面再调整参数，使两个反射峰分开，并且使二者均向长波方向移动。此时正弦函数定义域限定区间为（0.11，0.19π），同样在此区间等间距抽样出6个样品点，并使正弦函数的振幅为10.3，这时获得的多层结构形式为 Si | air | Si | air | Si | air，这里的 $\lambda_0 = 1.550\mu m$。为了减小空气层的实际厚度，仍然使最终选择空气层的光学厚度为原空气层光学厚度的1/3.45。按 Si | air | Si | air | Si | air 结构从左到右的顺序，这时多层结构中各层的实际厚度依次为：0.8016μm、4.3027μm、6.8879μm、8.0071μm、7.4221μm 和 5.2572μm。最终的堆叠形式为 L | L，其中 L 表示我们已设计的 Si | air | Si | air | Si | air 多层结构，输入、输出脊形波导与多层结构的 Si 层相连。图6.19 利用 TMM 方法计算 L | L 多层结构的

反射谱，其中 L 的构成形式为 Si | air | Si | air | Si | air。从图 6.19 可见，在 1.57～1.58μm 的波长范围内存在一个约 1nm 的较宽反射峰，同时在 1.59～1.60μm 的波长范围内，存在一个约 0.7nm 的反射峰，两个反射峰的间隔为 14nm。图 6.20(a) 所示为该结构和脊形输入输出波导的扫描电镜图片，而 6.20(b) 所示为测量该结构的插入损耗谱。

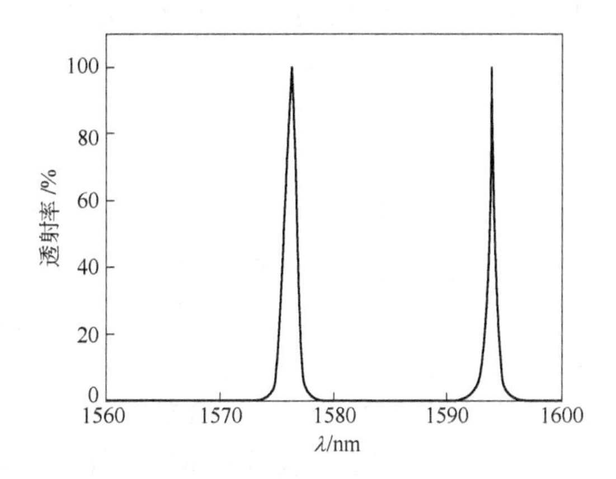

图 6.19　多层结构的反射谱

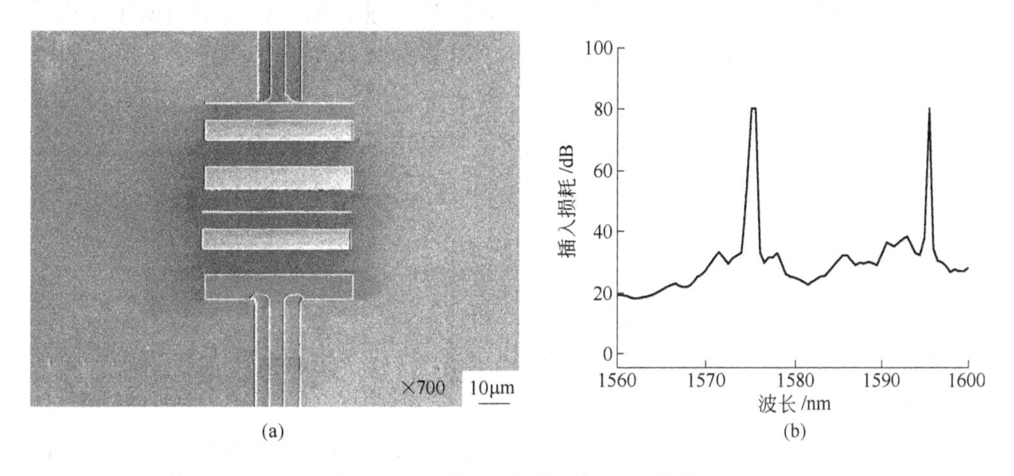

图 6.20　一维光子晶体及插入损耗谱

(a) 扫描电镜图片；(b) 一维光子晶体插入损耗谱

总之，通过三角函数来设计无序多层结构，或者再重新将这种无序结构作为一个重复单元排列出周期结构，无论是以微扰形式还是以对光学厚度调制的形式叠加在多层结构的光学厚度上，都是获得窄带反射式滤波器十分有效的方法。该方法可通过调整正弦振荡的振幅、采用不同的正弦函数定义区间及不同的堆叠方式，可以很方便的得到所需要的多层结构的反射谱曲线形式，而且通过 λ_0 的改变可以使所需要的多层结构反射谱曲线出现在特定的波长范围内。

第五节 光子晶体带阻滤波器

本节根据光子晶体归一化色散曲线的性质，利用光子晶体高阶禁带可增加晶格长度的特点，设计并加工了具有带阻滤波特点的一维光子晶体高阶禁带滤波器，并对高阶禁带应用的特点进行了分析。

一、理论设计

首先，利用平面波展开法（PWM）计算由 $Si(air|Si)_n$ 形式构成一维光子晶体的色散曲线，其中 Si 的折射率是 3.45，空气的折射率是 1。计算时采用 1500 个平面波，确保计算结果的稳定和准确。通过调整参数发现当 Si 层厚度为 4μm，空气层厚度为 11μm 时，这一结构的光子晶体在 $\omega a/2\pi c \approx 9.7$ 附近有一禁带，其位于第 32 和 33 个能带间，宽度为 $\Delta\omega a/2\pi c = 0.1351$，其中 a 是晶格常数，ω 为光波频率，c 为光速。图 6.21(a) 所示为利用 PWM 计算这一光子晶体结构的色散曲线结果，其中阴影部分为所利用禁带，其位于第 32 和 33 个能带间。图 6.21(b) 所示为此一维光子晶体结构的第 32 个和 33 个能带的收敛情况与所用平面波数间的关系，可见只要平面波数大于 500，计算结果基本趋于稳定。如果假设禁带中心对应的波长为 1.550μm，那么此时禁带边缘将位于 $\lambda = 1.545\mu m$ 和 $\lambda = 1.555\mu m$ 的位置，晶格周期长度为 15μm，可见这一设计的晶格周期尺寸远大于应用波长，利用普通的电子束刻蚀就可轻易实现。

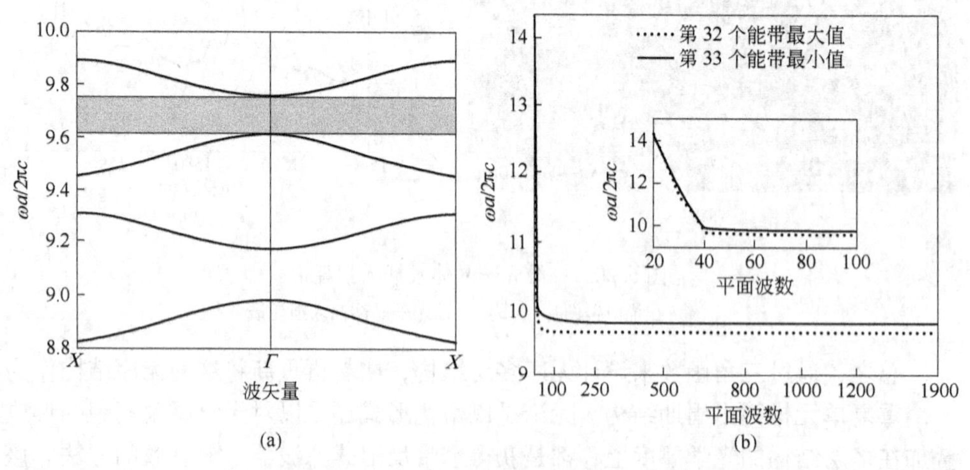

图 6.21 $Si(air|Si)_n$ 形式的一维光子晶体色散曲线

（a）色散曲线；（b）高阶禁带边缘的收敛情况

二、试验过程

试验中，一维光子晶体 Si(air | Si)$_n$ 采用 Si(air | Si)$_5$ 的形式，选用 SOI 材料进行制作，其中 SOI 的 Si 层厚度为 5μm。制作时，先利用光刻技术在 SOI 材料上刻蚀出光刻胶图形，然后以光刻胶为掩模，利用 ICP (Inductively Coupled Plasma) 刻蚀技术，在 SOI 材料上制作出设计的一维光子晶体结构。光刻版的精度为 0.25μm（美国 GCA 3600F Pattern Generator 和 GCA 3696 Photorepeater 光学制版系统及日本电子 JEOL JBX6A11 电子束曝光系统制作完成）；光刻工艺的精度小于 1μm（德国 Suss Microtec 公司生产 MA6/BA6 双面光刻机）；ICP 刻蚀采用法国 Alcate 公司 Alcate 601E 系统进行。为了便于透射谱测试，采用矩形波导作为输入和输出耦合方式，矩形波导的宽和高均为 5μm，输入和输出波导轴线重合，且与一维光子晶体接触。图 6.22(a) 所示为制作的一维光子晶体带阻滤波器的扫描电镜图像，图 6.22(b) 所示为利用传递矩阵法（TMM）计算 Si(air | Si)$_n$ 结构不同 n 值的透射谱曲线对比。从图 6.22(b) 可见，$n \geqslant 5$ 时，(air | Si)$_n$ 的透射谱形状基本不发生变化，所以当 $n = 5$ 时，即周期数最少情况下，就可获得良好的一维光子晶体禁带性质，这也是试验中采用 (air | Si)$_5$ 形式的主要原因。

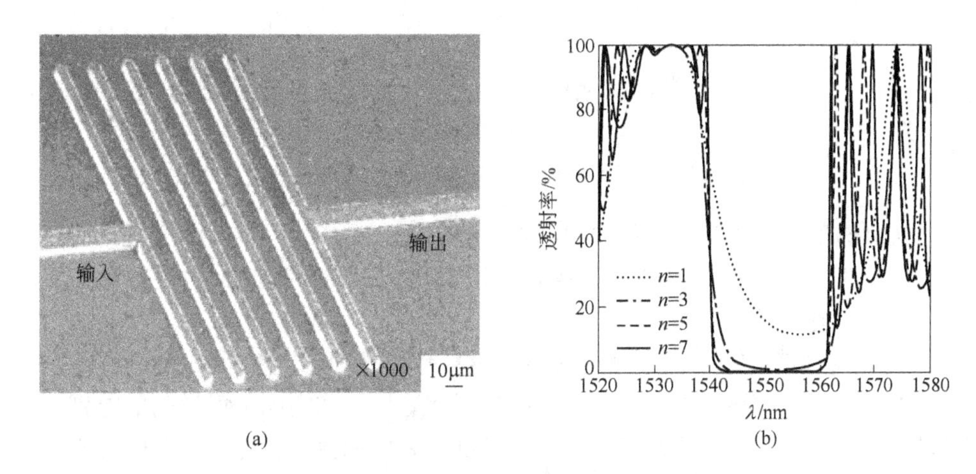

图 6.22　一维光子晶体及透射谱

(a) 扫描电镜图片；(b) 理论计算的透射谱

三、结果和分析

(一) 透射谱测试及分析

为了便于光子晶体透射谱曲线的测试，试验中采用宽高为 5μm 的矩形波导

作为输入输出光信号的耦合方式。相对于 1.55μm 附近的测试波长而言，这种矩形波导为多模波导。由于输入波导的光信号是通过单模光纤耦合进入，所以从模式匹配角度看，基模携带的能量要远大于其他高阶模式携带的能量，从而确保了入射到一维光子晶体表面的光为垂直入射。而输出采用多模波导结构，相应地增加了输出波导俘获源自光子晶体光信号的能力。图 6.23 是图 6.22(a) 中一维光子晶体 $Si(air | Si)_5$ 结构的实测透射谱与理论计算透射谱的对比图，其中实线是实测透射谱；点线是利用传递矩阵法（TMM）计算的透射谱。由图 6.23 可见，实测透射谱和理论计透射谱的结果符合得很好，表现在：（1）谱线中心基本一致；（2）禁带宽度基本相同；（3）衰减趋势相似；（4）在测试范围 1520～1580nm 范围内出现单一禁带。实测透射谱的这些特征进一步验证了我们高阶禁带设计方法的正确性。

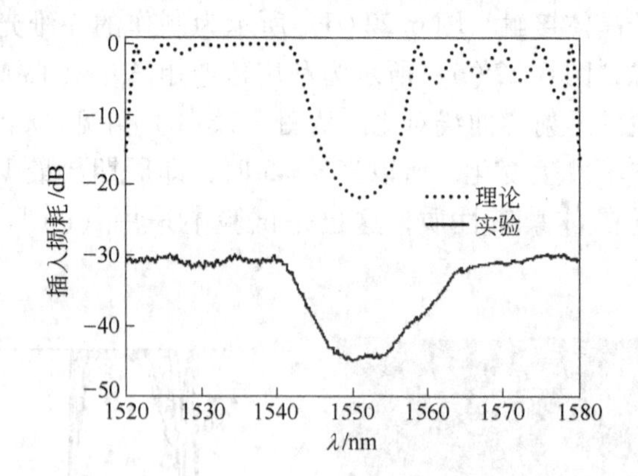

图 6.23 理论计算和实验测量 $Si(air | Si)_5$ 结构的透射谱对比

实测透射谱与理论计算结果也存在一些不同：

（1）实测透射谱的整体损耗比较大，约为 -30dB，在禁带中央部分，实测透射率大于理论透射率。

（2）在禁带边缘处，实测透射谱的透射率小于理论计算值，且这种差别在短波方向表现不明显，在长波区表现明显。理论计算和实测透射谱间的差别，可通过光子晶体结构、矩形波导的输入输出耦合方式和模式特性给出合理的解释。

首先，对一维光子晶体 $Si(air | Si)_5$ 结构而言，垂直于光传输方的限制仅存在于 $Si(air | Si)_5$ 结构的硅层上，而结构设计中，空气层的厚度约为 Si 层厚度的两倍，这使得垂直方向的光场限制很弱。此外，单模光纤与多模矩形波导间的耦合会存在损耗，特别是单模光纤与输出波导间会存在较大的耦合损耗。这些因素使得实测透射谱具有较大的本底损耗，达 30dB。

其次，矩形波导是多模波导，且模的阶数越高，其传输方向与波导轴线偏离的角度越大。其最大角度可由式（6.3）近似估计：

$$\theta < 90° - \arcsin(n_{air}/n_{Si}) \tag{6.3}$$

式中，θ 是光偏离输入波导轴线的角度；n_{air} 是空气的折射率；n_{Si} 是 Si 的折射率。取 Si 的折射率为 3.45，空气的折射率为 1，那么 $\theta_{max} = 90° - 16.849° = 73.151°$。高阶模式对基模透射谱的影响，可通过光波以不同角度倾斜入射到一维光子晶体后，其透射谱的变化情况来说明。图 6.24 不同倾角入射时，$Si(air|Si)_5$ 结构光子晶体的透射谱，每幅图中均用实线标出垂直入射时透射谱的情况。其中图 6.24(a) 倾角为 5°；图 6.24(b) 所示倾角为 9°。由图 6.24 可见，光波倾斜入射后可使原有的光子禁带向短波方向移动，并且倾斜角越大，向短波方向移动的越多。这种效应使得在短波方向上的实测透射谱曲线的损耗，大于理论设计值，同时也使得禁带中央高损耗位置的损耗值降低。

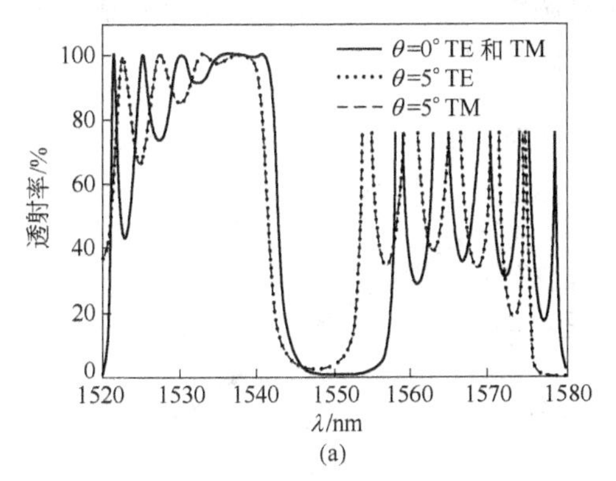

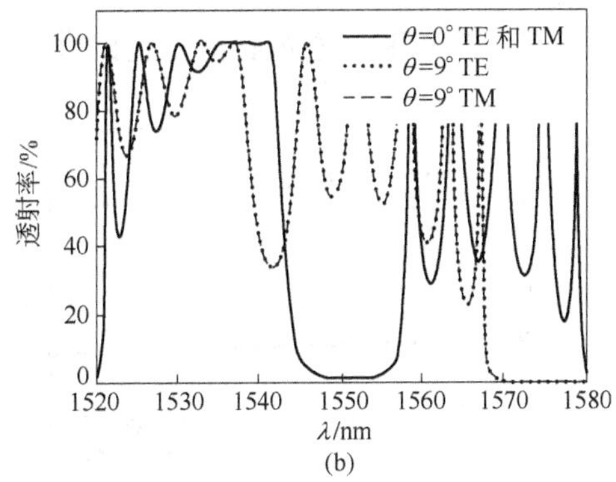

图 6.24　一维光子晶体的透射谱

(a) 入射角 5°；(b) 入射角 9°

最后，在长波方向上，理论计算的透射谱虽然具有比较锐利的上升趋势，如图 6.22(b) 所示，但也存在多个高损耗的小反射峰，而频谱仪在测量每个波长位置时，是计算该波长的平均光强，这导致了长波方向上的实测透射谱相对于理论计算值的损耗变大。

(二) 高阶禁带的工艺容差特点分析

由于光子晶体是一种对结构参数改变非常敏感的材料，加工误差会使设计的光子晶体性质产生很大的变化，如发生禁带位置的漂移或禁带宽度的改变，所以光子晶体对工艺精度的要求很高。考虑我们制作工艺的特点，工艺误差产生的主要结果是：晶格周期长度基本不变，而高低折射率介质所占的比例（即填充比）会发生微小变化。这种工艺误差对禁带性质的影响，由图 6.25 和图 6.26 给出。计算过程采用 PWM 方法，平面波数为 500。图 6.24 所示为用 PWM 方法计算周期长度不变，而 $Si(air|Si)_5$ 结构的 Si 层厚度发生变化时，第一禁带性质的变化

情况。图6.25(a) 所示为第1和第2个能带的位置随Si层厚度的变化情况；图6.25(b) 所示为第1和第2个能带间的禁带宽度随Si层厚度的变化情况。图6.26所示为用PWM方法计算周期长度不变，而Si(air | Si)$_5$结构的Si层厚度发生变化时，第32个禁带性质的变化情况。图6.26(a) 所示为第32和第33个能带的位置随Si层厚度的变化情况；图6.26(b) 所示为第32和第33个能带间的禁带宽度随Si层厚度的变化情况。图6.25和图6.26的横轴为偏离设计尺寸情况，纵轴为归一化频率。从图6.25和图6.26可见，这种工艺误差使高（第32个禁带)、低（第1禁带）阶禁带中心频率和禁带宽度都发生变化，但低阶禁带中心频率和禁带宽度发生线性变化，而高阶禁带中心频率发生近似的线性变化，禁带宽度呈现非常明显的震荡形式，且在一些特殊点附近，可获得宽于低阶禁带的禁带宽度。高阶禁带的这种特点，为通过调整工艺参数来调整一维光子晶体高阶禁带的宽度和中心波长的位置提供了更大的便利。

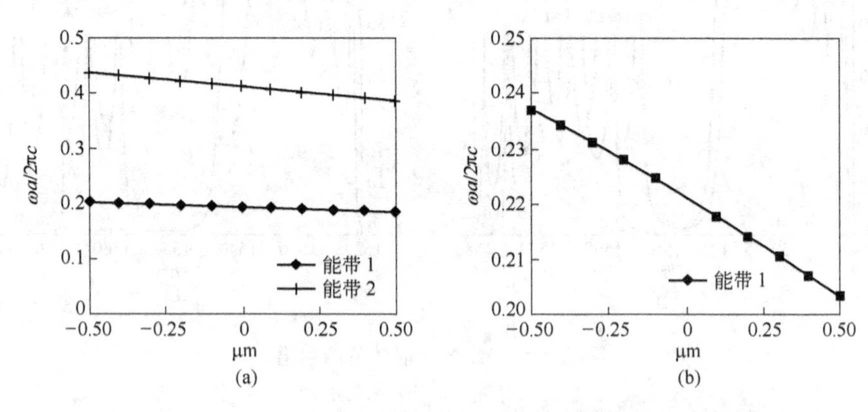

图6.25 Si层厚度变化导致第一禁带性质的变化情况

(a) 能带位置的变化情况；(b) 禁带宽度的变化情况

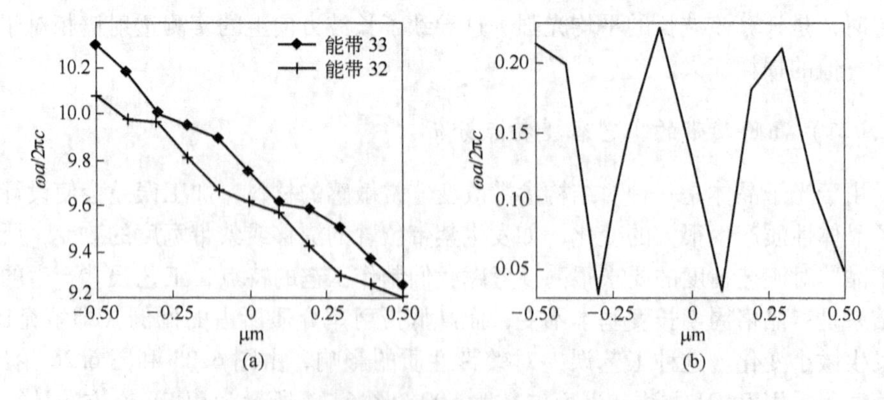

图6.26 Si层厚度变化导致第32个禁带性质的变化情况

(a) 能带的位置的变化情况；(b) 禁带宽度的变化情况

本章主要通过实验研究了三方面的问题：

（1）研究了用矩形波导作为输入输出耦合的长周期一维光子晶体的高阶禁带的光学响应情况。得到：当矩形输入波导的端面形状为垂直于波导轴线的平面时，长周期一维光子晶体高阶禁带的光谱响应与理论结果符合得较好；当矩形输入波导的端面改为圆弧状时，其高阶禁带的光谱响应比波导端面垂直波导轴线时，具有更宽的禁带和更大的损耗，同时禁带中心波长的位置也向短波方向移动；高阶禁带的中心波长比低阶禁带具有更大的容差和可通过调整参数使高阶禁带和低阶禁带具有近似相等的禁带宽度等结论。

（2）通过 PWEM 和 TMM 方法研究了 Si(air | Si)$_8$ 结构一维光子晶体高阶禁带的特点。得到：Si(air | Si)$_8$ 结构的一维光子晶体位于 1.55μm 附近的高阶禁带，在平面波数大于 1000 的情况下，就可以获得收敛结果；此结构的一维光子晶体的高阶禁带出现了周期性的简并现象；Si 层厚度变化对 Si(air | Si)$_8$ 结构的一维光子晶体的高阶禁带有很大影响。利用光刻和 ICP 刻蚀技术获得了 Si(air | Si)$_8$ 结构一维光子晶体和脊形波导的平面集成结构，通过测量此结构的插损，得到了 Si(air | Si)$_8$ 结构的侧向限制和 Si 层的侧向长度是影响损耗的重要因素等结论。

（3）给出了一种设计光子晶体窄带滤波器的方法。基于一维光子晶体结构的周期性，提出了一种新的窄带滤波器的设计方法。这种方法可以能使一维光子晶体能带结构朝着我们需要的某种形式改变，同时也可作为多层堆叠窄带滤波器的一种设计方法。

第七章　光子晶体在晶硅电池陷光结构中的应用

能源问题日益成为制约国际社会经济发展的瓶颈问题。由于在全球范围内石化能源储量有限，且利用石化能源会产生严重的环境污染，所以各国政府普遍注意到各种新型清洁的可再生能源在未来能源结构中的关键地位，纷纷加大对这些能源产业和相关研究工作的支持力度，以便在未来的新能源领域中能占有一席之地。

在各种新型清洁能源中，太阳能被认为是最具发展前景的新型清洁能源之一。据欧洲光伏工业协会 EPIA 预测，到 2030 年，可再生能源在总能源结构中将占到 30% 以上，而太阳能光伏发电在世界总电力供应中的占比也将达到 10% 以上；到 2040 年，可再生能源将占总能耗的 50% 以上，太阳能光伏发电将占总电力的 20% 以上；到 21 世纪末，可再生能源在能源结构中将占到 80% 以上，太阳能发电将占到 60% 以上。这说明光伏发电将在未来的能源结构中占有重要的战略地位，并将成为未来的一种主要能源形式。

第一节　晶硅太阳电池发展状况及趋势

太阳电池是光伏发电系统的核心器件，其发展水平直接决定了光伏发电的发展水平。自从 1954 年太阳能电池发明以来，经过半个多世纪的发展，目前太阳能电池种类十分繁多，且结构日趋多样，转换效率也明显提高。目前市场上的太阳能电池按照材料不同，可分为以下三个系列：晶硅太阳能电池（包括单晶硅和多晶硅）、薄膜太阳能电池和光电化学太阳能电池（如染料敏化太阳能电池）。尽管薄膜太阳能电池和染料敏化太阳能电池均已取得许多重大技术突破，但也必须看到：大多数这类太阳电池仍处于实验室研制阶段，其技术水平、效率水平和市场接受程度，仍无法与晶硅电池相比。

在已实用化的太阳电池中，晶硅电池一直占据着太阳电池市场垄断地位。截至 2010 年，在全球光伏组件市场中，晶硅电池组件所占比例高达 85% ~90%，据欧洲光伏工业协会 EPIA 预测：至少到 2020 年，晶硅光伏组件仍将占据光伏技术的主导地位（到那时其仍将占约 50% 的市场份额），因此晶硅电池仍将是未来光伏市场的主流产品。

本节先对晶硅太阳电池近年来的市场发展情况进行概述，然后对影响晶硅电池发展的成本问题的各个因素进行分析，最后对晶硅电池技术的未来发展趋势进行了展望。

一、晶体硅太阳能产业发展现状

（一）国际晶体硅太阳能产业现状

随着近年来全球太阳能光伏市场的快速发展，全球太阳能电池产量呈现迅速增长的态势。表7.1为2004～2012年全球范围内太阳电池产量增长情况。从表7.1中可以看出：从2004～2012年，全球晶硅太阳电池产量的增长率始终保持在30%～40%。2009年全球太阳电池产量首次突破7000MW，同比增长42.59%。从2009年起，全球光伏市场呈现出新一轮的增长态势，年均增长率约为34%，其中晶硅太阳电池的市场份额虽有所下降，但其绝对产量仍在增长。可以预见：在未来相当长的时间内，凭借成熟的制造工艺和良好的市场接受程度，晶硅电池的市场主导地位不会发生根本性变化。

表7.1　2004～2012年全球晶硅太阳电池增长情况

年份	全球太阳电池产量/MW	增长率/%	全球晶硅太阳电池产量/MW	增长率/%
2004	1.2		1.1	
2005	1.65	37.50	1.5	36.36
2006	2.38	44.24	2.1	40.00
2007	3.5	47.06	2.8	33.33
2008	5.4	54.29	4.3	53.57
2009	7.7	42.59	6.2	44.19
2010	10.7	38.96	8.8	41.94
2011	14.2	32.71	11.7	32.95
2012	18.9	33.10	15.7	34.19

（二）国内晶硅太阳能产业发展现状

从1959年成功研制成功第一块有实用价值的太阳电池开始，经过50多年的发展，目前我国已涌现出一大批优秀的晶硅太阳电池片和电池组件生产企业，如：无锡尚德、河北晶澳、天威英利、常州天合等，这些企业的产能和技术水平已处于世界领先水平。表7.2为2002～2012年中国国内晶硅太阳电池产量增长情况，其中第5列表示的是我国晶硅电池产量在全球晶硅电池总产量中所占的比例。从表7.2中可以看出：2002～2005年，我国晶硅太阳电池片的年均增长率为

100%，在2007年，我国晶硅太阳电池片产量达到了1021.5MW，同比增长154.80%，成为世界第一大晶硅太阳电池生产国；2008年，我国晶硅太阳电池片产量达到1900.5MW，同比增长86.04%，在全球晶硅太阳电池产量中的份额继续提高，我国晶硅电池产量占全球晶硅电池总产量的44.19%。从2009年起，由于受到国际光伏市场和全球金融危机的影响，导致我国晶硅太阳电池的增长率以及其在全球晶硅电池总产量中所占的份额有所下降，但其绝对产量仍以25%的年均增长率稳步增长。

表7.2 2002～2012年中国晶硅太阳电池增长情况

年份	中国晶硅电池产量/GW	增长率/%	全球晶硅电池产量/GW	增长率/%
2002	15			
2003	30	100		
2004	60	100	1.1	5.45
2005	118.7	97.83	1.5	7.91
2006	400.9	236.98	2.1	19.09
2007	1021.5	154.80	2.8	36.48
2008	1900.5	86.04	4.3	44.19
2009	2775	46.01	6.2	44.75
2010	3477.6	25.32	8.8	39.52
2011	4362.7	25.45	11.7	37.28
2012	5092.9	16.73	15.7	32.44

二、晶硅太阳电池发电成本分析

为了使光伏发电获得广泛应用，其发电成本必须接近，甚至低于普通的市电价格0.6元/(kW·h)，但目前光伏发电成本却为1.26元/(kW·h)，所以有效降低发电成本是光伏应用面临的主要问题。光伏发电成本结构主要取决于两方面的因素：即组件成本和电池效率。可以这样说，降低晶硅电池发电成本主要采用以下途径——有效降低晶硅电池组件成本，同时必须使其效率保持甚至超过现有晶硅电池的效率。

（一）晶硅太阳能电池组件成本构成分析

根据晶硅电池组件生产的一般流程，组件的总成本主要由以下几部分组成：晶硅原材料成本、晶体硅锭成本、硅片成本、晶硅电池制造成本和光伏组件的封装成本。在这几部分的成本结构中，可粗略地将其分为两类，即固定成本和可变成本，其中固定成本是在加工过程中不发生变化的成本，如晶硅的原材料成本，而可变成本是随工艺技术和加工方法的不同而不断变化的成本，如硅片成本。由于可变成本与工艺技术水平和加工方法有关，所以不同厂家产品的可变成本变化很大，很难给出一种通用的标准化模型。

为了使电池组件成本结构的分析有意义，我们这里采用2010年报道的最优数据（包括原材料价格、各生产过程的成品率和最终电池效率等），对组件的成本结构进行核算。在2010年，多晶硅的市场价格为40元/kg，切割面积为156mm×156mm，厚度为220μm的硅片（Kerf损失为200μm）。加工过程中，各部分的成品率如下：晶体铸锭的成品率约为95%，晶片切割的成品率约为92%，电池加工过程中的成品率约为93%；组件生产过程的成品率约为97%。根据以上数据，并按市售电池的一般效率为15%计算，那么各部分成本结构如图7.1所示。由图7.1可见：组件封装部分的成本所占的比例为40%，其余部分所占的比例为60%。除组件封装外，其余部分属于半导体材料及芯片的加工制作过程，其受加工制作过程的技术水平影响较大，而组件封装受技术水平的影响相对要小，但其受其他行业原材料成本的影响却较大，所以太阳电池组件的成本对技术水平和市场环境都非常敏感。可以预计：随着技术水平的提高，硅锭生长、切片及电池加工等几个部分的总成本会呈现不断下降的趋势，进而推动晶硅太阳电池发电成本的不断降低。

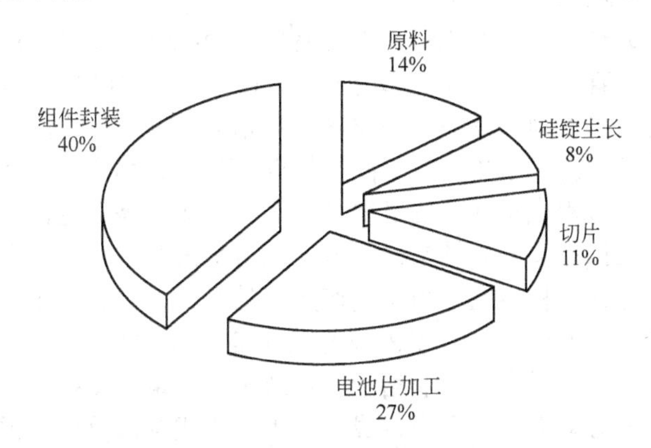

图7.1 影响晶硅电池成本的各个因素在总成本中所占的比例

太阳电池的组件加工过程，属于半导体器件加工过程，所以对组件的各部分成本还可按人、机、料、法等环节进行细分。表7.3给出了细分后的各部分成本的构成情况。由表7.3可见：材料成本和工艺过程成本占组件总成本的比重最大（分别为27.22%和45.54%）；按电池组件加工顺序看，晶硅电池制造和组件封装两个步骤占总成本的比重最大（分别为27.23%和39.44%）。从降低晶硅电池组件的成本角度看，不断降低组件加工过程中的原材料成本和持续改进加工技术无疑将是降低晶硅电池组件成本的基本途径。

表 7.3 晶硅电池组件的各部分成本构成

项　目	晶硅原材料	晶体硅锭生长	切片	晶硅电池制造	光伏组件封装	总计	各部分成本在总成本中所占的比例/%
劳动力/人		0.03	0.05	0.11	0.17	0.36	16.9
设备/机		0.03	0.03	0.09	0.07	0.22	10.33
材料/料	0.27	0.04	0.08	0.15	0.42	0.97	45.54
工艺过程/法		0.10	0.08	0.22	0.17	0.58	27.22
总　计	0.27	0.20	0.24	0.58	0.84	2.13	

从降低原材料成本角度看，组件生产过程中各部分原材料成本的降低都会使原材料成本降低，但无疑能否有效降低原材料成本主要取决于能否有效降低晶硅的原材料成本和光伏组件封装的原材料成本。由于组件封装过程中所使用的一些原材料，如接线盒、辅助材料、铝边框等，属于其他行业的产品，技术均已比较成熟，所以降低的空间十分有限。相对而言，由于晶硅电池所使用的晶硅片，与微电子行业所用晶硅片要求的技术重点不同，所以客观上，利用有别于微电子晶片生产技术进行太阳电池领域的晶硅片生产，是完全可能的。目前，太阳电池领域已经出现了许多新型晶片生产技术，其中最具吸引力的技术带状多晶硅制造技术（包括限边喂膜（EFG）带硅技术、枝蔓蹼状（WEB）带硅技术、Delaware大学多晶片状硅制造技术和 Stress - induced lift - off 技术等）。这些技术已经显示出了明显的降低原材料成本的优势，如可有效避免线锯切片过程的 kerf 损失。由于这些技术还存在着成品率和生产效率的问题，距离大规模应用还有一定距离，但不可否认这些技术已为降低晶硅原材料成本指明了努力的方向。

从降低工艺过程的成本角度看，除晶体硅材料外，其余过程都涉及工艺过程的成本，都存在着过程成本降低的必要性，但重点应是晶硅电池制造和光伏组件封装两个部分。根据有关研究结果，降低工艺过程的基本途径是——扩大生产规模，加强生产过程的流程控制。由于生产规模的扩大与市场需求关系密切，所以为有效降低工艺过程的成本，不仅需要光伏企业自身加强生产过程的流程控制，而且也依赖于各国持续对光伏产业给予产业政策和资金的支持。

其他方面，如劳动力成本和设备成本，也是构成各部分成本的关键因素。尽管二者的每一部分的比重都很小，但二者之和却占到组件总成本的 27.23%。这两部分成本，呈现出一种矛盾的关系，即在一定时期内，自动化水平越高的设备，设备成本的投入成本越高，但相应的劳动力成本却较低，反之亦然。从长远来看，随着设备制造技术的进步，自动化水平高的设备成本会逐渐降低，相应的劳动力成本也会随之降低，所以随着光伏企业自动化水平的提高，这两部分成本将会呈现下降的趋势。

（二）晶硅太阳能电池组件转换效率分析

除组件的成本外，晶硅电池组件的转换效率也与其发电成本直接相关，其间的关系为：晶硅电池效率每提高1%，光伏发电的成本可下降约6%。经过多年的发展，晶硅电池的效率已从最初的6%（1954年），发展到目前的25%（2012年）。尽管其效率已经大幅提高，如图7.2所示，但仍不能满足目前光伏发电对成本的要求。

晶硅电池的效率问题可分为两个层面。首先，基于效率对晶硅组件发电成本的影响，应努力提高现有批产化晶硅电池的效率。在这方面，人们已开展了大量而有益的工作，并出现了若干高效电池技术，如背电场技术、浅结技术、绒面技术、密栅金属化技术、钝化技术、吸杂技术、选择性发射区技术及双层减反射膜技术等，同时产生了多种高效电池结构，如PERL（Passivated Emitter，Rear Locally－diffused）、PCC（Point－contact）、LBSF（Local Back Surface Fields）等。其次，确保新开发的超薄晶硅电池的效率保持、甚至超过现有晶硅电池的效率。为降低发电成本，晶硅电池的厚度将越来越薄（已从早期的450～500μm降到目前的150～200μm），但同时也产生了多种不利的效应，表现为：

（1）晶片越薄，单次通过晶片可完全吸收的最大波长越向短波方向移动。如光波单次通过200μm和50μm厚晶硅电池的最大吸收波长分别是1.05μm和0.85μm（见图7.3）。

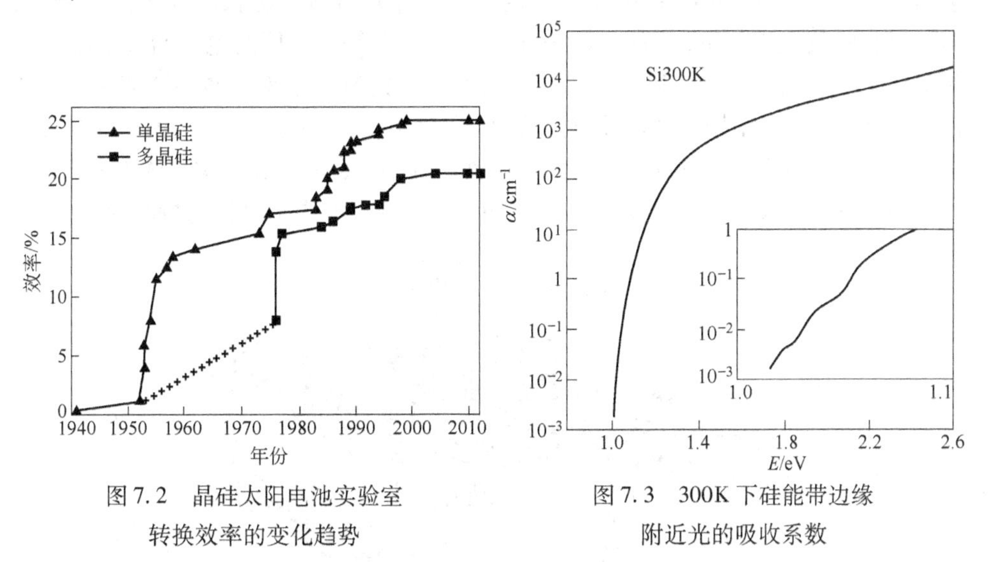

图7.2　晶硅太阳电池实验室转换效率的变化趋势

图7.3　300K下硅能带边缘附近光的吸收系数

（2）晶片越薄，截止波长附近光场的完全吸收就越困难。此外，晶片变薄还意味着同等条件下（光生载流子产生总数相等），晶片内少子浓度增加，导致缺陷对载流子输运过程的影响会更为显著。正因为如此，与厚晶硅电池相比，超薄晶硅芯片的短路电流下降很多（见图7.4，其中顶部曲线表示经表面织构处理的晶硅电池，底部曲线表示未经表面织构处理的晶硅电池），从而引起晶硅电池效率的降低（见图7.5，顶部曲线只考虑辐射复合，底部曲线除考虑辐射复合外，还考虑了俄歇复合和自由载流子吸收）。

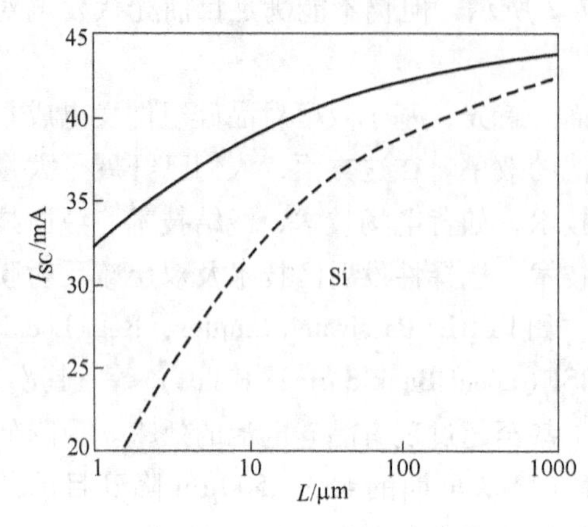

图7.4　短路电流与电池厚度的关系

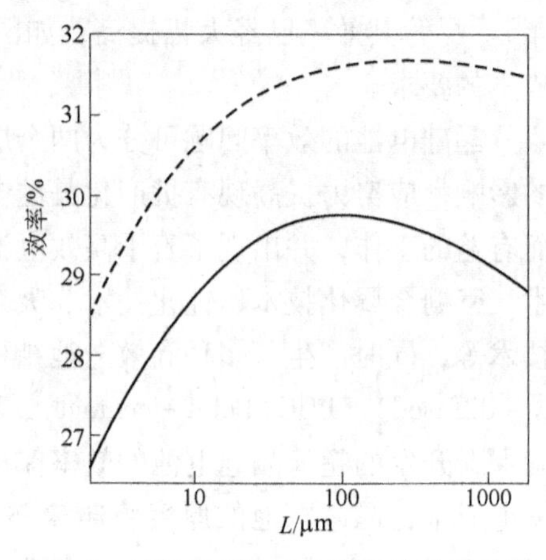

图7.5　转换效率与电池厚度的关系曲线

为了提高晶硅电池的效率，设计具有优异光学和电学增效的电池结构，无疑是研发的重点内容。传统晶硅电池所采用的光学增效措施主要包括：增加入射光场与芯片表面的耦合效率；抑止芯片内光场向体外泄漏、延长芯片体内的光程；拓展材料吸收光谱范围；增加芯片的有效吸光面积等，采用的电学增效措施主要包括：采用表面钝化技术减小载流子在芯片表面的复合速率；减小载流子在芯片体内的复合速率；采用选择性发射极结构增强载流子收集效率等。目前，综合应用上述增效措施所实现的晶硅电池最大实验效率为25%，其电池结构被称为PERL结构（New South Wales大学开发），如图7.6所示。PERL电池结构的特点为：

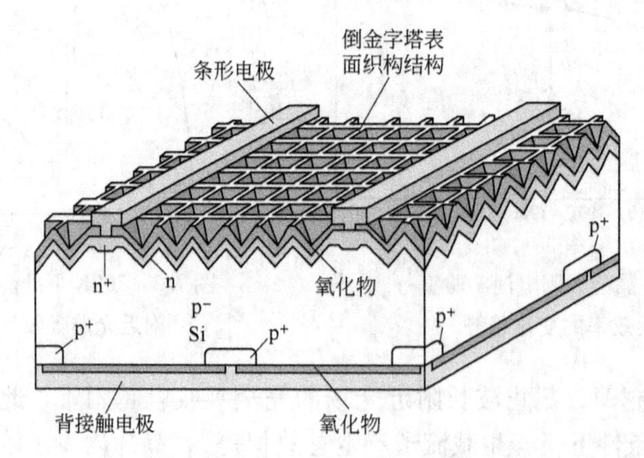

图7.6　钝化发射区和背面局部扩散（PERL）单晶硅电池结构

（1）采用“倒金字塔”结构，增加入射光场与芯片表面的耦合效率。

（2）采用铝背电极，该背电极本身又可作为金属背反射器，抑止芯片内光场向体外泄漏、延长了电池片体内的光程。

(3) 在电池受光区域采用淡磷扩散，改善了短波响应，拓展材料吸收光谱范围。

(4) 采用细栅技术，增加芯片的有效吸光面积。

(5) 采用双面 SiO_2 钝化技术，大大降低了表面态密度，减小载流子在芯片表面的复合速率。

(6) 采用选择性发射极结构，即在上表面栅电极下采用浓磷扩散，在受光区域采用淡磷扩散，既减少了栅指电极接触电阻，又减少了表面复合，增强载流子的收集效率。

因上述 PERL 电池制备表面织构过程中，会使表面损伤达 10~30μm，所以其仅适用于厚度大于 120μm 的晶硅电池，而对于更薄（厚度在 10~50μm）的晶硅电池，采用微纳等级的陷光结构无疑是这些电池必然的选择。

三、晶硅电池技术的未来发展趋势

结合上述对晶硅电池组件的成本和效率分析，可见：为了有效降低晶硅电池的成本，必须将组件成本的降低与电池效率的提高有机结合在一起，使组件成本降低的同时，确保晶硅电池效率能保持、甚至超过目前的水平。按晶硅电池组件的成本构成，即晶硅原材料、晶体硅锭生长、硅片切片、晶硅电池制造和光伏组件封装等，对晶硅电池的技术的未来发展趋势分析如下。

（一）晶硅原材料生产技术

晶硅原材料的成本约占晶硅电池组件总成本的 13%，其高昂的市场价格成为阻碍光伏产业发展的首要因素，因此，在不影响电池效率的前提下，降低晶硅原材料的成本是降低晶硅电池组件成本的关键。根据 CTM 预测，到 2020 年，为实现全面降低光伏发电总成本的目标，晶硅原材料价格至少需要降低 50%，如图 7.7 所示。

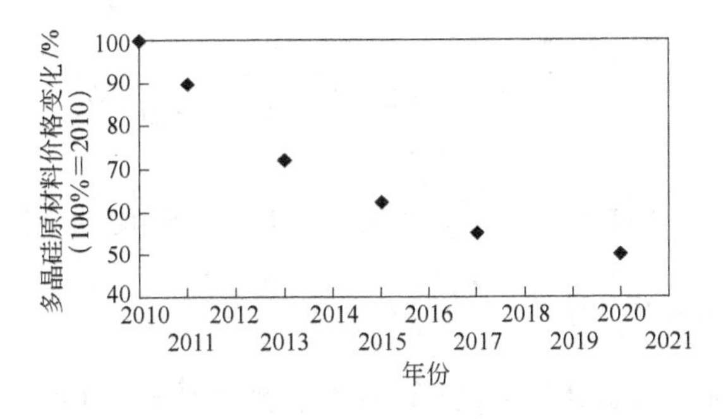

图 7.7 多晶硅原材料价格下降趋势

多晶硅原材料价格的降低主要依靠多晶硅原材料生产技术的进步来实现。目前，生长多晶硅材料的主要方法为：冶金法和西门子法。这两种方法中，冶金法比传统的西门子及改良的西门子法的能耗低很多（约低25%的能耗），且西门子法产生 Cl_2、$SiCl_4$ 等会对环境造成严重污染，所以考虑到能耗与环境污染问题，未来一段时间内冶金法会被更广泛地采用。另一方面，开发低成本、低污染的新型晶硅材料生长技术，将成为这一领域的主要挑战和首要任务。

（二）晶体硅锭生长技术

目前，晶体硅锭的生长主要有两种方法，即定向凝固法和浇铸法。未来晶体硅锭生长技术的发展趋势主要体现在解决晶体硅锭生长过程中的一些关键技术问题上，需要解决的关键技术问题主要包括以下几个方面：

（1）盛硅容器的材质。由于硅熔体冷凝时会牢固地黏附在坩埚的内壁，硅固化时体积增加9%，若两者的膨胀系数不同，会使硅锭产生裂纹或破碎。此外，熔化硅几乎能与所有材料起化学反应，因而需要进一步减少坩埚材料中的杂质及氧、碳的含量，减少坩埚对硅料的污染，提高晶体硅锭的质量。

（2）晶体结构。为了提高晶硅电池的效率，在晶体硅锭的生长过程中需要采取有效的方法来控制晶体结构，以生长出大小适当（数毫米）的具有单向性的晶粒，并需要减少晶体中的缺陷。

（3）晶体硅锭质量。为了提高晶体硅锭生长工序的产能，生长出来的晶体硅锭主要朝大尺寸晶锭的方向发展。在2010年，铸出的单晶硅锭锭重可达150kg左右，多晶硅锭锭重可达430kg左右，CTM预测了未来单晶硅和多晶硅硅锭质量的增加趋势，如图7.8所示。

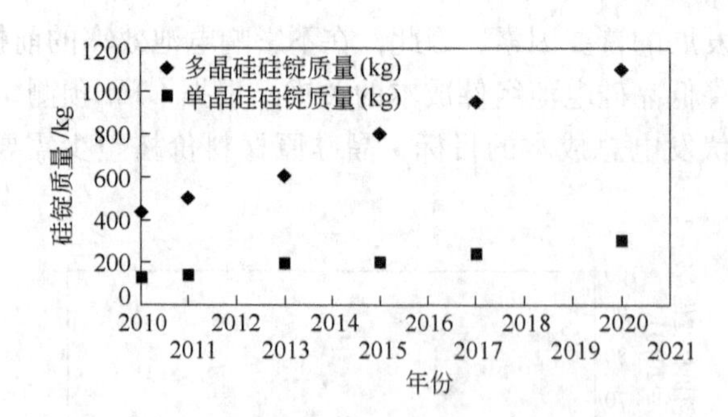

图7.8 单晶硅和多晶硅硅锭质量增加的趋势

（三）硅片切片技术

硅片切片技术作为硅片加工工艺流程中的关键工序，其加工效率和加工质量直接关系到整个硅片生产的全局。为了降低晶硅电池组件的成本，需要减少晶硅电池硅材料的使用量，即用来制备晶硅电池的硅片厚度呈现逐渐减薄的趋势，图7.9表示的是未来硅片厚度的变化趋势，预计到2020年切割出来的硅片厚度可以降低到100μm。随着硅片厚度的减薄，对于切片工艺中切割精度、表面平行度、翘曲度和厚度公差的要求会更高，尤其对于降低切片过程中的kerf损失，已成为有效控制组件成本的必然要求。据EPIA国际委员会的统计分析，给出了在未来的15年内，与晶片厚度相对应的kerf损失见表7.4。

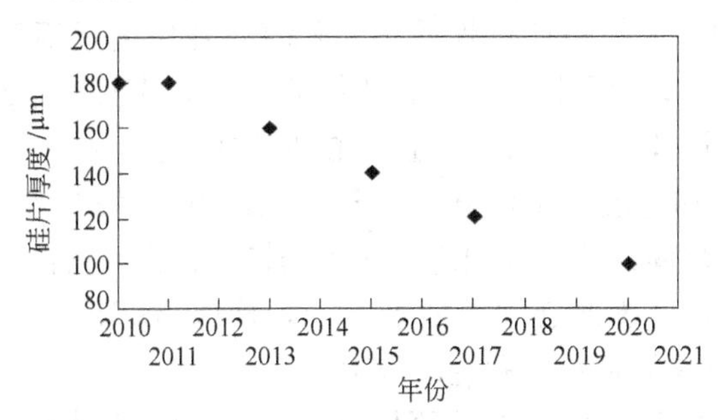

图7.9 晶硅电池用硅片厚度的变化趋势

表7.4 未来硅片切割中的kerf损失

年 份	硅片厚度/μm	Kerf损失/μm
2005	230~270	200~220
2010	180	160
2020	100	100

随着硅片厚度不断减薄，切片过程遇到的技术挑战，表现为：

（1）Kerf损失在硅片切片工序中占有的比例不断加大，由表7.4可知，kerf损失所占的比例在2005年为46%，到2020年将会增加到50%。

（2）材料的切屑粒微小，将混杂在研磨液中，造成切割效率下降。

（3）分离切屑粒与研磨液的成本变高，实施更为困难。因此，开发出适用于薄晶硅电池的切片技术，进一步减小Kerf损失，提高研磨料利用率，将是未来晶硅片切片技术的发展趋势。

另外，许多新型的硅片成型技术将会获得快速发展，如带状多晶硅制造技术（包括限边喂膜（EFG）带硅技术、枝蔓蹼状（WEB）带硅技术、Delaware大学多晶片状硅制造技术和Stress－induced lift－off技术等）。这些技术省去了切片环节，从而使传统晶硅片加工过程的切片损失及相关费用降到最低，是未来极具竞争力的晶片成型技术。

（四）晶硅电池制造技术

由于晶硅电池是朝着大面积、薄片化、高效率的目标发展，因此，开发适合超薄晶硅电池的制造技术，并兼顾生产线的产能与电池的效率，是这一领域的未来发展趋势，具体如下：

（1）干法腐蚀技术的重要性，逐渐显现。随着晶硅电池片厚度进一步减薄，传统的湿法腐蚀（酸腐蚀和碱腐蚀）技术，将不再适合薄电池片的表面织构加工，而干法腐蚀技术（如等离子体刻蚀技术）将在这一领域受到日益广泛的重视。

（2）低温扩散工艺将被广泛地采用。随着芯片厚度逐渐变薄，为有效控制芯片生产的成品率、结深和掺杂浓度，传统的高温扩散工艺将逐渐被低温工艺取代，如掺杂过程采用离子注入和相应退火技术来实现。

（3）新的互连和叠层技术的开发。随着晶硅电池片厚度进一步减薄，由合金工艺及硅与电极之间的热失配引起的应力场扩展，会使得硅片明显弯曲。为了保证高成品率，电池片翘曲必须要低于2mm。预计到2015年，将开发出适用于厚度小于150μm晶片的新互连和叠层技术。

（4）新电极浆料的开发。除硅原材料外，电池电极制备过程中所用浆料也是影响晶硅电池成本的另一个主要因素。未来晶硅电池电极制备所用电极浆料的要求如下：首先减少银、铝浆料的使用量。图7.10是尺寸为156mm×156mm的晶硅太阳电池银浆料使用量减少的趋势。其次，采用较廉价的材料来代替银。从2015年开始，银可能被大规模的取代，铜有望成为替代银的材料。最后，出于环保考虑，需要采用无铅的浆料/油墨来替代含铅的浆料/油墨，并且要确保获得与使用含铅浆料时相同的或更高的晶硅电池转换效率。

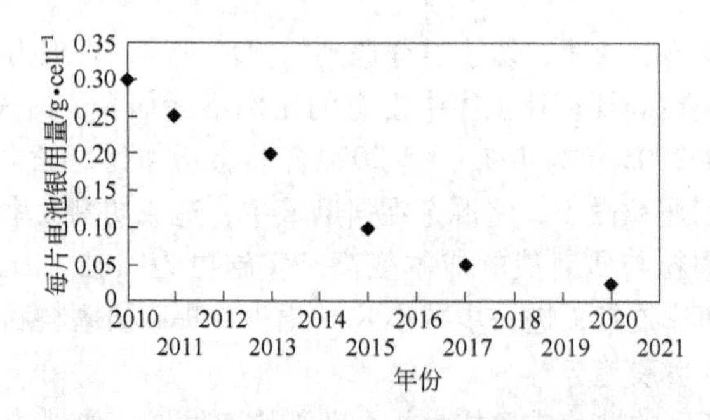

图7.10 对于规格为156mm×156mm的太阳电池银浆料使用量预期减少的趋势

（5）为了进一步提高晶硅电池的转换效率，需要减小金属栅极的遮光面积，即在不明显增加栅极电阻的前提下，减小指状栅极宽度。图7.11表示的是在不明显降低电导率的情况下，栅极宽度的变化。从图7.11可知，按照当前的技术水平指状栅极的宽度可以减小到80μm。因此，未来的金属电极制备技术应适合于细栅线的制备，并且应满足更高的发射区方块电阻要求，使得栅极与浅发射区建立起可靠的接触。

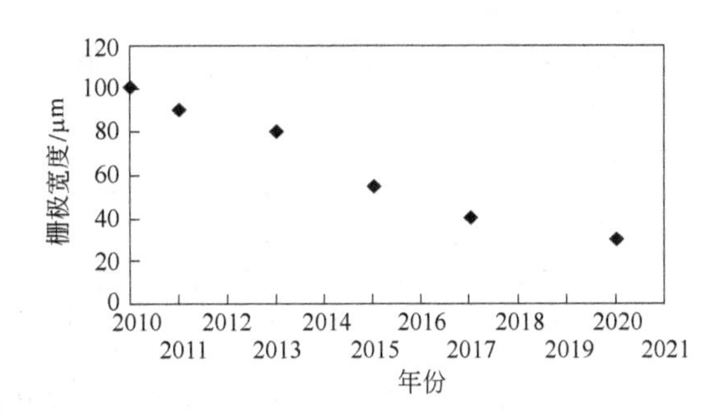

图 7.11 晶硅电池前表面栅线宽度的变化趋势

另外，随着 PERC 与类 PERL 等高效电池的概念的引入，实际生产中有望更多地采用背接触电极结构。因背接触式太阳能电池的效率较高（无阴影），且属于平面加工范畴，可与现行工艺兼容，所以未来晶硅电池电极结构的发展趋势将主要是背接触式电极结构。

（6）为了提高整个晶硅电池生产线的产能，未来应通过改进组件制造技术和提高设备自动化程度来保证前道工序（化学和热处理）和后道工序（金属化和分选）具有相同的生产能力，表 7.5 表示的是当前、后道工序的产能接近时，电池生产线预期的产能值。预计到 2015 年，采用先进的金属化技术和设备，可以减小前道工序和后道工序产能的差距，使得整个生产线的产能大幅度提高。

表 7.5 当前、后道工序的产能接近时，预期的产能值

年 份	前道工序（化学处理 + 热处理）/晶片 · h^{-1}	单线后道工序（金属化 + 分选）/晶片 · h^{-1}
2011 ~ 2012	3600	3000
2013	5000	3600
2015	6400	5400
2020	7200	7200

（7）光伏组件封装技术。光伏组件封装技术的发展主要是围绕着如何提高晶硅电池组件的转换效率以及如何提高组件封装工序的产能。为了提高晶硅电池组件的转换效率，更加充分有效地利用太阳光，需要减小电池上表面的玻璃—空气界面的光反射率，通过采用抗反射玻璃可以将反射率从典型值 4% 降低到 2%，从 2013 年起，在光伏组件的封装中将普遍采用抗反射玻璃。另外，也需要减小光在玻璃和封装材料中的吸收率，使得组件的功率损耗最小。图 7.12 所示为未来电池组件中玻璃的光吸收率以及玻璃 - 空气界面反射率的变化趋势。到 2013 年，当普遍采用减反射玻璃后，光伏组件功率比（组件功率/电池功率 × 电池数量）率将有大约 1.5% 的提高。

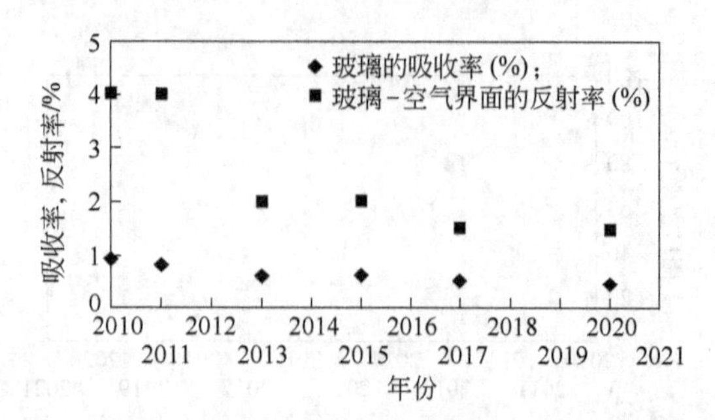

图 7.12 未来光伏组件中玻璃的光吸收率以及玻璃－空气界面反射率的变化趋势

为了提高光伏组件封装工序的产能，从长远来看，发展自动化封装技术及相应的加工设备是必然的趋势，同时，光伏组件封装技术自动化水平的提高，可以确保电池组件产品的质量，提高产品的成品率，降低生产成本。

（五）晶硅电池增效技术的未来发展趋势

由于超薄晶硅电池是未来晶硅电池的发展方向，因此未来晶硅电池增效技术的发展将主要围绕着如何增加超薄晶硅电池对太阳辐射能量的收集及扩大超薄晶硅电池中可收集到的光的频率范围。目前，国内外研究人员已提出多种可用于提高超薄晶硅电池效率的增效技术，其中比较具代表性并有望能够在未来超薄晶硅电池批量生产中采用的新型增效技术主要包括以下几种：

（1）光子晶体背反射技术。对于超薄晶硅电池，为了能够有效吸收长波（可见－近红外波段）光子，需要在超薄晶硅电池底部设计合适的背反射结构，以使穿透到电池底部而未被吸收的长波光子反射回电池内部，从而实现二次或更多次吸收的效果，最终达到提高薄晶硅电池效率的目的。据相关研究报道，可以采用光子晶体技术来制备高效全角度晶硅电池的背面反射器，由于光子晶体是不同的电介质在空间呈现周期分布，其主要特点是存在光子禁带，因此，可以通过设计不同的光子晶体结构，来控制光子禁带，获得较大范围的电磁波反射。光子晶体背反射器相比于金属背反射器，其优势在于光吸收较小，光反射率较高；相比于其他介质反射器，其优势在于适用波长范围宽及对光线入射方向不敏感，从而容易实现全反射角。同时光子晶体背反射器还具有结构简洁、工艺简单、相应波段反射率高及角度宽容性良好等优点。

（2）光栅技术。在薄晶硅电池上、下表面可采用光栅结构来实现陷光的目的，由于光栅结构的存在，电池表面与太阳光的接触面积增大，光在电池内部出现多次反射，反射的光子也可在表面产生多次反射的效果，同时也使光子在电池体内的运动路径变长（光程变长）。另外，当入射光垂直入射到电池表面时，产生衍射效应，使得电池表面反射减弱，从而电池表面的吸收率增加。对不同的光栅结构进行优化组合可以增加整个波段范围内的光吸收率，优化后的光栅结构能够更好的激发微腔效应，将太阳光谱辐射能量束缚在高低错落的光栅槽内，这样减弱了电池表面的反射，从而可增强光的吸收，提高电池的转换效率。通过合理设计光栅结构，如光栅周期、光栅深度、光栅宽度等，可大幅改善电池光栅结构表面对不同波长的光谱响应。

目前，很多研究人员都致力于把光子晶体和光栅结合来增加太阳电池的陷光能力。如 James G. Mutitu 同时在太阳能电池中运用了平面增透膜和纳米光栅结构对太阳能电池进行优化，从而提高了装置的短路电流。在运用微纳米光栅结构的时候分别使用了矩形光栅和三角光栅对太阳能电池进行优化，都能在一定程度上改善太阳能电池的光波吸收率以及短路电流，从而达到提升转换效率的效果。

（3）表面纳米织构技术。薄晶硅电池由于其厚度原因而不能采取传统绒面结构，因此可以在薄晶硅电池表面采用纳米织构来增加电池的陷光能力，表面纳米织构主要包括金属纳米颗粒、纳米线、纳米锥和纳米孔等，这些低维结构材料具有独特的光电特性，如量子尺寸效应、热电特性、比表面积增加引起的光敏度和生化灵敏度增强等。研究结果表明：与其他几种表面纳米织构相比，纳米孔由于其吸收波段范围更宽、陷光能力和机械稳定性更好，因此引起了人们的广泛关注。尽管这种织构结构的性能十分优越，但在其实用化之前，必须先解决好加工成本偏高、大面积加工困难等问题。

（4）先进的电池表面钝化技术。开发适合于超薄晶硅电池的表面钝化材料和钝化膜制备技术，除采用传统的等离子增强化学气相沉积制备 SiN_x 钝化膜之外，国内外研究者近来又开发出了一些新型钝化膜材料，如 SiC_x：H、Al_2O_3、$\alpha-Si$ 等。研究结果表明：采用等离子辅助原子沉积技术制备的 Al_2O_3 钝化薄膜相比于其他钝化膜，由于其具有优异的场效应钝化和化学钝化特性，因此对电池表面具有最佳的钝化效果，如采用 Al_2O_3 钝化低阻的 p 型或 n 型硅片获得的表面复合速度可分别降低到 13cm/s 和 2cm/s。而且 Al_2O_3 钝化膜中含有大量的负电荷，相比于传统的 SiO_2、SiN_x 等钝化膜，对高掺杂的 P 型或 P^+ 发射极的钝化效果更好。因此，随着研究的深入和技术的不断进步，Al_2O_3 钝化薄膜会取得更大的进展，并有望在未来晶硅电池工业生产中得到广泛的应用。

第二节　超薄晶硅太阳电池上表面陷光结构研究

陷光结构是一种有效降低太阳电池光学损耗的微光学结构，具有增强入射光场的耦合效率和延长体内光场光程的作用，所以其已成为各类高效太阳电池设计的重点内容之一。按在芯片表面位置的不同，陷光结构可分为两类，即上表面陷光结构和下表面陷光结构。在传统晶硅电池结构中，上表面陷光结构主要采用带增透膜的金字塔（或倒金字塔）或 V 形槽结构，而下表面多采用金属膜或介质膜反射镜结构。由于在这种传统的陷光结构中，织构结构的尺寸远大于光波长，所以可用几何光学理论对其陷光效果进行评估。计算表明：如果芯片的上下表面均制作出最优的陷光结构，那么其就可使表面光滑的平板型芯片的体内光程增加达 $4n^2$ 倍（即 Yablonovith 极限，其中 n 为材料折射率。对晶硅材料而言，$4n^2 \approx 50$），进而使其吸光效果显著增强。

近年来，由于以光子晶体结构为代表的微纳光学陷光结构，具有突破陷光结构 Yablonovith 极限的巨大潜力（如光程增加可达 $12 \times 4n^2$ 倍），所以引起人们极大的关注。目前，光子晶体陷光结构（包括一维、二维和三维光子晶体）主要有三种基本的应用形式：上表面陷光结构（上表面的吸光层）、下表面陷光结构（背反射器）和新型陷光结构。利用光子晶体结构制作电池的上下表面陷光结构，可实现多种对光场管理功能，如利用芯片上下表面的光子晶体吸光层和背反射器，可分别获得广角吸光和理想反射镜效果，且这种上下表面的光子晶体薄层会对经其衍射或反射的光波产生多重衍射或反射级，从而增强了平板型电池（可视为平板波导）对体内光场的束缚能力。现阶段，基于光子晶体结构的陷光结构，主要用于因有源层过窄而产生的严重光学损耗的各类薄膜电池结构中。

由于超薄硅晶片（几微米到数十微米）切割技术的发展，如 SLIM - cut（Stress Induced Lift - off）技术和 PIE（Proton Induced Exfoliation）技术，且超薄晶硅片具有原材料丰富、少子寿命较高和电池性能稳定等特点，所以其已被视为降低传统晶硅电池成本的有效途径之一。另一方面，由于超薄晶硅片的有源层非常薄，所以其也存在类似薄膜电池中存在严重光学损耗的问题。从陷光结构角度看，已有的超薄晶硅电池多采用传统晶硅电池中使用的陷光结构，即上表面主要采用带增透膜的“金字塔”或“倒金字塔”形式的陷光结构，下表面采用金属或介质反射镜形式的陷光结构。相对而言，利用光子晶体结构制作超薄晶硅电池陷光结构（特别上表面织构化结构）的报道，还比较少。

一、一维光子晶体结构研究现状

本书主要利用一维光子晶体结构进行超薄晶硅电池上表面超陷光结构的设计。在一维光子晶体陷光结构的设计中，多数应用是将一维光子晶体结构用于制作薄膜电池的背反射器结构或叠层电池的中间层反射器结构。近年来，利用一维光子晶体结构制作薄膜或超薄晶硅电池的上表面织构结构，已得到了一些比较理想的理论和实验结果，如 2009 年，Y. Park 等人利用 RCWA 方法研究了由 α - Si 材料制作的条带式一维光子晶体电池结构（周期长度为 500nm，电池厚度为 100nm，填充比为 50%）的光吸收情况，计算表明：这种结构可使电池在 300 ~ 700nm 范围的光场吸收效率增加 35%；2010 年，O. E. Daif 等人利用激光刻划和反应离子刻蚀工艺，在 α - Si：H 电池（厚度 400nm）表面制作了一维条带式光子晶体（刻蚀深度225nm，周期长度400nm，填充比为58%）陷光结构，测试发现：这种结构可使电池在380～750nm范围的光场吸收效率增加50%；2012年，A. Bozzola等人研究了利用带增透膜（单层SiO_2）的矩形条带式一维光子晶体上表面陷光结构的陷光情况，计算表明：矩形条带的刻蚀深度为240nm，周期长度为600nm，填充比为30%时，这种陷光结构可使超薄晶硅电池（厚250nm～4μm）能有效吸收$\lambda \leqslant 560$nm范围内的光场，但其对560～1100nm范围内的光场，却存在较大的反射损耗；2012年，S. Dominguez等人研究了利用矩形条带（宽430nm，高180nm）和三角条带（底宽460nm，高323nm）的一维光子晶体上表面织构的陷光情况，计算发现：三角条带式一维光子晶体的陷光效果最佳，可在400～1000nm光谱范围内，使超薄晶硅电池获得接近10%的反射率。在这些一维光子晶体上表面陷光结构的研究中，主要对入射光场垂直入射情形进行了考虑。由于多数太阳电池工作过程中，光场倾斜入射是更为普遍的情况，且晶硅材料有效吸收波段范围实际可达1200nm，所以本文在这些研究的基础上，主要探讨$\lambda \leqslant 1200$nm的宽广波段范围内，基于一维光子晶体（矩形条带式和三角条带式）上表面陷光结构，对以不同入射角入射光场的吸收情况，并给出优化参数。在研究过程中，先分析超薄晶硅太阳电池的陷光要求，然后根据陷光要求，利用传递矩阵法（TMM）和频域有限差分（FDFD）法优化设计增透膜和一维光子晶体的表面织构结构，最后给出基于一维光子晶体的超薄晶硅电池上表面陷光结构的优化参数。

二、超薄晶硅电池的上表面陷光结构要求

图7.13给出了太阳光谱和硅材料吸收光谱的分布特点，其中图7.13(a)大气上界及海平面上垂直入射的太阳光谱。数据来源于美国国家可再生能源实验室。图7.13(b)硅材料的吸收光谱和吸收深度。数据源自马丁·格林教授公开发表的测试结果。将图7.13(a)的光谱强度对波长进行积分，可以发现：紫外光（$\lambda < 400$nm）、可见光（400nm $< \lambda <$ 700nm）和红外光（$\lambda > 700$nm）约分别占太阳光谱总辐射能量的4%、41%和55%。按晶硅材料的截止波长（为1100nm，与禁带宽度1.12eV对应）计算可知，晶硅材料可吸收整个太阳辐射的78%，但晶硅材料是间接禁带半导体材料，其光吸收过程非常复杂。图7.13(b)中给出了晶硅材料对不同波长光波的吸收情况。根据图7.13(b)给出的数据，可将硅材料的光谱吸收区域分为三个区域：

（1）$\lambda \leqslant 360$nm的光波，属于直接跃迁的波长范围。硅材料价带的价电子吸收光后，可直接跃迁到导带。此范围内光波的吸收深度不到0.1μm，即在硅表面或亚表面范围内就被完全吸收。由于表面缺少内建电场的作用，且硅材料表面具有较高的复合速率，所以这部分光波对光电转换过程贡献很小。

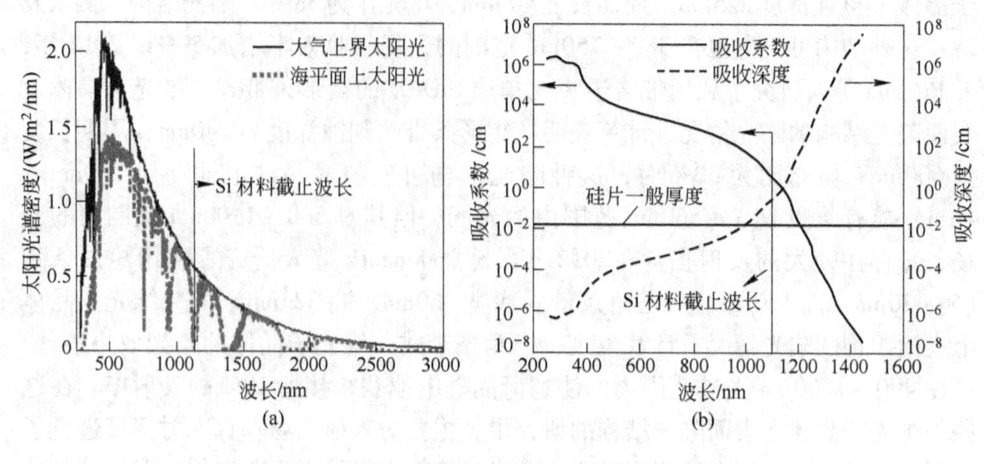

图 7.13 太阳光谱和硅材料吸收光谱的分布特点

（a）太阳光谱分布；（b）晶体硅材料的光吸收情况

（2）360nm < λ ≤1200nm 的光波（包含部分大于截止波长的光波），属于间接跃迁的波长范围。

这一波段范围是陷光结构应重点设计的波段范围，但因波段范围很宽，且间接跃迁过程本身的复杂性，所以设计陷光结构时还应对这一波段进行细分，具体如下：

1）360nm < λ ≤800nm：这一波段范围光波的吸收深度为 0.1 ~ 10μm（这一范围与目前大多数太阳电池的内建电场范围对应），对光电转换过程的贡献最大。

2）800nm < λ ≤1000nm：这一波段范围光波的吸收深度为 10 ~ 100μm，可经一次背面全反射过程被厚度大于 50μm 的硅晶片完全吸收。

3）1000nm < λ ≤1200nm：这一波段范围光波的吸收深度为 100μm ~ 1m，需要芯片上下表面多次全反射才能被完全吸收。

（3）λ >1200nm 的光波，属于带内跃迁的波长范围。此范围的光波不产生有效的光伏效应。

图 7.13（b）中给出的不同波长光场的吸收系数和吸收深度，代表了晶硅电池芯片内部光场的吸收性质，但在光波进入硅材料体内之前，其必须先与硅材料表面发生相互作用。由于硅材料的折射率比空气的折射率大很多（与波长有关），所以当不同波长的光入射到裸硅片时，有超过 30% 的入射光会被裸硅片表面反射率掉（波长越短反射率越高，见图 7.14，数据源自马丁 · 格林教授公开发表的测试结果）。这也就是为何要提高上表面光场耦合效率的主要原因。根据图 7.13 给出的太阳光谱和硅材料吸收光谱，可以得出有效陷光结构应具有以下基本特点：

（1）要有宽的耦合波段范围，即应使 λ ≤1200nm 光场，都可在上表面地发生有效的耦合。

（2）要有良好的角度选择特性，即入射光场不仅应在入射角 $\theta=0°$ 时，有较高的耦合效率，而且在较大的入射角 θ 时，也应有较高的表面耦合效率。

（3）对从晶硅电池下表面反射回的光（特别是长波场的光，即 $1000\text{nm}<\lambda\leqslant1200\text{nm}$）有较好的限制能力。

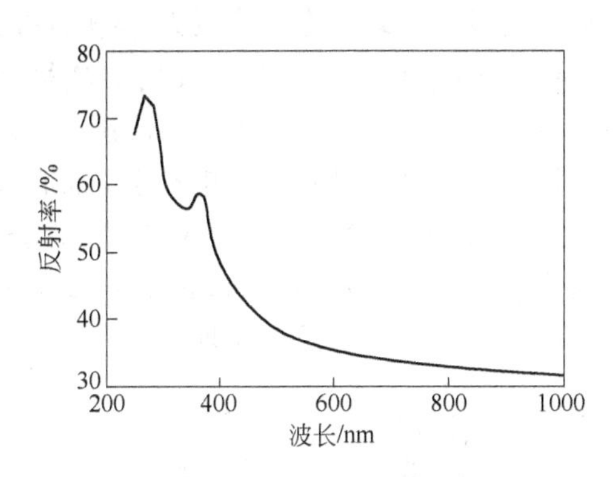

图 7.14　裸硅表面对不同波长光波的反射情况

三、基于一维光子晶体材料的超薄晶硅太阳电池上表面陷光结构设计

传统太阳电池的上表面陷光结构主要采用增透膜（多层膜结构）结构和表面织构结构（“金字塔”或“倒金字塔”结构）两种基本形式，二者均具有增加上表面光场的耦合作用和降低电池体内光场从上表面泄漏的作用。我们也采用这种形式的上表面陷光结构，但我们的上表面织构形式为一维光子晶体结构。由于 TMM 是一种成熟的多层介质膜结构的设计方法，其特点是快速、准确、简单，而 FDFD 法是一种解决具有复杂介质分布形式电磁场问题的常用方法，其特点严格、稳定、易于分辨共振频率、便于控制入射光场方向等，所以我们分别选择这两种方法进行上表面陷光结构的设计。设计过程中，假设各介质均为无耗介质（即忽略各介质的介电常数虚部）。在设计和评估上表面的陷光效果时，主要考察不同波长的反射率。

（一）增透膜设计

图 7.15 是利用 TMM 计算得到的几种太阳电池常用介质膜组合结构的反射谱。计算过程中，参数选择如下：入射角 $\theta=0°$；折射率 $n_{Si}=3.42$、$n_{air}=1$、$n_{MgF_2}=1.38$、$n_{SiO_2}=1.46$、$n_{Al_2O_3}=1.76$ 和 $n_{Si_3N_4}=2.05$；各膜层厚度 $L_{MgF_2}=99\text{nm}$、$L_{SiO_2}=94\text{nm}$、$L_{Al_2O_3}=78\text{nm}$ 和 $L_{Si_3N_4}=67\text{nm}$（这里借鉴了光学镜片增透膜膜厚的设计准则，将各介质膜厚度选为对可见光具有最小反射率的厚度，即介质膜厚度 $L=\lambda/4n$，其中 $\lambda=550\text{nm}$，n 为各介质的折射率）。由图 7.15（a）的单层介质膜

反射谱，可见：在 400nm≤λ≤800nm 范围时，Al_2O_3 和 Si_3N_4 单层介质膜可基本将裸硅表面的反射率降到 10% 以下，而相对而言，MgF_2 和 SiO_2 的反射率要差一些；在 λ≤400nm 和 λ≥800nm 范围时，单层介质膜都具有大于 10% 的反射率。由图 7.15（b）的双层介质膜反射谱，可见：在 800nm < λ≤1200nm 范围时，双层介质膜可有效减小入射光场的损失（反射率小于10%）；在 360nm≤λ≤800nm 范围时，四种双层介质膜的反射谱均存在一个反射率很小的反射峰；在 360nm≤λ≤1200nm 范围内，MgF_2/Si_3N_4 双层介质膜的反射损耗最小。尽管最佳的双层介质膜结构应为 MgF_2/Si_3N_4 结构，但基于 SiO_2 介质层具有便于成形的特点，选择 SiO_2/Si_3N_4 双层介质膜结构，作为超薄晶硅电池上表面的增透膜结构。计算过程中，我们还对 SiO_2 与其他折射率介质结合的双层膜结构进行了计算，结果发现：较低折射率介质层会使 360nm≤λ≤800nm 的波长反射率增加，而较高折射率介质会使 800nm≤λ≤1200nm 的波长反射率增加。

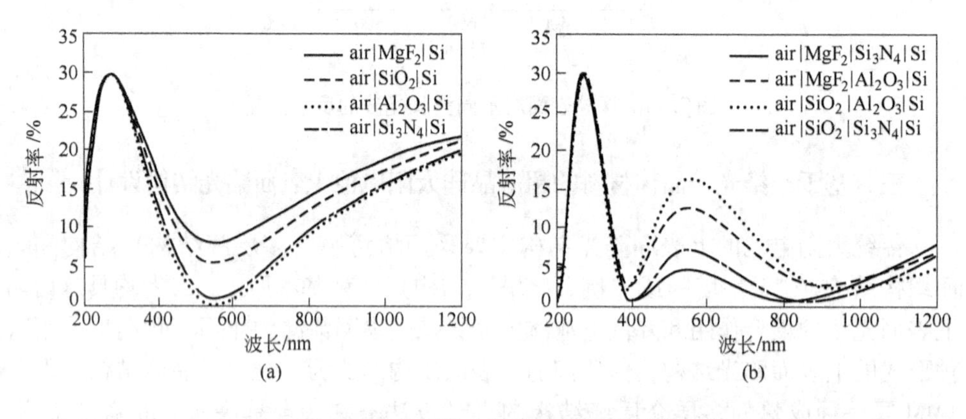

图 7.15 单层及双层介质膜的反射谱

（a）单层介质膜的反射谱；（b）双层介质膜的反射谱

光倾斜入射时，增透膜仍可保持较低的反射率是衡量其效果的重要指标。图 7.16 为不同入射角时，SiO_2/Si_3N_4 双层增透膜的反射谱，且选择 SiO_2/Si_3N_4 双层材料的折射率和厚度参数与图 3 相同。在入射光垂直入射时，光场的 TE 模与 TE 模是简并的，其反射谱曲线一致，而当以入射光以某一倾角入射时，二者的简并将解除，并呈现出不同的反射特性。由图 7.16 可见，随入射角的增加，TE 模的反射率呈增加的趋势，而 TM 模的反射率变化比较复杂，但在入射角小于 45°，且波长处于 360nm≤λ≤1200nm 范围内时，TE 模和 TM 模的反射率基本处于 10% 以下，因此这种双层膜结构可实现很好的增透效果。

（二）条带式表面织构结构设计

图 7.17 所示为两种易于制造的一维光子晶体表面织构结构的剖面图（垂直

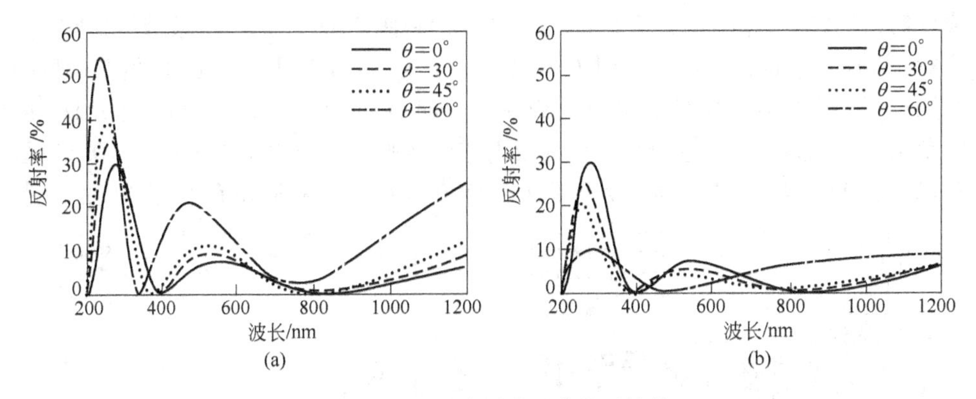

图7.16　双层介质增透膜的反射谱
（a）TE模的反射谱；（b）TM模的反射谱

于纸面方向是无限延展的)，其中图7.17(a) 所示为矩形条带式上表面织构结构，图7.17(b) 所示为三角条带式上表面织构结构。二者采用相同的参数进行描述，即周期长度 L、刻蚀槽深度 H 和填充比 f (f = 介质条的底边宽度/L)。选择矩形条带式与三角条带式表面织构结构的初始参数相同，即二者具有相同 H、L 和 f 参数。为了对比陷光效果，对三个参数之一进行改变，观察二者反射谱的变化情况。由于三角条带式表面织构结构的上表面为倾斜表面，所以与矩形条带式表面织构结构不同，在入射光场垂直入射时，三角条带式表面织构结构对光场的TE模和TM模具有不同的反射特性。由于计算发现三角条带式表面织构结构的TE模和TM模的反射率具有相同的变化趋势与量级，所以我们这里均采用TM模来说明矩形条带式与三角条带式表面织构结构的反射特性。图7.18是假设入射TM光从上表面的空气介质垂直入射到这两种表面织构结构上，采用FDFD法计算得到的反射谱，其中图7.18(a) 矩形条带的槽深 H 变化对TM模反射谱的影响，此时 L = 400nm，f = 0.5；图7.18(b) 三角条带的槽深 H 变化对TM模反射谱的影响，此时 L = 400nm，f = 0.5；图7.18(c) 矩形条带填充比 f 变化对TM

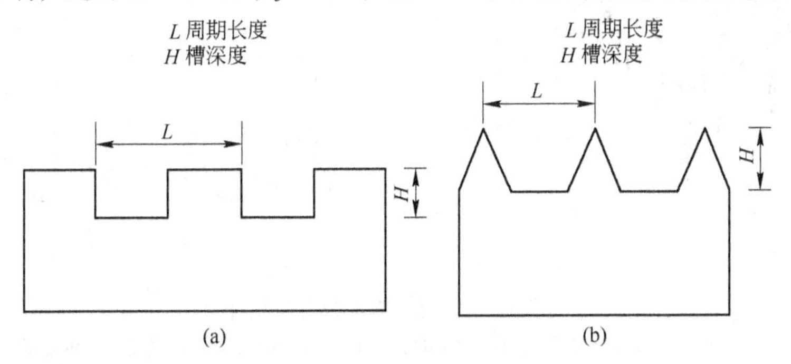

图7.17　两种基本的表面织构形式剖面图
（a）矩形条带式表面织构结构；（b）三角条带式表面织构结构

模反射谱的影响，此时 $L=400\text{nm}$，$H=300\text{nm}$；图 7.18（d）三角条带填充比 f 变化对 TM 模反射谱的影响，此时 $L=400\text{nm}$，$H=300\text{nm}$；图 7.18（e）矩形条带的周期长度 L 变化对 TM 模反射谱的影响，此时 $H=300\text{nm}$，$f=0.5$；图 7.18（f）三角条带的周期长度 L 变化对 TM 模反射谱的影响，此时 $H=300\text{nm}$，$f=0.5$。图 7.18（a）和图 7.18（b）所示为仅刻槽深度 H 变化时，两种表面织构结构的反射

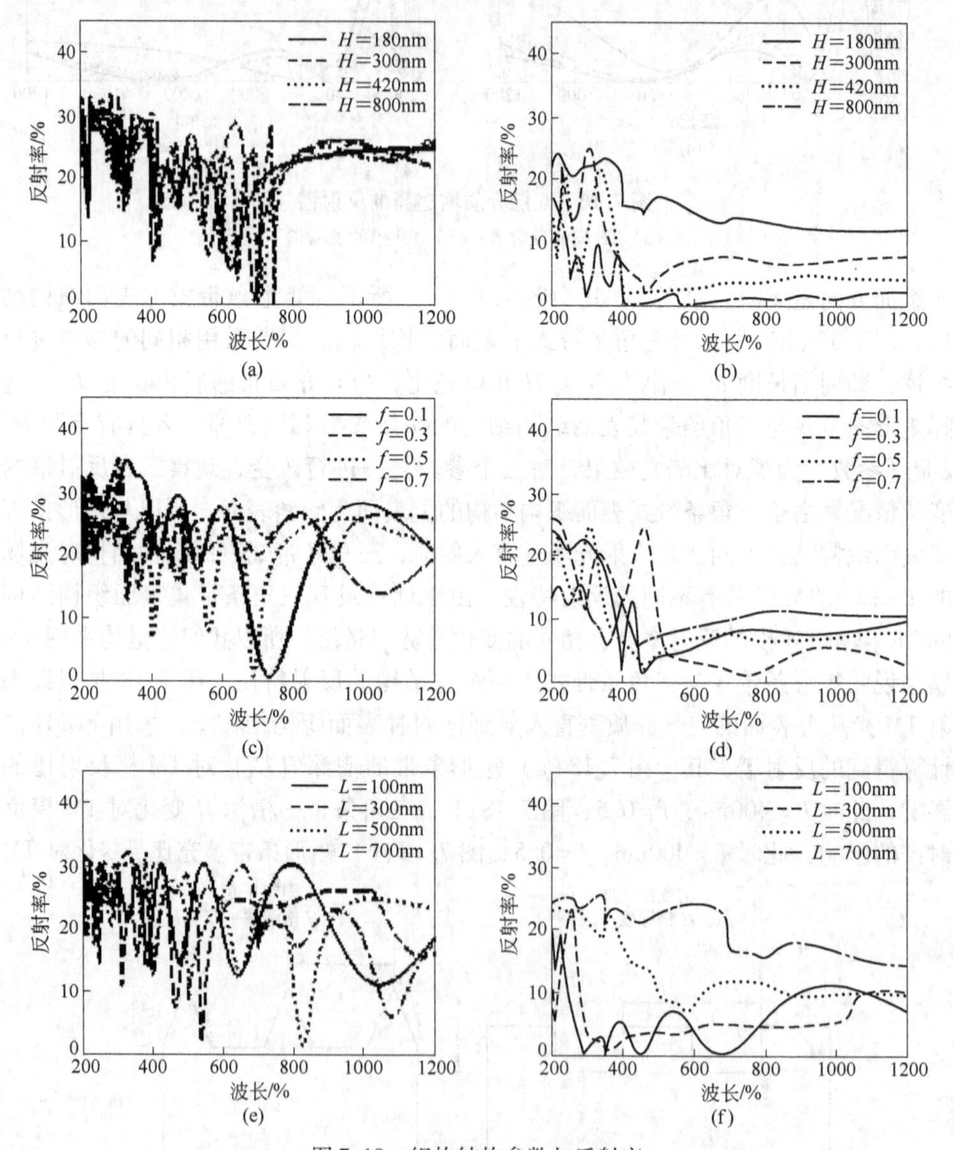

图 7.18 织构结构参数与反射率

（a）矩形条带 H 对 TM 模反射谱的影响；（b）三角条带 H 对 TM 模反射谱的影响；（c）矩形条带 f 对 TM 模反射谱的影响；（d）三角条带 f 变化对 TM 模反射谱的影响；（e）矩形条带 L 变化对 TM 模反射谱的影响；（f）三角条带 L 对 TM 模反射谱的影响

谱；图 7.18(c) 和图 7.18(d) 所示为仅填充比 f 变化时，两种表面织构结构的反射谱；图 7.18(e) 和图 7.18(f) 所示为仅周期长度 L 变化时，两种表面织构结构的反射谱。

从图 7.18 可见：当刻槽深度 H、填充比 f 和周期长度 L 发生变化时，三角条带式比矩形条带式表面织构结构的反射谱变化更明显；在所选参数范围内，三角条带式表面织构易于将处于 360～1200nm 范围光波的反射率均降到 10% 以下，而矩形条带式表面织构仅能将小范围光波的反射率降到 10% 以下。正因为如此，将超薄晶硅上表面的织构结构选为三角条带式。根据图 7.18(b)、图 7.18(d) 和图 7.18(f) 给出的三角条带式表面织构结构的反射谱，并考虑硅材料的吸收光谱和加工难度要求，我们将优化的三角条带式表面织构结构的参数选为：$H=300$nm、$L=400$nm 和 $f=0.5$。由图 7.18(d) 可见：尽管从反射率和有效吸收波段角度考虑，这种参数选择不是最优选择，但其仍能确保在 400～1200nm 的波长范围内，将上表面的反射率降到 10% 以下。

四、上表面陷光效果评估

最终采用的上表面陷光结构是 SiO_2/Si_3N_4 增透膜结构与三角条带式表面织构的组合结构，其设计参数前已给出（即 $L_{SiO_2}=94$nm、$L_{Si_3N_4}=67$nm、$H=300$nm、$L=400$nm 和 $f=0.5$）。图 7.19 是入射光从上表面空气介质经上表面陷光结构进入超薄晶硅电池内部时，在空气中计算不同入射角下光场的反射谱。图 7.20 是入射光从晶硅电池内部经上表面陷光结构进入上表面空气介质时，在硅材料中计算不同入射角下光场的反射谱。由图 7.19 可见：当入射光从空气介质进入晶硅电池内部过程中，入射角越小上表面的反射率越小；当入射角 $\theta=0°$时，TE 模和 TM 模的不存在简并现象；入射角 $\theta\leqslant45°$时，这种组合结构可使 200～1200nm 范围内光波的 TE 模和 TM 模反射率均小于 5%；当入射角 $45°\leqslant\theta\leqslant75°$时，可使

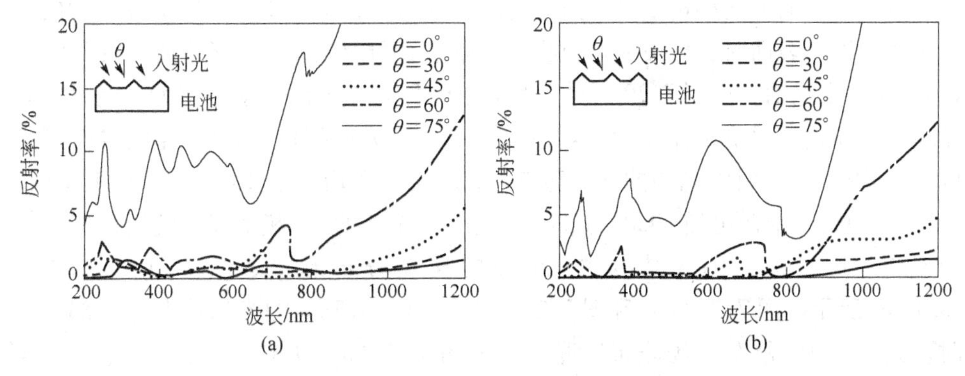

图 7.19　不同入射角的外部光场的反射谱

(a) TM 模反射谱；(b) TE 模反射谱

200~700nm 范围内光波的 TE 模和 TM 模反射率基本小于 10%。这时这一陷光结构中，电场的典型分布形式如图 7.21(a) 和图 7.21(b) 所示。

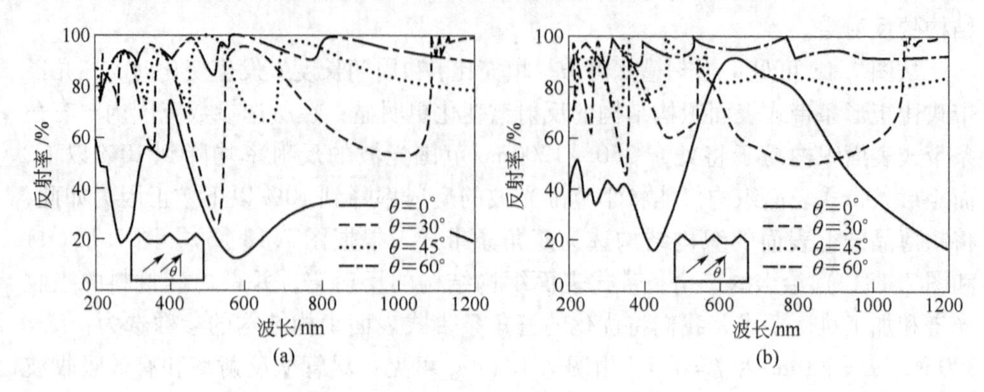

图 7.20 不同入射角的内部光场的反射谱

(a) TM 模反射谱；(b) TE 模反射谱

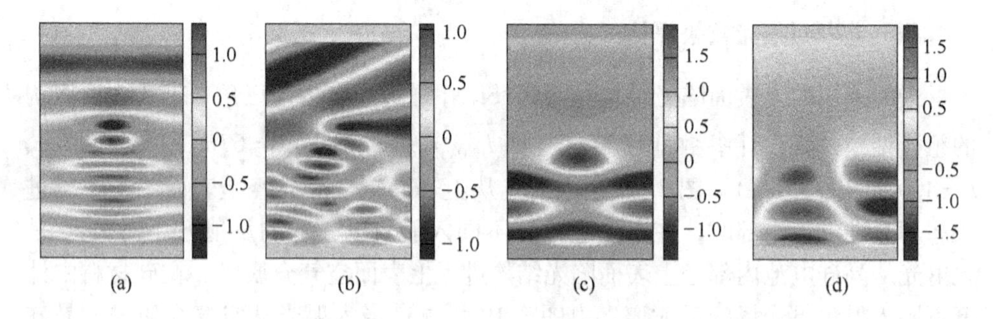

图 7.21 入射光场的陷光效果

(a) $\theta=0°$，光场从电池顶部入射；(b) $\theta=45°$，光场从电池顶部入射；

(c) $\theta=0°$，光场从电池底部返回上表面；(d) $\theta=45°$，光场从电池底部返回上表面

对于上表面陷光结构限制体内光场的泄漏而言，由于 200~1000nm 范围的光场再次到达上表面时，已被完全吸收，所以上表面限制体内光场主要考察 1000~1200nm 波段范围。由图 7.20 可见：晶硅电池体内光场的入射角越大，上表面陷光结构对体内光场的限制作用越强；在入射角 $\theta\geqslant30°$ 时，这种组合结构可使 1100~1200nm 范围内光场的 TE 模和 TM 模反射率均小于 10%；在入射角 $\theta\geqslant45°$，这种组合结构可使 1000~1200nm 范围内光波的 TE 模和 TM 模反射率均小于 10%。这时这一陷光结构中，电场的典型分布形式如图 7.21(c) 和图 7.21(d) 所示。图 7.21(a) 和图 7.21(b) 为 $\lambda=315$nm 的光场从电池顶部入射时，其 TM 模的稳态光场分布情况，其中图 7.21(a) $\theta=0°$，图 7.21(b) $\theta=45°$。图 7.21(c) 和图 7.21(d) 为 $\lambda=1100$nm 的光场从电池底部返回上表面时，其 TM 模的稳态光场分布情况，其中图 7.21(c) $\theta=0°$，图 7.21(d) $\theta=45°$。可

见，这种上表面陷光结构既可对从外界进入超薄晶硅太阳电池内部的入射光场有较高的耦合效率，也可以借助底面光散射结构的设置（通常太阳电池底面存在“金字塔”结构或光栅结构，易于满足底面光场入射角 $\theta \geqslant 30°$ 的条件），对从底面反射回的光场有良好的限制作用。与已发表的研究结果相比，这一结构的优势是：表面有较高光场耦合效率的波长范围较宽，对由底面向上表面反射回的光场限制作用更强。

第三节 基于一维光子晶体陷光的超薄晶硅太阳电池研究

近年来，随着硅晶片加工技术进步，如 SLIM - cut（Stress Induced Lift - off）技术和 PIE（Proton Induced Exfoliation）技术，人们已从实验上成功制备出厚度为几微米至数十微米，且无 kerf 损耗的超薄晶硅片。由于这种晶硅片的材料消耗少、制作的电池效率高和电池性能稳定，所以这种超薄晶硅电池技术已被视为晶硅电池未来的主要发展方向之一。

超薄晶硅片的有源层很薄，所以对其陷光结构提出了十分严格的要求。针对超薄有源层吸光能力弱的特点，人们已开发出了多种高效陷光结构，其中基于光子晶体结构制作的陷光结构，因具有突破 Yablonovith 极限的巨大潜力，所以其已被广泛应用于各类薄膜电池（有源层仅几微米）的陷光结构结设计中。目前，尚未发现利用光子晶体设计超薄晶硅电池（厚度 $>10\mu m$）的陷光结构的报道。与薄膜电池相比，超薄晶电池有源层要厚一些，所以二者间的陷光要求并不一致，如：薄膜电池陷光结构设计主要针对 300 ~ 700nm 的波段进行，但对超薄晶硅电池（厚度大于 $10\mu m$）而言，波长小于 700nm 的光波单程通过有源层就能被完全吸收，所以其织构化设计将主要针对晶硅材料截止波长附近的波段进行。

本节主要对有源层厚度为 $12\mu m$ 的超薄晶硅电池陷光结构进行设计。设计过程中，先分析随有源层厚度的增加，具有底面 Ag 反射镜（Ag BR）和增透膜（ARC）结构的超薄晶硅电池陷光要求的变化，然后优化设计先分析了芯片厚度变化导致芯片陷光要求的差异，然后重点对厚度为 $12\mu m$ 的超薄晶硅电池表面织构结构进行优化设计，最后给出优化的设计结果。在设计过程中，采用的优化方法为有限差分频域法（FDFD），采用的织构形式为一维光子晶体（1DPC）结构。

一、结构模型和陷光效果评估方法

图 7.22 所示为计算过程中采用的电池结构模型，其中 a 为一维光子晶体的周期，b 为高介电常数区域的宽度，h 为一维光子晶体织构结构的刻蚀深度。图 7.22 中，Ag BR 的厚度 $d_{Ag}=360nm$，ACR 为 Si_3N_4 和 SiO_2 双层介质膜构成，厚度 $d_{SiO_2}=94nm$，$d_{Si_3N_4}=67nm$。计算表明：在 300 ~ 1100nm 范围内，底面 Ag BR

对入射光可产生100%的反射，ARC可使入射角小于45°的400～1200nm入射光的反射损耗基本降到10%以下。

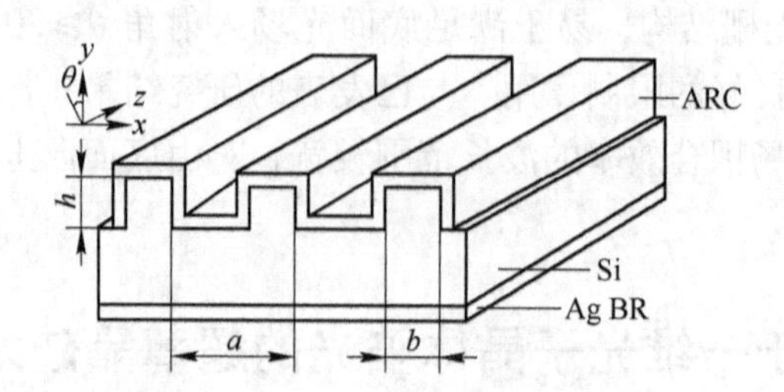

图7.22 超薄晶硅电池结构原理图

利用FDFD法，先获得透射率T和反射率R的信息，然后通过下式得到单一波长的光吸收几率：

$$A = 1 - T - R \tag{7.1}$$

对具体陷光方案下，超薄晶硅电池的光生电流密度可求为：

$$J = \frac{q}{hc}\int_{\lambda} \lambda' A(\lambda') \frac{\mathrm{d}I}{\mathrm{d}\lambda'}\mathrm{d}\lambda' \tag{7.2}$$

式中，J为光生电流密度；q为电子电荷；h为Plank常数；c为光速；λ为波长；$\mathrm{d}I/\mathrm{d}\lambda'$为单位波长间隔下太阳辐射的功率密度（计算时采用ASTM Global Tilt的太阳辐射数据）。对不同陷光方案的相对增效效果可通过下式进行评价：

$$EF = \frac{\dfrac{1}{\lambda_2 - \lambda_1}\displaystyle\int_{\lambda_1}^{\lambda_2} A_2(\lambda)\mathrm{d}\lambda}{\dfrac{1}{\lambda_2 - \lambda_1}\displaystyle\int_{\lambda_1}^{\lambda_2} A_1(\lambda)\mathrm{d}\lambda} = \frac{\displaystyle\int_{\lambda_1}^{\lambda_2} A_2(\lambda)\mathrm{d}\lambda}{\displaystyle\int_{\lambda_1}^{\lambda_2} A_1(\lambda)\mathrm{d}\lambda} \tag{7.3}$$

式中，$A_1(\lambda)$和$A_2(\lambda)$分别为不同陷光方案的吸收系数；λ_1和λ_2为计算波长范围的两个边界。EF参数称为光吸收增强因子，其物理意义是两种不同陷光方案平均光吸收几率的比率。

二、不同厚度晶硅电池的光吸收情况

图7.23给出了入射光场垂直入射时，不同厚度裸晶硅片和带ARC和Ag BR结构的超薄晶硅片的光吸收谱（此时，TE和TM模具有相同的反射和透射性质），其中T表示晶硅片的厚度，图7.23(a)所示为晶硅裸片的吸收光谱；图7.23(b)所示为仅带ARC和Ag BR的晶硅电池的吸收谱；图7.23(c)所示为仅带ARC和Ag BR的光生电流密度。图7.23(a)中裸晶硅片吸收谱的普遍特点是：具有较大吸收几率的波长位置，处于光在晶片中单程可完全吸收的波长附近。当入射光波长小于单程可完全吸收的波长时，反射损耗是主要的损耗（由晶硅材料与周围介质的折射率差决定），其随着波长的减小逐渐增加；当入射光波

大于单程可完全吸收的波长时，损耗由反射损耗和晶片上下表面不完全陷光产生的损耗组成，其随入射波长的增加逐渐增加，且吸收谱呈现出振荡的形式。由图 7.23(a) 还可以看出：较厚晶片吸收光谱中的振荡区域变窄（因单程可完全吸收的波长范围变宽导致）；晶片厚度增加（如晶片厚度从 0.1μm 逐渐增加到 0.8μm、4μm 和 10μm，厚度增量分别为 0.7μm、3.2μm 和 6μm），吸收几率的增量呈逐渐减弱的趋势。由图 7.23(b) 可见，ARC 和 Ag BR 对晶硅材料的所有吸收波长都有明显的增效作用，特别是当晶片较厚时，在 ARC 具有较小反射率和晶硅材料具有较大吸收系数的波长范围内，ARC 和 Ag BR 可明显提高入射光场的吸收几率。由图 7.23(b) 可见，在 $T>10\mu m$、ARC 和 Ag BR 具有较好的增效作用时，需表面织构发挥作用的波段将主要集中在 $\lambda>700nm$ 的波长范围内。图 7.23(c) 所示为仅具有 ARC 和 AgBR 的超薄晶硅电池的光生电流密度随晶片厚度的变化情况，可见：光生电流在大于 20μm 时，逐渐趋于饱和，所以最优的超薄晶片厚度范围应处于 10~20μm 范围内。在这一厚度范围内，超薄晶硅电池基本充分发挥了 ARC 和 BR 的陷光作用，同时晶片厚度仍保持很薄的水平。

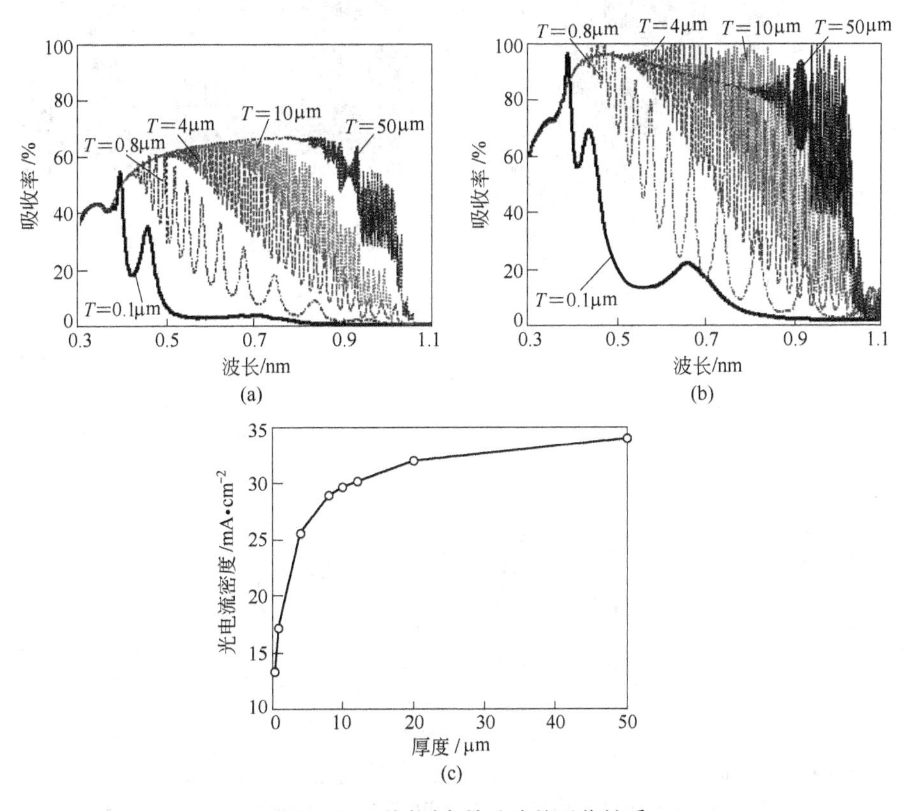

图 7.23　不同厚度晶硅片的吸收性质

(a) 晶硅裸片的吸收光谱；(b) 晶硅电池的吸收谱；(c) 晶硅电池光生电流密度

三、一维光子晶体表面织构优化

在这一部分我们主要针晶片厚度为 12μm 的超薄晶硅电池的一维光子晶体表面织构进行优化。图 7.24 为矩形织构结构优化。图 7.24(a) 为一维光子晶体织构时，TE 模和 TM 模吸收曲线对比，其中 $a=750\text{nm}$，$b=450\text{nm}$，$h=1000\text{nm}$；图 7.24(b) 为在 $700\text{nm}\leqslant\lambda\leqslant1100\text{nm}$ 波段范围内，光吸收增强因子 EF 随一维光子晶体结构参数变化的情况，其中 EF 值是相对于没有任何陷光措施的裸硅片而言，$h=1000\text{nm}$；图 7.24(c) 为图 (b) 中 EF 值最大点，随 h 的变化情况。图 7.24(a) 是超薄晶硅电池制作了一维光子晶体表面织构后，其垂直入射光场的 TE 模和 TM 模吸收谱。如图 7.24 (a) 所示，TM 模的平均吸收吸收几率要小于 TE 模，但二者具有相同的变化趋势。为简单起见，这里仅以 TM 模为例，对一维光子晶体的表面织构结构进行优化。

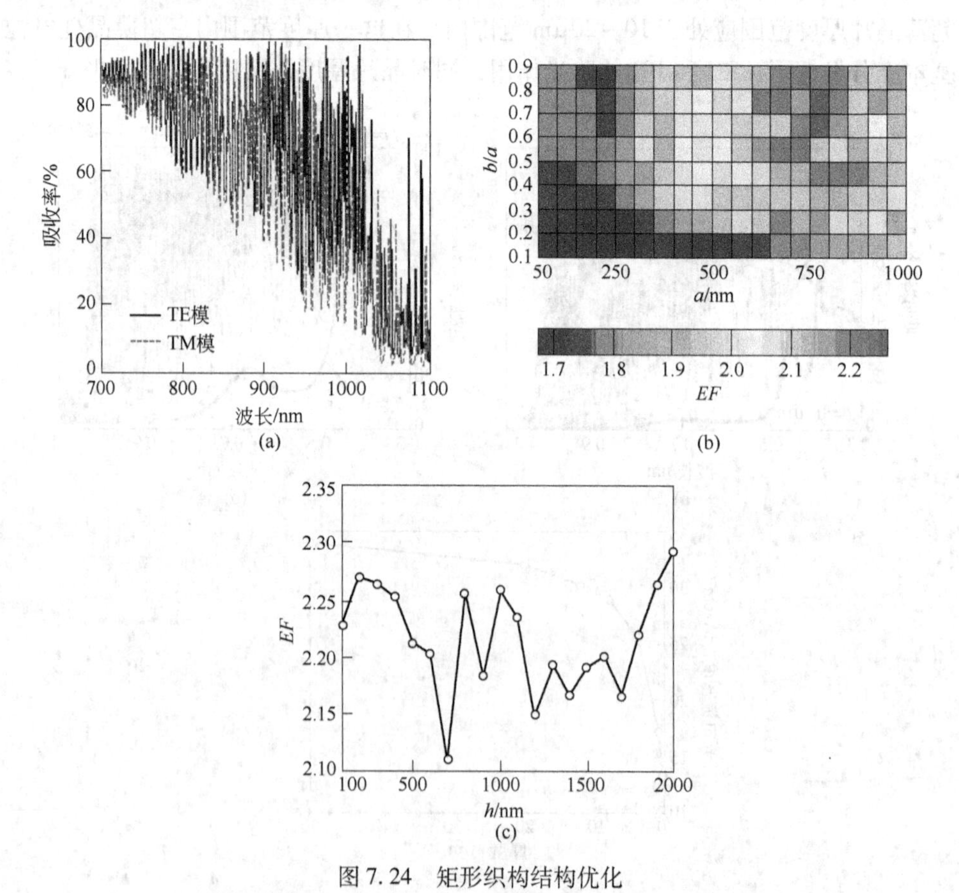

图 7.24 矩形织构结构优化

(a) TE 模和 TM 模吸收曲线；(b) EF 的变化情况；(c) EF 最大值的变化情况

这里利用增强因子 EF 对不同一维光子晶体表面织构结构的增强光吸收效果

进行评价。图 7.24(b) 和图 7.24 (c) 所示为不同增强因子 *EF* 与一维光子晶体参数之间的关系。这里的 *EF* 值是在 700 ~ 1100nm 波长范围内，带一维光子晶体表面织构结构、ARC 和 BR 的晶硅电池与不带任何陷光措施的裸硅片之间的比值。由图 7.24(b) 和图 7.24(c) 可见：当 $a = 750$nm，$b/a = 0.6$ 和 $h = 1000$nm 时，一维光子晶体具有比较好的增效效果，其 *EF* 值可达 2.25 以上。

四、电池性能评估

为了评估电池的最终光学增效的性能，计算了优化陷光结构的超薄晶硅电池的光电流密度的谱分布情况和总光电流密度随入射角的变化情况，如图 7.25 所示。图 7.25 光电流密度的变化，其中图 7.25(a) 最优陷光结构时，垂直入射的不同波长光吸收情况，其中光电流密度的理论最大值为不包括任何光学和电学损耗时的光电流；图 7.25(b) 总光电流随入射角的变化情况。由图 7.25(a) 可见优化结构电池结构可以在很宽的范围内基本实现完全吸收入射的光子流，使之转变为光电流，但在 900 ~ 1100nm 附近，因有源层过薄和硅材料的吸收系数很小，入射光场损失较大。由图 7.25(b) 可见，优化的电池结构对倾斜入射光，也具有较好的光接收能力，如在入射角 $\theta \leqslant 45°$时，TE 模和 TM 的光电流密度均可达到 30mA/cm^2 以上。上述计算结果与采用复杂陷光结构，且晶片处于同一厚度范围的其他研究所得的光电流密度大体相当。如 A. Curtin 等人在 10μm 的超薄晶硅电池上设计了 ARC、底面光栅反射镜和二维光子晶体前表面织构结构，理论计算得到光垂直入射时的光电流密度为 33.6mA/cm^2；J. Gjessing 等人在 20μm 的超薄晶硅电池上设计了 ARC 和底面二维光子晶体反射器及底面 Al 反射镜，理论计算得到光垂直入射时的光电流密度为 35.5mA/cm^2。这些结果表明：我们优化的超薄晶硅电池结构具有结构简单、材料消耗少，而且效率也可以保持较高的数值。

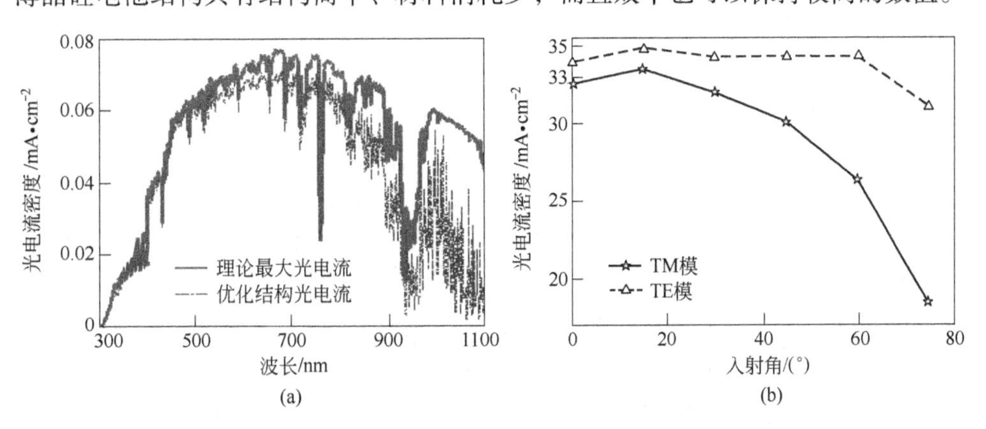

图 7.25 光电流密度的变化

(a) 光电流密度；(b) 光电流随入射角的变化

本章第一节首先对过去10年全球光伏产业的发展情况进行了综述，说明了在未来光伏发电领域中，晶硅太阳能电池仍将长期占据重要地位。然后对影响晶硅电池成本问题的若干因素进行分析，并重点分析了晶硅原材料成本、晶体硅锭/硅片成本、晶硅电池加工成本、晶硅电池组件封装成本以及晶硅电池的光电转换效率与晶硅电池组件成本之间的关系。最后，分别从晶硅电池组件制备工艺和效率提高的角度，对晶硅原材料生产技术、晶体硅锭生长技术、硅片切片技术、晶硅电池制造技术、组件封装技术以及电池增效技术的未来发展趋势进行了展望。

本章第二节先通过讨论太阳光谱和硅材料吸收光谱的特点，给出了超薄晶硅太阳电池上表面陷光结构的要求。然后利用传递矩阵法和频域有限差分法设计了具有超强陷光能力的上表面织构形式，并对其陷光效果进行了评估。尽管，文中所设计的陷光结构是针对超薄晶太阳硅电池结构进行的，但其对各类薄膜太阳电池也具有重要的借鉴意义。

本章第三节先分析了不同厚度超薄晶硅太阳电池的陷光要求，然后以充分发挥ARC和Ag BR作用为设计出发点，重点对12μm厚的超薄晶硅电池的表面织构结构进行了优化设计，结果表明：运用ARC、Ag BR和一维光子晶体表面织构结构，可使这种电池结构的平均光吸收几率相对于裸晶硅片增加两倍以上。最后，本书对这种陷光结构的性能进行了进一步评估，发现：这种电池结构对倾斜入射的光波，也具有很好的接收能力。

参考文献

[1] Yablonovitch E. Inhibited spontaneous emission in solid – state physics and electronics [J]. Phys. Rev. Lett., 1987, 58 (20): 2059.

[2] John S. Strong localization of photons in certain disordered dielectric superlattices [J]. Phys. Rev. Lett., 1987, 58 (23): 2486.

[3] Lu X, Lun S, Chi F, et al. Designing one – dimensional photonic crystal filters by irregularly changing optical thicknesses [J], Opt. Eng., 2012, 51 (3): 034601.

[4] Lu X, Han P, Quan Y, et al. Optical response of high – level band gap in one – dimensional photonic crystal applying in – plane integration [J]. Opt. Eng., 2007, 46 (12): 124602

[5] Lu X, Han P. New method for designing narrow – band reflecting filters with application in optical integration [J]. Opt. Eng., 2011, 50 (10): 100502.

[6] 陆晓东，韩培德，全宇军，等. 波矢方向对二维光子晶体能带及应用的影响 [J]. 中国激光，2006，33 (6): 770 ~ 774.

[7] 陆晓东，韩培德，全宇军，等. 格点形状和取向对二维光子晶体禁带的影响 [J]. 光电子. 激光，2005，16 (11): 1336 ~ 1341.

[8] 陆晓东，周涛，伦淑娴，等. 基于一维光子晶体高阶禁带性质的带阻滤波器研究 [J]. 光电子. 激光，2012，23 (1): 83 ~ 88.

[9] Lu X, Han P, Quan Y, et al. Formation of absolute PBG of 2D square lattice by changing the shapes and orientations of rods [J], Optoelectron. Lett., 2005, 1 (3): 0194 ~ 0197

[10] 全宇军，韩培德，陆晓东，等. 一种计算和分析二维光子晶体缺陷模式的方法 [J]. 光学学报，2006，26 (12): 1841 ~ 1846.

[11] Quan Y J, Han P D, Lu X D, et al. Optical interleaver based on directional coupler in a 2D photonic crystal slab with triangular lattice of air holes [J]. Opt. Comm., 2007, 270 (2): 203 ~ 206.

[12] Lu X, Han P, Quan Y, et al. Optical response of high – order band gap in one – dimensional photonic crystal applying in – plane integration [J]. Opt. Comm., 2007, 277 (2): 315 ~ 321.

[13] Lu X, Chi F, Zhou T, et al. Optical properties of high – order band gaps in one – dimensional photonic crystal [J]. Opt. Comm., 2012 (7): 1885 ~ 1890.

[14] Kwon S H, Ryu H Y, Kim G H, et al. Photonic bandedge lasers in two – dimensional square – lattice photonic crystal slabs [J]. Appl. Phys. Lett., 2003 (83): 3870 ~ 3872.

[15] Miyai E, Sakoda K. Quality factor for localized defect modes in a photonic crystal slab upon a low – index dielectric substrate [J]. Opt. Lett., 2001, 26: 740 ~ 742.

[16] Srinivasan K, Painter O. Momentum space design of high – Q photonic crystal optical cavities [J]. Opt. Exp., 2002, 10: 670 ~ 684.

[17] Danner A J, Raftery J J, Yokouchi N, et al. Transverse modes of photonic crystal vertical – cavity lasers [J]. Appl. Phys. Lett., 2004 (84): 1031 ~ 1033.

[18] Mogilevtsev D, Birks T A, Russell P S J. Group – velocity dispersion in photonic crystal fibers

[J] . Opt. Lett. 1998, 23: 1662 ~ 1664.

[19] Fink Y, Winn J N, Fan S, et al. A dielectric omnidirectional reflector [J] . Science, 1998. 282: 1679 ~ 1682.

[20] Li L, Dobrowolski J A. Visible broadband, wide - angle, thin - film multilayer polarizing beam splitter [J] . Appl. Opt., 1996, 35: 2221 ~ 2225.

[21] Zhao D T, Shi B, Jiang Z M, et al. Silicon - based optical waveguide polarizer using photonic band gap [J] . Appl. Phys. Lett, 2002, 81: 409 ~ 411.

[22] Roh Y G, Yoon S, Kim S, et al. Photonic crystal waveguides with multiple 90 degrees bends [J] . Appl. Phys. Lett., 2003, 83: 231 ~ 233.

[23] Lan S, Ishikawa H. Broadband waveguide intersections with low cross talk in photonic crystal circuits [J] . Opt. Lett., 2002, 27: 1567 ~ 1569.

[24] Li Z Y, Lin L L. Evaluation of lensing in photonic crystal slabs exhibitin negative refraction [J]. Phys. Rev. B, 2003, 68: 245110.

[25] Luo C Y, Johnson S G, Joannopoulos J D, et al. All - angle negative refraction without negative effective index [J] . Phys. Rev. B, 2002, 65: 201104.

[26] Cubukcu E, Aydin K, Ozbay E, et al. Electromagnetic wave negative refraction by photonic crystals [J] . Nature, 2003, 423: 604, 605.

[27] Wang X, Ren Z F, Kempa K. Unrestricted superlensing in a triangular two - dimensional photonic crystal [J] . Opt. Expr. 2004, 12: 2919 ~ 2924.

[28] Fan S, Villeneuve P R, Joannopoulos J D. High extraction efficiency of spontaneous emission from slabs of photonic crystals [J] . Phys. Rev. Lett, 1997, 78: 3294.

[29] Zbay E, Temelkuran B, et al. Defect structures in metallic photonic crystals [J]. Appl. Phys. Lett., 1996, 64: 3797.

[30] Bigelow M S, Lepeshkin N N, Boyd R W. Observation of ultraslow light propagation in a ruby crystal at room temperature [J] . Phys. Rev. Lett., 2003, 90: 113903.

[31] Smith D R, Padilla W J, Vier D C, et al. Composite Medium with Simultaneously Negative Permeability and Permittivity [J] . Phys. Rev. Lett., 2000, 84: 4184.

[32] Takahashi Y, Tanaka Y, Hagino H, et al. Design and demonstration of high - Q photonic heterostructure nanocavities suitable for integration [J] . Opt. Expr., 2009, 17 (20): 18093 ~ 18102.

[33] Combrié S, Rossi A D, Tran Q V, et al. GaAs photonic crystal cavity with ultrahigh Q: microwatt nonlinearity at 1.55 microm [J] . Opt. Lett. 2008, 33 (16): 1908 ~ 1910.

[34] Lai C F, Yu P, Wang T C, et al. Lasing characteristics of a GaN photonic crystal nanocavity light source [J] . Appl. Phys. Lett., 2007, 91 (4): 041101.

[35] Rivoire K, Faraon A, Vuckovic J. Gallium phosphide photonic crystal nanocavities in the visible [J] . Appl. Phys. Lett., 2008, 93 (6): 063103.

[36] Wu X, Yamilov A, Liu X, et al. Ultraviolet photonic crystal laser [J] . Appl. Phys. Lett., 2004, 85 (17): 3657.

[37] Shoji S, Sun H B, S. Kawata. Photofabrication of wood - pile three - dimensional photonic crys-

tals using four - beam laser interference [J] . Phys. Rev. Lett. , 2003, 83: 608.

[38] Sievenpiper D, Sickmiller M E, Yablonovitch E. 3D wire mesh photonic crystals [J]. Phys. Rev. Lett. , 1996, 76: 2480.

[39] Campbell M, Sharp D N, Harrison M T, et al. Fabrication of PhotonicCrystals for the Visible Spectrum by Holographic Lithography [J] . Nature, 2000, 404: 53.

[40] Bogoni A, Poti L, Proietti R, et al. Regenerative and reconfigurable all - optical logic gates for ultra - fast applications [J] . Electron. Lett. , 2005, 41 (7): 435, 436.

[41] Zhang X D. Image resolution depending on slab thickness and object distance in a two - dimensional photonic - crystal - based superlens [J] . Phys. Rev. B, 2004, 70: 195110.

[42] Wu Y D, Shih T T, Chen M H. New all - optical logic gates based on the local nonlinear Mach - Zehnder interferometer [J] . Opt. Expr. , 2008, 16 (1): 248 ~257.

[43] Ndi F, Toulouse J, Hodson T, et al. All - optical switching in silicon photonic crystal waveguides by use of the plasma dispersion effect [J] . Opt. Lett. , 2005, 30: 2254.

[44] Tanabe T, Notomi M, Mitsugi S, et al. All - optical switches on a silicon chip realized using photonic crystal nanocavities [J] . Appl. Phys. Lett. , 2005, 87, 151112.

[45] Tanabe T, Nishiguchi K, Shinya A, et al. Fast all - optical switching using ion - implanted silicon photonic crystal nanocavities [J] . Appl. Phys. Lett. , 2007, 90, 031115.

[46] Huttunen A, Torma P. Effect of wavelength dependence of nonlinearity, gain, and dispersion in photonic crystal fiber amplifiers [J] . Opt. Expr. , 2005, 13 (11): 4286 ~4295.

[47] Bouwmans G, Luan F, Knight J C, et al. Properties of a hollowcore photonic bandgap fiber at 850 nm wavelength [J] . Opt. Expr. , 2003, 11: 1613 ~1620.

[48] Ouzounov D G, Ahmad F R, Muller D, et al. Generation of megawatt optical solitons in hollow - core photonic band - gap fibers [J] . Science, 2003, 301: 1702 ~1704.

[49] Rusu M, Okhotnikov O G. All - fiber picosecond laser source based on nonlinear spectral compression [J] . Appl. Phys. Lett. , 2006, 89: 091118.

[50] Fan S, Villeneuve P R, Joannopoulos J D, et al. High extraction efficiency of spontaneous emission from slabs of photonic crystals [J] . Phys. Rev. Lett. , 1997, 78: 3294.

[51] Ichikawa H, Baba T. Efficiency enhancement in a light - emitting diode with a two - dimensional surface grating photonic crystal [J] . Appl. Phys. Lett. , 2004, 84: 457.

[52] Oder T N, Kim K H, Lin J Y, et al. III - nitride blue and ultraviolet photonic crystal light emitting diodes [J] . Appl. Phys. Lett. , 2004, 84: 466.

[53] Juan M L, Gordon R, Pang Y, et al. Self - induced back - action optical trapping of dielectric nanoparticles [J] . Nat. Phys. 2009, 5: 915.

[54] Zhu J, Ozdemir S K, Xiao Y F, et al. On - chip single nanoparticle detection and sizing by mode splitting in an ultrahigh - Q microresonator [J] . Nat. Photon, . 2009, 4: 46.

[55] Yang A H J, Lerdsuchatawanich T, Erickson D. Forces and transport velocities for a particle in a slotted waveguide [J] . Nano Lett. , 2009, 9: 1182.

[56] Velha P, Rodier J C, Lalanne P, et al. Ultracompact silicon - on - insulator ridge - waveguide mirrors with high reflectance [J] . Appl. Phys. Lett. , 2006, 89, 171121.

[57] Wang X, Ren Z F, Kempa K. Unrestricted superlensing in a triangular two - dimensional photonic crystal [J]. Opt. Expr., 2004 (12): 2919.

[58] Hu X, Chan C T. Photonic crystals with silver nanowires as a near - infrared superlens [J]. Appl. Phys. Lett., 2004 (85): 1520.

[59] Yablonovitch E. Photonic band - gap structures [J]. J. Opt. Soc. Am. B, 1993, 10: 283 ~ 295.

[60] Russell P, Photonic crystal fibers [J]. Science, 2003, 299 (5605): 358.

[61] Knight J C, Birks T A, Russell P S J, et al. All - silica single - mode optical fiber with photonic crystal cladding [J]. Opt. Lett., 1996, 21 (19): 1547 ~ 1549.

[62] Knight J C, Birks T A, Russell P S. J, et al. Properties of photonic crystal fiber and the effective index model [J]. JOSA A, 1998, 15 (3): 748 ~ 752.

[63] Cregan R F, Mangan B J, Knight J C, et al. Single - Mode Photonic Band Gap Guidance of Light in Air [J]. Science, 1999, 285 (5433): 1537 ~ 1539.

[64] Tajima K, Zhou J, Kurokawa K, et al. Low water peak photonic crystal fibers, 29th European conference on optical communication ECOC'03 (Rimini, Italy), 2003: 42, 43.

[65] Zsigri B, Peucheret C, Nielsen M D, et al. Transmission over 5.6km large effective area and low - loss (1.7dB/km) photonic crystal fibre [J]. Electro. Lett., 2003, 39 (10): 796 ~ 798.

[66] Balakin A V, Bushuev V A, Koroteev N. I., et al. Enhancement of second - harmonic generation with femtosecond laser pulses near the photonic band edge for different polarizations of incident light [J]. Opt. Lett., 1999, 24 (12): 793 ~ 795.

[67] Imada M, Noda S, Chutinan A, et al. Coherent two - dimensional lasing action in surface - emitting laser with triangular - lattice photonic crystal structure [J]. Appl. Phys. Lett., 1999, 75 (3): 316 ~ 318.

[68] Weidong Z, Sabarinathan J, Bhattacharya P, et al. Characteristics of a photonic bandgap single defect microcavity electroluminescent device [J]. Quan. Electron., IEEE J., 2001, 37 (9): 1153 ~ 1160.

[69] Wadsworth W, Percival R, Bouwmans G, et al. High power air - clad photonic crystal fibre laser [J]. Opt. Expr., 2003, 11 (1): 48 ~ 53.

[70] Colombelli R, Srinivasan K, Troccoli M, et al. Quantum Cascade Surface - Emitting Photonic Crystal Laser [J]. Science, 2003, 302 (5649): 1374 ~ 1377.

[71] Hayashi T, Taru T, Shimakawa O, et al. Uncoupled multi - core fiber enhancing signal - to - noise ratio [J]. Opt. Expr., 2012, 20 (26): B94 - B103.

[72] Mahnkopf S, Kamp M, Forchel A, et al. Tunable distributed feedback laser with photonic crystal mirrors [J]. Appl. Phys. Lett., 2003, 82 (18): 2942 ~ 2944.

[73] Joannopoulos J D, Villeneuve P R, Fan S. Photonic crystals: putting a new twist on light [J]. Nature, 1997, 386: 143 ~ 149.

[74] Kim G H, Lee Y H, Shinya A, et al. Couplingof small, low - loss hexapole mode with photonic crystal slab waveguide mode [J]. Opt. Expr., 2004, 12: 6624.

[75] Faraon A, Waks E, Englund D, et al. Efficient photonic crystal cavity - waveguide couplers [J]. Appl. Phys. Lett., 2007, 90: 073102.

[76] Nozaki K, Watanabe H, Baba T. Photonic crystalnanolaser monolithically integrated with passive waveguide for effective light extraction [J] . Appl. Phys. Lett. 2008, 92: 021108.

[77] Song B, Noda S, Asano T, et al. Ultra – high Q photonic double – heterostructure nanocavity [J] . Nat. Mater. 2005, 4: 2007 ~ 2010.

[78] Pang M, Jin W. Detection of acoustic pressure with hollow – core photonic bandgap fiber [J]. Opt. Expr. , 2009, 17 (13): 11088 ~ 11097.

[79] Xiao L, Jin W, Demokan M S. Fusion splicing small – core photonic crystal fibers and single – mode fibers by repeated arc discharges [J] . Opt. Lett. , 2007, 32 (2): 115 ~ 117.

[80] Huang M, Yanik A A. , Chang T. Y. , et al. Sub – wavelength nanofluidics in photonic crystal sensors [J] . Opt. Expr. , 2009, 17: 24224 ~ 24233.

[81] Beheiry M E, Liu V, Fan S, et al. Sensitivity enhancement in photonic crystal slab biosensors [J] . Opt. Expr. , 2010, 18: 22702 ~ 22714.

[82] Ho K M, Chan C T, Soukoulis C M. Existence of a Photonic Gap in Periodic Dielectric Structure [J] . Phys. Rev. Lett. , 1990, 65: 3152.

[83] Villeneuve P R, Fan S, Joannopoulos J D. Microcavities in photonic crystals: mode symmetry, tunability, and coupling efficiency [J] . Phys. Rev. B, 1996, 54, 7837 ~ 7842.

[84] Guo S, Albin S. Numerical techniques for excitation and analysis of defect modes in photonic crystals [J] . Opt. Expr. , 2003, 11, 1080 ~ 1089.

[85] López – Alonso J M, Alda J, Bernabeu E. Principal component characterization of noise for infrared images [J] . Appl. Opt. , 2002, 41, 320 ~ 331.

[86] López – Alonso J M, Rico – García J M. J Alda. Photonic cristal characterization by FDTD and Principal Component Analysis [J] . Opt. Expr. , 2004, 12, 2176 ~ 2186.

[87] Plihal M, Maradudin A A. Photonic band structure of two – dimensional systems: The triangular lattice [J] . Phys. Rev. B, 1991, 44 (16): 8565 ~ 8571.

[88] Villeneuve P R, Piché M. Photoinc band gaps in two – dimensional square and hexagonal lattices [J] . Phys. Rev. B, 1992, 46 (8): 4969 ~ 4972.

[89] Meade R D, Brommer K D, Rappe A M, et al. Existence of a photonic band gap in two dimensions [J] . Appl. Phys. Lett. , 1992, 61 (4): 495 ~ 497.

[90] Leung K M, Liu Y F. Full Vector Wave Calculation of Photonic Band Structures in Face – centered cubic Dielectric Media [J] . Phys. Rev. Lett. , 1990, 65 (21): 2646.

[91] Zhang Z, Satpathy S. Electromagnetic Wave Propogation in Periodic Structures: Bloch Wave Solutionof Maxwell' s Equations [J] . Phys. Rev. Lett. , 1990, 65 (21): 2650.

[92] Ho K M, Chan C T, Soukoulis C M. Existence of a photonic gap in periodic dielectric structures [J] . Phys. Rev. Lett. , 1990, 65 (25): 3152 ~ 3155.

[93] Maystre D. Electromagnetic scattering by a set of objects: An integral method based on scattering properties [J] . Prog. Electromag. Res. , PIER, 2006 57, 55 ~ 84.

[94] Newtom R G. Scattering theory of waves and paticles [M] . McGraw – Hill, New York, 1966.

[95] Sözüer H S, Haus J W. Photonic bands: Convergence problems with the plane – wave method [J] . Phys. Rev. B, 1992, 45 (24): 13962 ~ 13972.

[96] Søndergaard T. Spontaneous emission in two – dimensional photonic crystal microcavities [J]. IEEE J. Quantum Elect. , 2000, 36 (4): 450 ~ 457.

[97] Yuan Z Y, Haus J W, Sakoda K. Eigenmode symmetry for simple cubic lattices and the transmission spectra [J] . Opt. Expr. , 1998, 3 (1): 19 ~ 27.

[98] Johnson S G, Joannopoulos J D. Block – iterative frequency – domain methods for Maxwell's equations in a planewave basis [J] . Opt. Expr. , 2001, 8 (3): 173 ~ 190.

[99] Wang L G, Chen H, Zhu S Y, Omnidirectional gap and defect mode of one – dimnesional photonic crystals with singlenegative materials [J] . Phys. Rev. , B, 2004, 70: 1 ~ 6.

[100] Lee H Y, Yao T. Design and evaluation of omnidirectional one – dimensional photonic crystals [J] . J. Appl. Phys. , 2003, 93: 819 ~ 830.

[101] Jiang H T, Chen H, Li H, et al. Omnidirectional gap and defect mode of one – dimensional photonic crystals containing negative index materials [J] . Appl. Phys. Lett. , 2003, 83: 5386 ~ 5388.

[102] Chigrin D N, Lavrinenko A V, Yarotsky D A, et al. All – dielectric one – dimensional periodic structures for total omnidirectional reflection and partial spontaneous emission control [J]. J. Lightwave Technol. , 1999, 17: 2018 ~ 2024.

[103] Drezek R, Dunn A, Kortum R R. A pulsed finite – difference time – domain (FDTD) method for calculating light scattering from biological cells over broad wavelength ranges [J]. Opt. Expr. , 2000, 6: 147 ~ 157.

[104] Leung K M, Liu Y F. Full vector wave calculation of photonic band structures in face – centered – cubic dielectric media [J] . Phys. Rev. Lett. , 1990, 65: 2646 ~ 2649.

[105] Zhang Z, Satpathy S. Electromagnetic wave propagation in periodic structures: Bloch wave solution of Maxwell's equations [J] . Phys. Rev. Lett. , 1990, 65: 2650 ~ 2653.

[106] Yee K S. Numerical solution of initial boundary value problems involving Maxwell equations in isotropic media [J] . IEEE Trans. Antennas Prop. , 1966 AP – 14 (3): 302 ~ 307.

[107] McCall S L, Platzman P M, Dalichaouch R, et al. Microwave propagation in two – dimensional dielectric lattices [J] . Phys. Rev. Lett. , 1991, 67: 2017 ~ 2020.

[108] 冯帅 . 时域有限差分方法在二维光子晶体负折射中的应用 [D] . 2006, 中国科学院物理研究所, 博士毕业论文 .

[109] 葛德彪, 闫玉波 . 电磁波时域有限差分方法 [M] . 西安: 西安电子科技大学出版社, 2002.

[110] 王长清, 祝西里 . 电磁波计算中的时域有限差分法 [M] . 北京: 北京大学出版社, 1994.

[111] Berenger J P. Three – dimensional Perfectly matched layer for the absorption of electromagnetic waves [J] . J. Comput. Phys. , 1996, 127 (2): 363 ~ 379.

[112] Taflove A. Advances in Computational Electrodynamics: The Finite – Difference Time – Domain Method [M] . Artech House, Boston/London, 1998.

[113] 陆晓东 . 光子晶体性质及其平面集成用滤波器研究 [D], 博士毕业论文, 2007.

[114] Fink Y, Winn J N, Fang S, et al. A Dielectric Omnidirectional Reflector [J] . Science,

1998, 282: 1679 ~ 1682.

[115] Tolmachev V A, Perova T S, Moore R A. Method of construction of composite one dimensional photonic crystal with extended photonic band gaps [J]. Opt. Expr. 2005, 13: 8433 ~ 8441.

[116] Kuang C N, Zheng F Z. Effect of gain - dependent phase shift for tunable abrupt - tapered Mach - Zehnder interferometers [J]. Opt. Lett., 2010, 35 (12): 2109 ~ 2111.

[117] Kim S, Cai J, Jiang J, et al. New ring resonator configuration using hybrid photonic crystal and conventional waveguide structures [J]. Opt. Expr., 2004, 12 (11): 2356 ~ 2364.

[118] Dai D, Fu X, Su Y, et al. Experimental demonstration of an ultracompact Si - nanowire - based reflective arrayed - waveguide grating (de) multiplexer with photonic crystal reflectors [J]. Opt. Lett., 2010, 35 (15): 2594 ~ 2596.

[119] Mishra A, Awasthi S K, Srivastava S K, et al. Tunable and omni - directional filters based on one - dimensional photonic crystals composed of single - negative materials [J]. J. Opt. Soc. Amer. B, 2011, 28 (6): 1416 ~ 1422.

[120] Jugessur A S, Pottier P, Rue D L, et al. One - dimensional periodic photonic crystal microcavity filters with transition mode - matching features, embedded in ridge waveguides [J]. Electron. Lett., 2003, 39 (4): 367 ~ 369.

[121] Ganesh N, Cunningham B T. Photonic - crystal near - ultraviolet reflectance filters fabricated by nanoroplica molding [J]. Appl. phys. lett., 2006, 88: 071110.

[122] Chen Q, Allsopp W E. One - dimensional coupled cavities photonic crystal filters with tapered Bragg mirrors [J]. Opt. Commun., 2008, 281 (23): 5771 ~ 5774.

[123] Nìmec H, Duvillaret L, Garet F, et al. Thermally tunable filter for terahertz range based on a one - dimensional photonic crystal with a defect [J]. J. Appl. Phys. 2004, 96 (8): 4072 ~ 4075.

[124] Straub M, Gu M. Near - infrared photonic crystals with higher - order band - gaps generated by two - photon photo - polymerization [J]. Opt. Lett., 2002, 27 (20): 1824 ~ 1826.

[125] Boucher Y G, Chiasera A, Ferrari M, et al. Photoluminescence spectra of glasses and confined structures [J]. Opt. Mater., 2009, 31: 1071 ~ 1074.

[126] Lugo J E, Mora B D L, Doti R, et al. Multiband negative refraction in one - dimensional photonic crystals [J]. Opt. Expr., 2009, 17 (5): 3036 ~ 3041.

[127] Wen W J, Wang N, Ma H R, et al. Field induced structural transition in micro - crystallines [J]. Phys. Rev. Lett., 1999, 82: 4248 ~ 4251.

[128] Zhang W Y, Lei X Y, Wang Z L, et al. Robust photonic band gap from tunable scatters [J]. Phys. Rev. Lett., 2000, 84: 2853 ~ 2856.

[129] Cuisin C, Chelnkon A, Lourtioz J M, et al. Submicrometer resolution Yablonocite templates fabricated by X - ray lightography [J]. Appl. Phys. Lett., 2000, 77: 770 ~ 772.

[130] Wan K, Kim C, Stapleton A, et al. Calculated out - off - plane transmission loss for photonic - crystal slab waveguides [J]. Opt. Lett., 2003, 28: 1781 ~ 1783.

[131] Anderson C M, Giaps K P. Larger Two - Dimensional Photonic Band Gaps [J]. Phys. Rev. Lett., 1996, 77: 2949 ~ 2952.

[132] Qin M, He S. Large complete band gap in two - dimensional photonic crystals with elliptic air

holes [J] . Phys, Rev. B, 1999, 60: 10610 ~ 10612.

[133] Wang X, Gu B, Li Z, et al. Large absolute photonic band gaps created by rotating noncircular rods in two – dimensional lattices [J] . Phys, Rev. B, 1999, 60: 11417 ~ 11421.

[134] Wang R, Wang X, Gu B, et al. Effects of shapes and orientations of scatterers and lattice symmetries on the photonic band gap in two – dimensional photonic crystals [J]. J. Appl. Phys. , 2001, 90: 4307 ~ 4312.

[135] Pendry J B. Focus Issue: Negative Refraction and Metamaterials [J] . Opt. Expr. , 2003, 11: 639.

[136] Pendry J B, Holden A J, Stewart W J, et al. Extremely Low Frequency Plasmons in Metallic Mesostructures [J] . Phys. Rev. Lett. , 1996, 76: 4773 ~ 4776.

[137] Smith D R, Willie J Padilla, Vier D C, et al. Composite Medium with Simultaneously Negative Permeability and Permittivity [J] . Phys. Rev. Lett. , 2000 84: 4184 ~ 4187.

[138] Zhang X D. Image resolution depending on slab thickness and object distance in a two – dimensional photonic – crystal – based superlens [J] . Phys. Rev. B, 2004, 70: 195110.

[139] Li Z Y, Lin L L. Evaluation of lensing in photonic crystal slabs exhibitin negative refraction [J] . Phys. Rev. B, 2003, 68: 245110.

[140] Berrier A, Mulot M, Swillo M, et al. Negative Refraction at Infrared Wavelengths in a Two – Dimensional Photonic Crystal [J] . Phys. Rev. Lett. , 2004, 93: 073902.

[141] Luo C Y, Steven G, Johnson J D, Joannopoulos, et al. All – angle negative refraction without negative effective index [J] . Phys. Rev. B, 2002, 65: 201104.

[142] Zhang X D. Effecr of interface and disorder on the far – field image in a two – dimensional photonic – crystal – based flat lens [J] . Phys. Rev. B, 2005, 71: 165116.

[143] Gupta B C, Ye Z. Disorder effects on the imaging of a negative refractive lens made by arrays of dielectric cylinders [J] . J. Appl. Phys. 2003, 94: 2173 ~ 2176.

[144] Foteinopoulou S, Soukoulis C M. Electromagnetic wave propagation in two – dimensional photonic crystals: a study of anomalous refractive effects [J] . Phys. Rev. B, 2005, 72: 165112.

[145] Netti M C, Harris A, Baumberg J J, el. al. . Optical trirefringence in photonic crystal waveguides [J] . Phys. Rev. Lett. , 2001, 86: 1526 ~ 1529.

[146] Qiu M, He S. FDTD algorithm for computing the off – plane band structure in a two – dimensional photonic crystal with dielectric or metallic inclusions [J] . Phys. Lett. A, 2001, 278: 348 ~ 354.

[147] Russell P S J. Photonic – crystal fibers [J] . J. Lightwave Technol. , 2006, 24: 4729 ~ 4749.

[148] Beaky M M, Burk J B, Everitt H O, et al. Two – dimensional photonic crystal Fabry – Perot resonators with lossy dielectrics [J] . IEEE Trans. Microw. Theory Tech. , 1999, 47: 2085 ~ 2091.

[149] Le Floch J M, Tobar M E, Mouneyrac D, et al. Discovery of Bragg confined hybrid modes with high Q factor in a hollow dielectric resonator [J] . Appl. Phys. Lett. , 2007, 91: 142907.

[150] Bakir B B, Seassal C, Letartre X, et al. Surface – emitting microlaser combining two – dimensional photonic crystal membrane and vertical Bragg mirror [J] . Appl. Phys. Lett. , 2006,

88: 081113.

[151] Meade R D, Rappe A M, Brommer K D, et al. Accurate theoretical analysis of photonic band - gap materials [J] . Phys. Rev. B, 1997, 55: 15 942.

[152] Wijnhoven J, Vos W L. Preparation of Photonic Crystals made of air spheres in Titania [J]. Science, 1998, 281: 802.

[153] Blanco A, Chomski E, Grabtchak S, et al. Large - scale synthesis of a silicon photonic crystal with a complete three - dimensional bandgap near 1.5 micro - metres [J] . Nature, 2000, 405: 437.

[154] Vlasov A Y, Bo X Z, Sturm J C, et al. On - chip natural assembly of silicon photonic bandgap crystals [J] . Nature, 2001, 414: 289.

[155] Miyazaki H T, Miyazaki H, Ohtaka K, et al. Photonic band in two - dimensional lattices of micrometer - sized spheres mechanically arranged under a scanning electron microscope [J]. J. Appl. Phys. , 2000, 87: 7152.

[156] Jiang X, Herricks T, Xia Y. Monodispersed spherical colloids of titania: Synthesis, characterization and crystallization [J] . Adv. Mater. , 2003, 15: 1205.

[157] Yano S, Segawa Y, Bae J S, et al. Optical properties of monolayer lattice ad three - dimensional photonic crystals using dielectric spheres [J] . Phys. Rev. B, 2002, 66: 075119.

[158] Cai W, Piestun R. Patterning of silica microsphere monolayers with focused femtosecond laser pulses [J] . Appl. Phys. Lett. , 2006, 88: 111112.

[159] Johnson S G, Joannopoulos J D. Block - iterative frequency - domain methods for Maxwell' s equations in a planewave basis [J] . Opt. Expr. 2001, 8: 173.

[160] Cassagne D, Jouanin C, Bertho D. Hexagonal photonic band gaps [J] . Phys. Rev. B, 1996, 53: 7134.

[161] Chutinan A, Noda S. Waveguides and Waveguide bends in two - dimensional photonic crystal slabs [J] . Phys. Rev. B, 2000, 62: 4488.

[162] Albert J, Theriault S, Bilodeau F. Minimization of phase errors in long fiber Bragg grating phase masks made using electron beam lithography [J] . IEEE Photonics Technol. Lett. , 1996, 8: 1334.

[163] Wang L, Wang X, Jiang W, et al. 45° polymer - based total internal reflection coupling mirrors for fully embedded intraboard guided wave optical interconnects [J]. Appl. Phys. Lett. , 2005, 87 (14): 141110.

[164] Kim W, Yoon K B, Bae B J. Nanopatterning of photonic crystals with a photocurable silica titania organic - inorganic hybrid material by a UV - based nanoimprint technique [J] . J Matter. Chem. , 2005, 15 (42): 4535 ~4539.

[165] Painter O, Lee R K, Scherer A, et al. Two - dimensional photonic band - gap defect mode laser [J] . Science, 1999, 284: 1819 ~1821.

[166] Noda S, Yokoyoma M, Imada M, et al. Polarization mode control of two - dimensional photonic crystal laser by unit cell structure design [J] . Science, 2001, 293: 1123 ~1125.

[167] Mao W D, Liang G Q, Pu Y Y, et al. Complicated three - dimensional photonic crystals fabri-

cated by holographic lithography [J]. Appl. Phys. Lett., 2007, 91 (26): 261911~261913.

[168] Haske W, Chen V W, Hales J M, et al. 65nm feature sizes using visible wavelength 3 - D multiphoton lithography [J]. Opt Expr., 2007, 15: 3426~3436.

[169] Norris D J, Arlinghaus E G, Meng L, et al. Opaline photonic crystals: How does self - assembly work? [J]. Adv. Mater., 2004, 16: 1393~1399.

[170] Johnson S G, Villeneuve P R, Fan S, et al. Linear waveguides in photonic - crystal slabs [J]. Phys. Rev. B, 2000, 62 (12): 8212~8222.

[171] Akahane Y, Asano T, Song B S, et al. High - Q photonic nanocavity in a two - dimensional photonic crystal [J]. Nature, 2003, 425 (6961): 944~947.

[172] Song B S, Noda S, Asano T, et al. Ultra - high - Q photonic double - heterostructure nanocavity [J]. Nature mater., 2005, 4 (3): 207~210.

[173] Luo C, Johnson S G, Joannopoulos J, et al. All - angle negative refraction without negative effective index [J]. Phys. Rev. B, 2002, 65 (20): 201104.

[174] Luo C, Johnson S, Joannopoulos J, et al. Negative refraction without negative index in metallic photonic crystals [J]. Opt. Expr., 2003, 11 (7): 746~754.

[175] Mcnab S J, Moll N, Vlasov Y A. Ultra - low loss photonic integrated circuit with membrane - type photonic crystal waveguides [J]. J. App. Phys, 2003, 93: 4986~4991.

[176] Suh W, Fan S. Mechanically switchable photonic crystal filters with either all - pass transmission or flat - top reflection characteristics [J]. Opt, Lett., 2003, 28 (19): 1763~1765.

[177] Foresi J, Villeneuve P, Ferrera J, et al. Photonic - bandgap microcavities in optical waveguides [J]. Nature, 1997, 390 (6656): 143~145.

[178] Mekis A, Chen J, Kurland I, et al. High transmission through sharp bends in photonic crystal waveguides [J]. Phys. Rev. Lett., 1996, 77 (18): 3787~3790.

[179] Lin S Y, Chow E, Hietala V, et al. Experimental demonstration of guiding and bending of electromagnetic waves in a photonic crystal [J]. Science, 1998, 282 (5387): 274~276.

[180] Mori D, Baba T. Wideband and low dispersion slow light by chirped photonic crystal coupled waveguide [J]. Opt. Expr., 2005, 13 (23): 9398~9408.

[181] Takano H, Akahane Y, Asano T, et al. In - plane - type channel drop filter in a two - dimensional photonic crystal slab [J]. Appl. Phy. Lett., 2004, 84: 2226~2228.

[182] Bayindir M, Temelkuran B, Ozbay E. Tight - binding description of the coupled defect modes in three - dimensional photonic crystals [J]. Phy. Rev. Lett., 2000, 84 (10): 2140~2143.

[183] Olivier S, Smith C, Rattier M, et al. Miniband transmission in a photonic crystal coupled - resonator optical waveguide [J]. Opt. Lett., 2001, 26 (13): 1019~1021.

[184] Kopp V I, Fan B, Vithana H K M, et al. Low - threshold lasing at the edge of a photonic stop band in cholesteric liqulid crystals [J]. Opt. Lett., 1998, 23 (21): 1707~1709.

[185] Reeves W, Skryabin D, Biancalana F, et al. Transformation and control of ultra - short pulses in dispersion - engineered photonic crystal fibres [J]. Nature, 2003, 424 (6948): 511~515.

[186] Yu X, Fan S. Bends and splitters for self – collimated beams in photonic crystals [J]. Appl. Phy. Lett. , 2003, 83: 3251 ~3253.

[187] Wu L, Mazilu M, Krauss T F. Beam steering in planar – photonic crystals: from superprism to supercollimator [J] . J. Lightwave Techn. , 2003, 21 (2): 561 ~566.

[188] Chigrin D, Enoch S, Torres C S, et al. , Self – guiding in two – dimensional photonic crystals [J] . Opt. Expr. , 2003, 11 (10): 1203 ~1211.

[189] Guo S, Albin S. Simple plane wave implementation for photonic crystal calculations [J]. Opt. Expr. , 2003, 11 (2): 167 ~175.

[190] Ogawa S, Imada M, Yoshimoto S, et al. Control of light emission by 3D photonic crystals [J] . Science, 2004, 305 (5681): 227 ~229.

[191] Qi M, Lidorikis E, Rakich P T, et al. A three – dimensional optical photonic crystal with designed point defects [J] . Nature, 2004, 429 (6991): 538 ~542.

[192] Scrimgeour J, Sharp D N, Blanford C F, et al. Three – dimensional optical lithography for photonic microstructures [J] . Adv. Mater. , 2006, 18 (12): 1557 ~1560.

[193] Lai N D, Liang W, Lin J, et al. Rapid fabrication of large – area periodic structures containing well – defined defects by combining holography and mask techniques [J] . Opt Expr. , 2005, 13 (14): 5331 ~5337.

[194] Lidón E P, Juárez B H, Martínez E C, et al. Optical and morphological study of disorder in opals [J] . J. Appl. Phys. , 2005, 97 (6): 063502.

[195] Zhu J, Li M, Rogers R, et al. Crystallization of hard – sphere colloids in microgravity [J]. Nature, 1997, 387: 883 ~885.

[196] Míguez H, Meseguer F, López C, et al. Control of the photonic crystal properties of fcc – packed submicrometer SiO_2 spheres by sintering [J] . Adv. Mater. , 1998, 10: 480 ~483.

[197] Deutsch M, Vlasov Y A, Norris D J. Conjugated – polymer photonic crystals [J]. Adv. Mater. , 2000, 12 (16): 1176 ~1180.

[198] Yablonovitch E, Gmitter T J, Leung K M, et al. Photonic band structure: the face – centered – cubic case employing nonspherical atoms [J] . Phys. Rev. Lett. , 1991, 67 (17): 2295 ~2298.

[199] Martinez A, Cuesta F, Marti J. Ultrashort 2 – D photonic crystal directional couplers [J]. IEEE Photon. Techn. Lett. , 2003, 15 (5): 694 ~696.

[200] Takano H, Song B S, Asano T, et al. Highly efficient multi – channel drop filter in a two – dimensional hetero photonic crystal [J] . Opt. Expr. , 2006, 14 (8): 3491 ~3496.

[201] Ito T, Okazaki S. Pushing the Limits of Lithography [J] . Nature, 2000, 406: 1027 ~1031.

[202] Levenson M D, Viswanathan N S, Simpson R A. Improving Resolution in Photolithography with a Phase – Shifting Mask [J] . IEEE Trans. Electron. Devices, 1982, 29: 1828 ~1836.

[203] Peercy P S. The Drive to Miniaturization [J] . Nature, 2000, 406: 1023 ~1026.

[204] Dejule R. Lithography: 0. 18nm and beyond [J] . Semiconductor International, 1998, 41 (2): 54 ~60.

[205] Harriott L, Waskiewicz W. Favored SCALPEL' S continued process [J]. Solid State Teehnol., 1999, 42 (7): 73 ~ 80.

[206] Silverman J P. X - ray lithography: Status, challenges and outlook for 0. 13 m [J]. J Vac. Sci. Technol., 1999, 15 (6): 2117 ~ 2124.

[207] Schmidtchen J, Splett A, Schüppert B, et al. Low - loss single - mode optical waveguides with large cross - sections in silicon - on - insulator [J]. Electron. Lett., 1991, 27 (16): 1486 ~ 1488.

[208] Emmons R M, Kurdi B N, Hall D G, Buried - oxide silicon - oninsulator structures I: Optical waveguide characteristics [J]. J. Quantum Electron., 1992, 28 (1): 157 ~ 163.

[209] Chomski E, Ozin G A. Panoscopic silicon - A material for all length scales [J]. Adv. Mater., 2000, 12 (14): 1071 ~ 1078.

[210] Braun P V, Wiltzius P. Microporous materials: Electrochemically grown photonic crystals [J]. Nature, 1999, 402: 603, 604.

[211] Trau M, Saville D A, Aksay I A. Field - induced layering of colloidal crystals [J]. Science, 1996, 272: 706 ~ 709.

[212] Griesebock B, Egen M, Zentel R. Large photonic films by crystallization on fluid substrates [J]. Chem. Mater., 2002, 14 (10): 4023 ~ 4025.

[213] Im S H, Kim M H, Park O O. Thickness control of colloidal crystals with a substrate dipped at a tilted angle into a colloidal suspension [J]. Chem. Mater., 2003, 15 (9): 1797 ~ 1802.

[214] Zhang Y, Li Z J, Li B J. Multimode interference effect and self - imaging principle in two - dimensional silicon photonic crystal waveguides for terahertz waves [J]. Opt Expr. 2006, 14 (7): 2679 ~ 2689.

[215] Li H, Marlow F. Controlled arrangement of colloidal crystal strips [J]. Chem. Mater., 2005, 17: 3809 ~ 3811.

[216] Deibel J A, Wang K L, Escarra M D, et al. Enhanced coupling of terahertz radiation to cylindrical wire waveguides [J]. Opt Expr., 2006, 14 (1): 279 ~ 290.

[217] Nemec H, Duvillaret L, Garet F, et al. Thermally tunable filter for terahertz range based on a one - dimensional photonic crystal with a defect [J]. J. Appl. Phys. Lett., 2004, 96 (8): 4072 ~ 4075.

[218] Ferrand P, Egen M, Zentel R, et al. Structuring of self - assembled three - dimensional photonic crystals by direct electron - beam lithography [J]. Appl Phys Lett, 2003, 83 (25): 5289 ~ 5291.

[219] Rinne, S A, Garcia - Santamaria F Braun PV. Embedded cavities and waveguides in three - dimensional silicon photonic crystals [J]. Nat. Photon, 2008, 2 (1): 52 ~ 56.

[220] Ye Y H, Mayer T S, Khoo I C, et al. Self - assembly of three - dimensional photonic - crystals with air - core line defects [J]. J Mater Chem, 2002, 12 (12): 3637 ~ 3639.

[221] Kim J G, Sim Y, Cho Y, et al. Large area pattern replication by nanoimprint lithography for LCD - TFT application [J]. Microelectronic Eng., 2009, 86 (12): 2427 ~ 2431.

[222] Inao Y, Nakasato S, Kuroda R, et al. Near - field lithography as prototype nano - fabrication tool [J] . Microelectronic Eng. , 2007, 84 (5 ~ 8): 705 ~ 710.

[223] Chou S Y, Krauss P R, Renstrom P J. Imprint lithography with 25 - nanometer resolution [J]. Science, 1996, 272 (5258): 85 ~ 87.

[224] Chou S Y, Krauss P R, Renstrom P J. Imprint of sub - 25 Nm vias and trenches in polymers [J] . Appl. Phys. Lett. , 1995, 67 (21): 3114 ~ 3116.

[225] Li M, Chen L, Zhang W, et al. Pattern transfer fidelity of nanoimprint lithography on six - inch wafers [J] . Nanotechnology, 2003, 14 (1): 33 ~ 36.

[226] Chou S Y, Krauss P R, Zhang W. Sub - 10nm imprint lithography and applications [J]. J. Vac. Sci. Technol. B, 1997, 15 (6): 2897 ~ 2904.

[227] Li M T, Chen L, Chou S Y. Direct three - dimensional patterning using nanoimprint lithography [J] . Appl. Phys. Lett. , 2001, 78 (21): 3322 ~ 3324.

[228] Gao H, Tan H, Zhang W, et al. Air cushion press for excellent uniformity, high - yield, fast nanoimprint across 100 mm field [J] . Nano Lett. , 2006, 6 (11): 2438 ~ 2441.

[229] Chou S Y, Krauss P R, Renstrom P J. Nanoimprint lithography [J] . J. Vac. Sci. Technol. B, 1996, 14 (6): 4129 ~ 4133.

[230] Day D, Gu M. Formation of voids in a doped polymethylmethacrylate polymer [J] . App. Phys Lett. , 2002, 80: 2404 ~ 2406.

[231] Ventura M J, Straub M, Gu M. Void channel microstructures in resin solids as an efficient way to infrared photonic crystals [J] . App. Phys Lett. , 2003, 82: 1649 ~ 1651.

[232] Straub M, Ventura M, Gu M. Multiple higher - order stop gaps in infrared polymer photonic crystals [J] . Phys. Rev. Lett. , 2003, 91: 043901.

[233] Gamaly E G, Juodkazis S, Nishimura K, et al. Laser - matter interaction in the bulk of a transparent solid: Confined microexplosion and void formation [J] . Phys. Rev. B, 2006, 73: 214101.

[234] Glezer E N, Milosavljevic M, Huang L, et al. Threedimensional optical storage inside transparent materials [J] . Opt. Lett. , 1996, 21: 2023 ~ 2025.

[235] Zhou G, Gu M. Anisotropic properties of ultrafast laser - driven microexplosions in lithium niobate crystal [J] . App. Phys. Lett. , 2005, 87: 1 ~ 3.

[236] Sun H B, Matsuo S, Misawa H. Three - dimensional photonic crystal structures achieved with two - photonabsorption photopolymerization of resin [J] . Appl. Phys. Lett. , 1999, 74: 786 ~ 788.

[237] Kawata S, Sun H B, Tanaka T, et al. Finer features for functional microdevices [J], Nature, 2001, 412: 697 ~ 698.

[238] Straub M, Gu M. Near - infrared photonic crystals with higher - order bandgaps generated by two - photon photopolymerization [J] . Opt. Lett. , 2002, 27: 1824 ~ 1826.

[239] Freymann G V, Ledermann A, Thiel M, et al. Three - Dimensional Nanostructures for Photonics [J] . Adv. Funct. Mater. , 2010, 20: 1038 ~ 1052.

[240] Ledermann A., Cademartiri L., Hermatschweiler M., et al. Three – dimensional silicon inverse photonic quasicrystals for infrared wavelengths [J]. Nature Mater., 2006, 5: 942 ~ 945.

[241] Ledermann A, Wegener M, Freymann G V. Rhombicuboctahedral three – dimensional photonic quasicrystals [J]. Adv. Mater., 2010, 22: 2363 ~ 2366.

[242] Campbell M, Sharp D N., Harrison M T, et al. Fabrication of photonic crystals for the visible spectrum by holographic lithography [J]. Nature, 2000, 404: 53 ~ 56.

[243] Kondo T, Matsuo S, Juodkazis S, et al. Femtosecond laser interference technique with diffractive beam splitter for fabrication of three – dimensional photonic crystals [J]. Appl. Phys. Lett., 2001, 79: 725 ~ 727.

[244] Cai L Z, Yang X L, Wang Y R. All fourteen Bravais lattices can be formed by interference of four noncoplanar beams [J]. Opt. Lett., 2002, 27, 900 ~ 902.

[245] Wu L, Zhong Y, Chan C T, et al. Fabrication of large area two – and three – dimensional polymer photonic crystals using single refracting prism holographic lithography [J]. Appl. Phys. Lett., 2005, 86: 241102 ~ 241104.

[246] Talneau A, Gouezigou L L, Bouadma N. Quantitative measurement of low propagation loss at 1.55μm on planar photonic crystal waveguides [J]. Opt. Lett., 2001, 26: 1259 ~ 1261.

[247] Lin S Y, Fleming J G, Hetherington D L, et al. A three – dimensional photonic crystal operating at infrared wavelengths [J]. Nature, 1998, 394: 251 ~ 253.

[248] Volland B, Shi F, Hudek P, et al. Dry etching with gas chopping without rippled sidewalls [J]. J. Vac. Sci. Technol. B, 1999, 17: 2768.

[249] Loncar M, Doll T, Vuckovic J et al. Design and fabrication of silicon photonic crystal optical waveguides [J]. J. lightwave tech., 2000, 18 (10): 1402 ~ 1411.

[250] Ting T L, Chen L Y, Wang W S. A novel wet – etching method using joint proton source in LiNbO3 [J]. IEEE Photon. Technol. Lett., 2006, 18: 568 ~ 570.

[251] Maldovan M, Ullal C K, Carter W C, et al. Exploring for 3D photonic bandgap structures in the 11 f. c. c. space groups [J]. Nat. Mater. 2003, 2: 664 ~ 667.

[252] Moroz A. Metallo – dielectric diamond and zinc – blende photonic crystals [J]. Phys. Rev. B, 2002, 66: 115109.

[253] Ngo T T, Liddell M, Ghebrebrhan M, et al. Tetrastack: colloidal diamond – inspired structure with omnidirectional photonic band gap for low refractive index [J]. Appl. Phys. Lett., 2006, 88: 241920.

[254] Li Z Y, Zhang Z Q. Fragility of photonic band gaps in inverse – opal photonic crystals [J]. Phys. Rev. B, 2000, 62: 1516 ~ 1519.

[255] Tkachenko A V. Morphological diversity of DNA – colloidal self – assembly [J]. Phys. Rev. Lett., 2002, 89: 148303.

[256] Velikov K P, Christova C G, Dullens R P, et al. Layer – by – layer growth of binary colloidal crystals [J]. Science, 2002, 296: 106 ~ 109.

[257] Vlasov Y A, Bo X Z, Sturm J C, et al. On – chip natural assembly of silicon photonic bandgap crystals [J]. Nature, 2001, 414: 289 ~ 293.

[258] Mansoori G A, Carnahan N F, Starling K E, et al. Equilibrium thermodynamic properties of the mixture of hard spheres [J]. J. Chem. Phys., 1971, 54, 1523 ~ 1525.

[259] Speedy R J. Pressure and entropy of hard – sphere crystals [J]. J. Phys. Condens. Matter, 1998, 10: 4387 ~ 4391.

[260] Shevchenko E V, Talapin D V, Kotov N A, et al. Structural diversity in binary nanoparticle superlattices [J]. Nature, 2006, 439: 55 ~ 59.

[261] Polson J M, Trizac E, Pronk S, et al. Finite – size corrections to the free energies of crystalline solids [J]. J. Chem. Phys., 2000, 112: 5339 ~ 5342.

[262] Hoogenboom J P, Vossen D L J, Moskalenko C F, et al. Patterning surfaces with colloidal particles using optical tweezers [J]. Appl. Phys. Lett., 2002, 80; 4828 ~ 4830.

[263] Hoogenboom J P, Suurling A K, Romijn J, et al. Hard – sphere crystals with hcp and non – close – packed structure grown by colloidal epitaxy [J]. Phys. Rev. Lett., 2003, 90: 138301.

[264] Biswas R, Sigalas M M, Subramania G, et al. Photonic band gaps in colloidal systems [J]. Phys. Rev. B, 1998, 57: 3701 ~ 3705.

[265] Trau M, Saville D A, Aksay I A. Field – induced layering of colloidal crystals [J]. Science 1996, 272: 706 ~ 709.

[266] Chutinan A, Noda S. Waveguides and waveguide bends in two dimensional photonic crystal slab [J]. Phy. Rev. B, 2000, 62: 4488 ~ 4492.

[267] Ozaki R, Matsuhisa Y, Ozaki M, et al. Electrically tunable lasing based on defect mode in one – dimensional photonic crystal with conducting polymer and liquid crystal defect layer [J]. Appl. Phys. Lett., 2004 (84): 1844 ~ 1846.

[268] Chigrin D N, Lavrinenko A V, Torres C M S. Nanopillars photonic crystal waveguides [J]. Opt. Expr., 2004 (12): 617 ~ 622.

[269] Nelson B E, Gerken M, Miller D A B, et al. Use of a dielectric stack as a one dimensional photonic crystal for wavelength demultiplexing by beam shifting [J]. Opt. Lett., 2000, 25: 1502 ~ 1504.

[270] Kao C Y, Osher S, Yablonovich E. Maximizing band gaps in two dimensional photonic crystals by using level set methods [J]. Appl. Phys. B, 2005, 81: 235 ~ 244.

[271] Rosenberg A, Tonucci R J, Lin H B. Photonic band structure effects for low index contrast two dimensional lattices in the near infrared [J]. Phys. Rev. B, 1996, 54: R5195 ~ R5198.

[272] 光电产业研究报告《2011 年中国及海外太阳能光伏产业发展报告》[EB/OL].

[273] International Energy Agency (IEA), Technology Roadmap: Solar photovoltaic energy [R], 10/2010.

[274] Hanoka J I. An overview of silicon ribbon growth technology [J]. Sol. Energy Mater. Sol. Cells, 2001, 65: 231 ~ 237.

[275] Green M A. The Path to 25% Silicon Solar CellEfficiency: History of Silicon Cell Evolution

[J] . Prog. Photovolt: Res. Appl. , 2009, 17: 183 ~ 189.

[276] Green M A. Solar cell efficiency tables (version 40) [J] . Prog. Photovolt: Res. Appl. , 2012, 20: 606 ~ 614.

[277] Green M A, Emery K, Hishikawa Y, et al. Solar cell efficiency tables [J] . (Version 38). Prog. Photovolt: Res. Appl. , 2011, 19: 565 ~ 572.

[278] Zhao J, Wang A, Altermatt P P, et al. , 24% efficient perl silicon solarcell: Recent improvements in high efficiency silicon cell research [J] . Sol. Energy Mater. Sol. Cells, 1996, 41 ~ 42: 87 ~ 99.

[279] Willeke G P. Thin crystalline silicon solar cells [J] . Sol. Energy Mater. Sol. Cells, 2002, 72: 191 ~ 200.

[280] Sinton R A, Kwark Y, Gan J Y, et al. 27. 5 – percent Silicon concentrator Solar cells [J]. Elec. Devi. Lett. , 1986, EDL – 7: 567 ~ 569.

[281] Yuan H C, Yost V E, Page M R, et al. Efficient black silicon solar cell with a density – graded nanoporous surface: Optical properties, performance limitations, and design rules [J]. Appl. Phys. Lett. , 2009, 95 (12): 123501.

[282] Banerjee A, Guha S. Study of back reflectors for amorphous silicon alloy solar cell application [J] . J. Appl. Phys. , 1991, 69 (2): 133504.

[283] Madzharov D, Dewan R, Knipp D. Influence of front and back grating on light trapping in micro – crystalline thin – film silicon solar cells [J] . Opti. Expr. , 2011, 19 (S2): A95 ~ A107.

[284] Wanga W, Schiff E A. Polyaniline on crystalline silicon heterojunction solar cells [J]. Appl. Phys. Lett. , 2007, 91 (1): 133504.

[285] Kerschaver E V, Beaucarne G. Back – contact solar cells: a review [J] . Prog. Photovolt: Res. Appl. , 2006, 14 (2): 107 ~ 123.

[286] Schmidt J, Merkle A, Brendel R, et al. Surface passivation of high – efficiency silicon solar cells by atomic – layer – deposited Al_2O_3 [J] . Prog. Photovolt: Res. Appl. , 2008, 16 (6): 461 ~ 466.

[287] Cuevas A, Stocks M, Armand S, et al. High minority carrier lifetime in phosphorus – gettered multicrystalline silicon [J] . Appl. Phys. Lett. , 1997, 70 (8): 1017.

[288] Röderl T C, Eiselel S J, Grabitz P, et al. Add – on laser tailored selective emitter solar cells [J] . Prog. Photovolt: Res. Appl. , 2010, 18 (7): 505 ~ 510.

[289] Jouini A, Ponthenier D, Lignier H, et al. Improved multicrystalline silicon ingot crystal quality through seed growth for high efficiency solar cells [J] . Prog. Photovolt: Res. Appl. 2012, 20: 735 ~ 746.

[290] Mutitu J G, Shi S Y, Chen C, et al. Thin film solar cell design based on photonic crystal and diffractive grating structures [J] . Opt. Expr. , 2009, 16 (19): 15238 ~ 15248.

[291] Hoex B, Heil S B S, Langereis E, et al. Ultralow surface recombination of c – Si substrates passivated by plasma – assisted atomic layer deposited Al2O3 [J] . Appl. Phys. Lett. ,

2006. 89 (4): 042112.

[292] Park Y, Drouard E, Daif O E, et al. Absorption enhancement using photonic crystals for silicon thin film solar cells [J] . Opt. Expr. , 2009, 17 (16): 14312 ~ 14321.

[293] Krc J, Zeman M, Luxembourg S L, et al. Modulated photonic – crystal structures as broadband back reflectors in thin – film solar cells [J] . Appl. Phys. Lett. , 2009, 94 (15): 153501.

[294] Banerjee A, Guha S. Study of back reflectors for amorphous silicon alloy solar cell application [J] . J. Appl. Phys. , 1991, 69 (2): 1030 ~ 1035.

[295] Yu Z, Raman A, Fan S. Fundamental limit of nano – photonic light trapping in solar cell [J]. PNAS, 2010, 107 (41): 17491 ~ 17496.

[296] Bermel P, Luo C, Lirong Zeng. Improving thin – film crystalline silicon solar cell efficiencies with photonic crystals [J] . Opt. Expr. , 2007, 15 (25): 16986 ~ 17000.

[297] Sturmberg B C P, Dossou K B, Botten L C, et al. Modal analysis of enhanced absorption in silicon nano – wire arrays [J] . Opt. Expr. , 2011, 19 (S5): A1067 ~ A1081.

[298] Wang E, White T P, Catchpole K R. Resonant enhancement of dielectric and metal nanoparticle arrays for light trapping in solar cells [J] . Opt. Expr. , 2012, 20 (12): 13226 ~ 13237.

[299] Mukul A, Artit W, Edward S B, et al. Ultrathin crystalline – silicon solar cells with embedded photonic crystals [J] . Appl. Phys. Lett. , 2012, 100 (5): 053113.

[300] Lee J A, Ha S T, Choi H K, et al. Novel Fabrication of 2D and 3D Inverted Opals and their Application [J] . Small, 2011, 7 (18): 2581 ~ 2586.

[301] Petermann J H, Zielke D, Schmidt J, et al. 19% – efficient and 43μm – thick crystalline Si solar cell from layer transfer using porous silicon [J] . Prog. Photovolt: Res. Appl. , 2012, 20 (1): 1 ~ 5.

[302] Wang A, Zhao J, Wenham S R. , et al. 21. 5% efficient 47μm thin – layer silicon cell [J]. Prog. Photovolt: Res. Appl. , 1996, 4 (1): 55 ~ 58.

[303] Zeng L, Yi Y, Hong C, et al. Efficiency enhancement in Si solar cells by textured photonic crystal back reflector [J] . Appl. Phys. Lett. , 2006, 89 (11), 111111.

[304] Qiang H, Jiang L, Xiangyin Li. Design of broad omnidirectional total reflectors based on one – dimensional dielectric and magnetic photoniccrystals [J] . Opt. Laser Tech. , 2010, 42 (1): 105 ~ 109.

[305] Stephan F. The interplay of intermediate reflectors and randomly textured surfaces in tandem solar cells [J] . Appl. Phys. Lett. , 2010, 97 (17): 173510.

[306] Yang W, Yu H, Tang J, et al. Omnidirectional light absorption in thin film silicon solar cell with dual anti – reflection coatings [J] . Sol. Energy, 2011, 85 (10): 2551 ~ 2559.

[307] Santbergen R, van Zolingen R J C. The absorption factor of crystalline silicon PV cells: A numerical and experimental study [J] . Sol. Energy Mater. Sol. Cells, 2008, 92 (4): 432 ~ 444.

[308] Green M A, Keevers M. Optical properties of intrinsic silicon at 300 K [J]. Prog. Photo-

volt., 1995, 3 (3): 189~192.

[309] Dominguez S, Garcia O, Ezquer M, et al. Optimization of 1D photonic crystals to minimize the reflectance of silicon solar cells [J]. Photon. Nanostructures – Fund. Appl., 2012, 10 (1): 46~53.

[310] 陆晓东，伦淑娴，周涛，等. 基于一维光子晶体陷光的超薄晶硅太阳电池研究 [J]. 人工晶体学报，2013，42 (4): 630~634.

[311] Chutinan A, Kherani N P, Stefan Zukotynski. High – Efficiency Photonic Crystal Solar Cell Architecture [J]. Opt. Expr., 2009, 17 (11): 8871~8878.

[312] Gjessing J, Marstein E S, Sudb A. 2D Back – side Diffraction Grating for Improved Light Trapping in Thin Silicon Solar Cells [J]. Opt. Expr., 2010, 18 (6): 5481~5495.